普通高等教育“十一五”国家级规划教材

全国高等美术院校建筑与环境艺术设计专业教学丛书

# The Beginning of Architectural Design Project of Small-scale Building

# 建筑的开始

## 小型建筑设计课程

（第二版）

傅祎 黄源 编著

中国建筑工业出版社

**图书在版编目（CIP）数据**

建筑的开始　小型建筑设计课程/傅祎等编著. —2版.
北京：中国建筑工业出版社，2010（2025.2重印）
普通高等教育“十一五”国家级规划教材
全国高等美术院校建筑与环境艺术设计专业教学丛书
ISBN 978-7-112-12789-4

Ⅰ.①建…　Ⅱ.①傅…　Ⅲ.①建筑设计-高等学校-教材
Ⅳ.①TU2

中国版本图书馆CIP数据核字（2010）第260667号

责任编辑：唐　旭　李东禧
责任设计：陈　旭
责任校对：关　健　陈晶晶

普通高等教育“十一五”国家级规划教材
全国高等美术院校建筑与环境艺术设计专业教学丛书
**建筑的开始**
**小型建筑设计课程**
**（第二版）**
**傅祎　黄源　编著**
*
中国建筑工业出版社出版、发行（北京西郊百万庄）
各地新华书店、建筑书店经销
北京雅盈中佳图文设计公司制版
北京市密东印刷有限公司印刷
*
开本：787×1092毫米　1/16　印张：16½　字数：402千字
2011年6月第二版　2025年2月第二十三次印刷
定价：**59.00**元
ISBN 978-7-112-12789-4
(37404)

《全国高等美术院校建筑与环境艺术设计专业教学丛书》

PREFACE

# 前言

建筑设计不只是那些设计天才所拥有的能力，而应该是更多人可以学习的知识与技能。有效的教学模式可以照顾不同学生的差异，提高教学的效率。当然，任何单一的教学模式都无法提供完整有效的感受，以解释所有可能的设计原则、形态及价值，一个教学用的模式，为了清晰一致，必须暂时牺牲其包容性，清楚而有限制的设计模式使学生容易获得认知和处理问题的手段以及专业观念上的自信，然后才是应付一些更复杂且更暧昧的设计问题。

作为一本建筑设计入门的书，它是中央美术学院建筑学院"小型建筑设计课程"教学实验过程的记录，此书并不能完全视作教材，本书试图结合课程的进度，建立一个教学模式的框架，力求把一些建筑的基本问题深入浅出并且准确地表述清楚，整体和系统的概念是所有要表述的内容里最重要的。

本书重点在于提供建筑设计入门的一些方法和开始设计得用到的知识点，并希望以浅显精简的叙述与解释，达到方便易用的目的。全书以建筑案例的分析结合学生的设计操作，比较直观地呈现了教学团队所尝试的一系列针对美术院校低年级学生特点的实验性的教学方法与手段以及在此基础上给予佐证的学生作业成果。

距离本书的第一版发行，这门课程又经过了近5年时间的操作实践，教学更趋成熟，组织更趋严密，成果也越来越丰厚。修订版与第一版相比较，最大调整是第六章的内容，本书替换了大部分学生作业，以近些年的学生作品为主，旧的案例只保留比较有特点的部分；结合教学，本书对当代建筑学热点问题和新的动向做出了一些回应，增加了一些新的设计案例，以此介绍一些建筑设计的新的工作方法和新的表达方式；此外，在文字论述和案例图片选取方面希望更加精准，修订版重新编辑了文字和图片，新的版式设计希望传达给读者更好的阅读节奏。

CONTENTS

# 目录

# 第一章 开篇——课程的组织与介绍

经过了一年级建筑初步课程的学习——空间形态的系列研究和讨论，基本的建筑表达手段、人体尺度的感性认知等训练，小型建筑设计课题是中央美术学院建筑学院二年级学生的第一个完整的专业课程设计。通过此课题，学生们将开始真正意义上的建筑思考与表达，满怀激情，走近自己的建筑抱负和理想，为今后处理不同类型和要求的建筑设计课题，创造满足方案构思的建筑空间形态，解决不同的功能要求，提供初次的实践经验。

# 课程的教学目的

通过设计一个建筑面积在 300 ~ 400$m^2$ 左右的小型建筑，让学生掌握建筑设计的基本方法，了解建筑设计的初步程序，掌握建筑设计的基本原理，学习解决建筑与环境、建筑与功能的关系问题，学习和掌握建筑空间形态构成的方法以及建筑设计原理的基本知识，初步掌握建筑设计的一些技巧，训练学生方案综合深入的能力、徒手草图表达的能力、模型辅助设计的能力，进一步运用制图与表现等建筑表达的手段。

在这个课题中，我们常以小型别墅设计作为训练。对于初学建筑设计的学生而言，日常居住经验和对不同生活方式的想象会让学生对别墅这个题目感到亲切。别墅作为居住建筑，要解决人们的吃、喝、拉、撒、睡、学习、聚会等日常生活的需求，和学生们的日常生活较为接近，其规模、难度正合适用来作为建筑学习入门的第一个设计。但困难在于：

（1）从城市不同类型的集合住宅到郊野独立住宅所包含的不同社会意义和不同的生活方式，多数学生没有接触、思考过。他们不了解别墅对于土地资源、环境资源的占有和利用方式，也缺乏在别墅中的生活体验。

（2）别墅总建筑面积虽然不算大，可是麻雀虽小，五脏俱全，需要仔细考虑功能的分布和组织，创造出新颖的空间关系，还要解决相应的结构布置问题。

（3）郊外独立别墅与自然环境应该产生积极、合理的关系。

在这里，别墅的定义与其他居住建筑不同，与市场上的“别墅”也有所不同，其区别不在于规模大小，投资多少，豪华程度不同，而在于：

（1）别墅用地是特殊选定的，可能是山上、海边和森林；它不应该是开发商成片开发的，那只能称之为独院住宅。

（2）别墅应该是个别设计、单独建造的，批量生产的不能称之为真正意义的别墅。

（3）别墅设计要反映业主与设计者的职业特点、文化品位、个人喜好以及风格理念。

个性化是别墅设计的最主要特点。别墅可能具备一些特别的空间，如画家的画室、摄影家的暗房、家庭影院、迷你高尔夫球场等反映业主个人特点的空间，这是市场上的“别墅”所不能满足的，就像定制车和量产车的分别。

## 课程的创新与组织

别墅设计是建筑专业的传统课题，在我们多年的教学中，尝试了一些有针对性和实验性的方法与手段，以调动学生的创作激情，在设计构思的技巧上对学生进行训练，比如：

（1）改变教师提供设计任务书的做法，通过与真实业主建立沟通机制，平衡设计者与用户的偏好，化限制为创意，以此建立建筑师职业意识，同时训练建筑设计前期研究的意识。

（2）强调基地的限制，对基地进行测绘，由基地模型出发进行环境构思，直接在基地模型上运用实体模型推敲，处理方案与环境的关系。

（3）借鉴其他艺术形式，以移位思考的方式，在建筑形态或建筑意境上予以启发，成为构思的源泉，以此激发学生的创作欲望，表达对自己未来作品的向往与憧憬。

这些教学方法上的尝试，已取得了不错的成效，学生们表现出来的创作激情，卓越的才华，思辨的能力，活跃的思维，方案的原创性，设计和表达的技巧，设计的深度和完成度，逐渐超过了教学组的预期目标，取得了很好的教学效果。

在课程组织方面，由一名主讲教师负责课程的策划和组织工作，在课程开始前，教师组就教案进行初步讨论，确定教学重点、选题、规模、基地、成果要求、时间安排、评分标准等要点，以此为基础，各位教师发挥各自的教学特点，在自己负责的教学小组尝试实验性的教学方法，并提出小组自有的教学要求，独立完成教学任务。教学小组之间的教学差异，通过学生之间的相互影响，使同学们在课堂底下获得更多的收获。近些年来，教学队伍扩充了新生力量，有些是从国外学成回来的，有些是富有设计实践经验的。从 2007 学年开始，课程由黄源老师担任负责人，张宝玮、韩光煦等老先生作为课程顾问为教学把关。

## 课程的阶段控制

作为建筑师职业教育的一部分，课程强调实践阶段的管理与设计的计划性，以此影响学生形成正确的建筑设计的工作方式与态度。教学计划对于教学成果和阶段控制都有统一要求，分为前期调研、方案构思、中期草图和最终成果等几个阶段。

### 前期调研

前期调研有两种形式，一是别墅项目的实地参观调研，二是对经典别墅设计进行模型和图纸分析。

教学组常以“长城脚下的公社”别墅为参观研究对象，去之前，教学组对调研分析报告提出如下要求：

（1）从书籍、报刊和网络上预先收集相关资料。结合现场调研，完

图 1-1~ 图 1-6　部分学生的“长城脚下公社”别墅考察报告

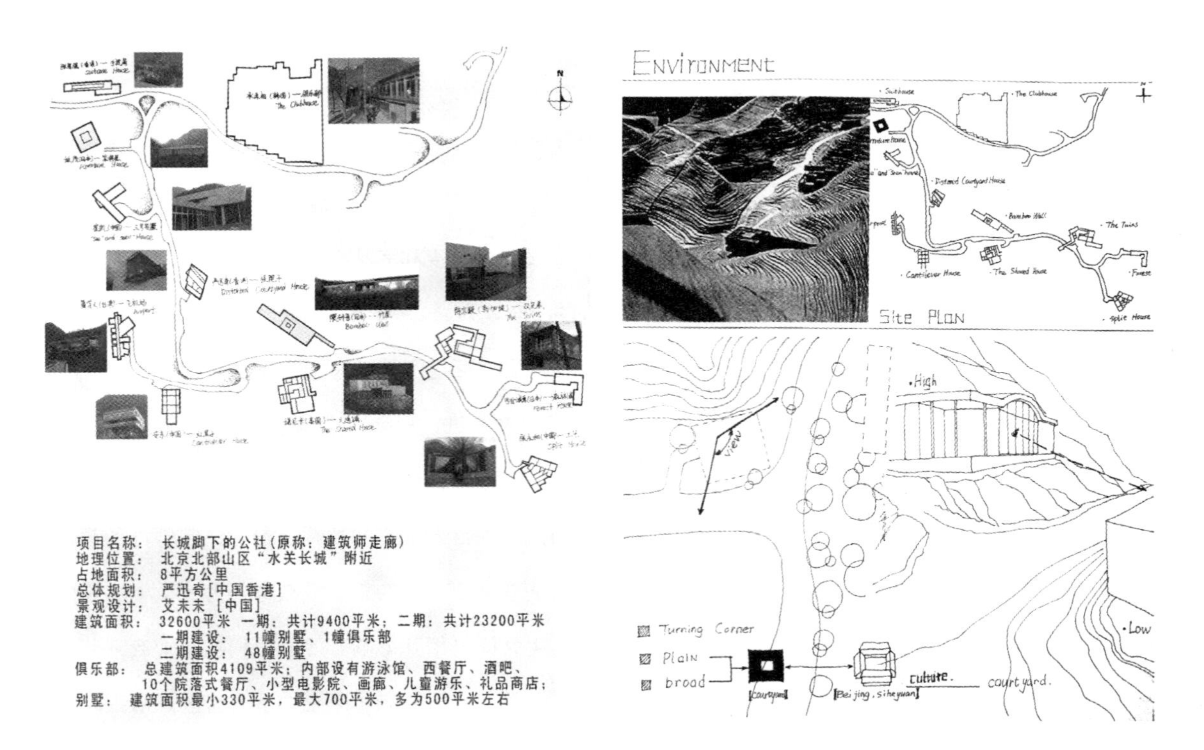

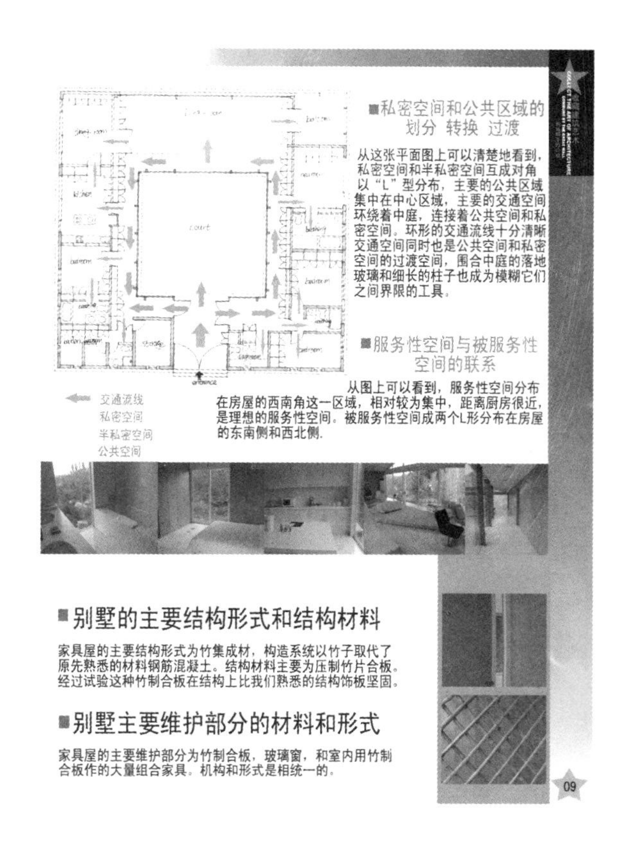
■私密空间和公共区域的划分 转换 过渡
从这张平面图上可以清楚地看到，私密空间和半私密空间互成对角以"L"型分布，主要的公共区域集中在中心区域，主要的交通空间环绕着中庭，连接着公共空间和私密空间。环形的交通流线十分清晰交通空间同时也是公共空间和私密空间的过渡空间，围合中庭的落地玻璃和细长的柱子也成为模糊它们之间界限的工具。
■服务性空间与被服务性空间的联系
从图上可以看到，服务性空间分布在房屋的西南角这一区域，相对较为集中，距离厨房很近，是理想的服务性空间。被服务性空间成两个L形分布在房屋的东南侧和西北侧。
交通流线
私密空间
半私密空间
公共空间
court
entrance
■别墅的主要结构形式和结构材料
家具屋的主要结构形式为竹集成材，构造系统以竹子取代了原先熟悉的材料钢筋混凝土。结构材料主要为压制竹片合板。经过试验这种竹制合板在结构上比我们熟悉的结构饰板坚固。
■别墅主要维护部分的材料和形式
家具屋的主要维护部分为竹制合板，玻璃窗，和室内用竹制合板作的大量组合家具。机构和形式是相统一的。
09

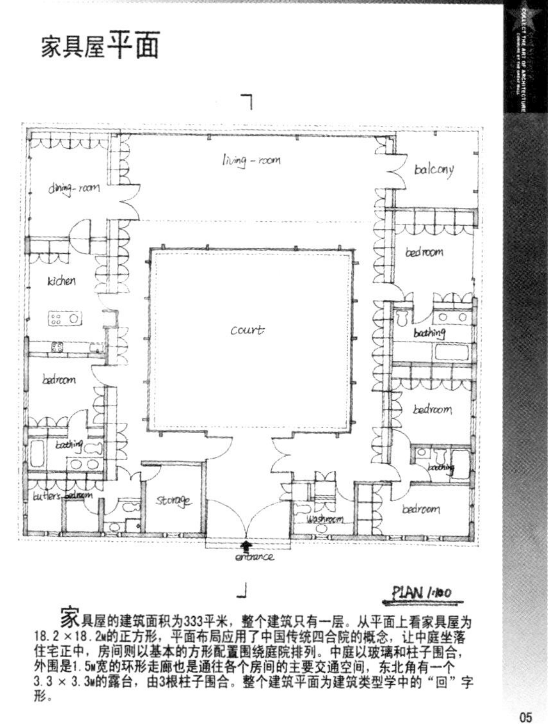
家具屋平面
living-room
balcony
dining-room
bedroom
kichen
court
bathing
bedroom
bedroom
bathing
bedroom
butlers bedroom
storage
washroom
bedroom
entrance
PLAN 1:100
家具屋的建筑面积为333平米，整个建筑只有一层。从平面上看家具屋为18.2×18.2m的正方形，平面布局应用了中国传统四合院的概念，让中庭坐落住宅正中，房间则以基本的方形配置围绕庭院排列。中庭以玻璃和柱子围合，外围是1.5m宽的环形走廊也是通往各个房间的主要交通空间，东北角有一个3.3×3.3m的露台，由3根柱子围合。整个建筑平面为建筑类型学中的"回"字形。
05

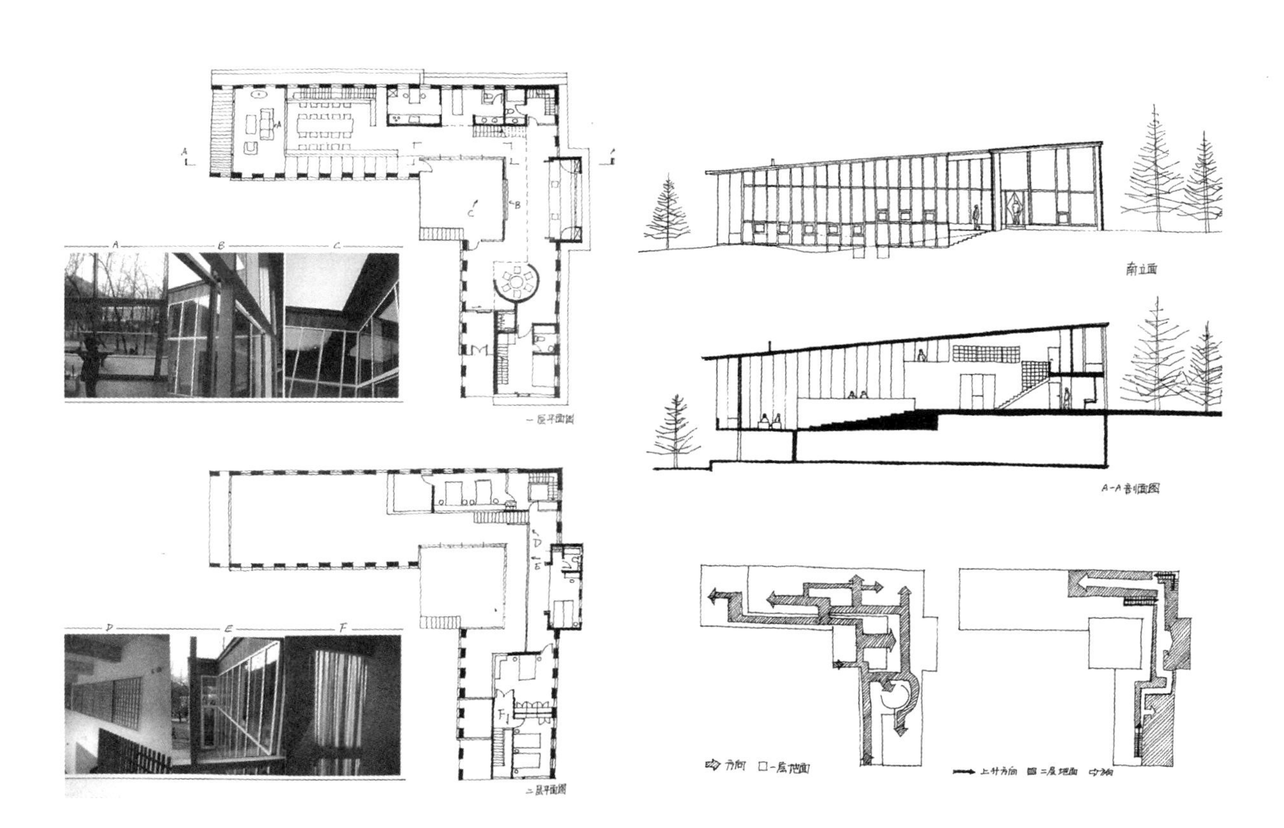
一层平面图
南立面
A-A剖面图
二层平面图

成 2 ～ 3 栋别墅的资料收集、整理、绘图、分析工作。调研报告分析内容结合手绘平立剖图和分析图、照片和简明文字阐述，杜绝直接从网上拷贝文字内容，避免简单堆砌建筑照片。A4 纸张规格，适当方式装订。

（2）基本分析内容：

1）别墅的外部环境，包括地形因素、日照朝向因素、周围植被因素、与临近建筑的关系、进入别墅的路径安排等。

2）别墅的体量与空间安排与上述外部环境的关系。

3）别墅内部的功能安排和流线组织，包括：①入口的设置方式；②私密空间（卧室、卫生间、书房、个人工作室等）和公共区域（起居室、餐厅、开放工作室等）的划分、转换、过渡；③服务性质的空间（如室内车库、室外车位、厨房、佣人房、储藏室）与被服务空间之间的联系。

4）别墅的主要结构形式、结构材料，如钢筋混凝土框架结构、胶合木框架结构、钢框架结构或不同材料和结构形式的混合。

5）别墅主要围护部分的材料和形式，如外墙做法、玻璃围护的做法等。

此外，要求每个学生在教师组提供的经典别墅实例范围内选择一例，收集相关平立剖图纸和照片，制作 1：100 ～ 1：200 的模型，进行模型和图纸的分析与学习。

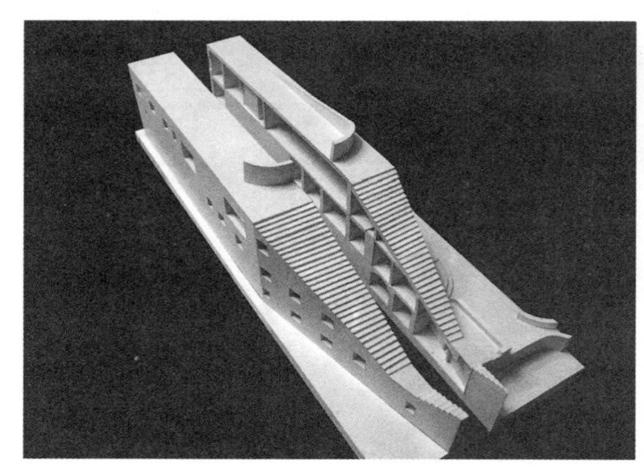

图 1-7　马拉帕特别墅（Casa Malaparte）　建筑师：里贝拉（Adalberto Libera）

图 1-8　施明克别墅（Villa Schminke）建筑师：汉斯・夏隆

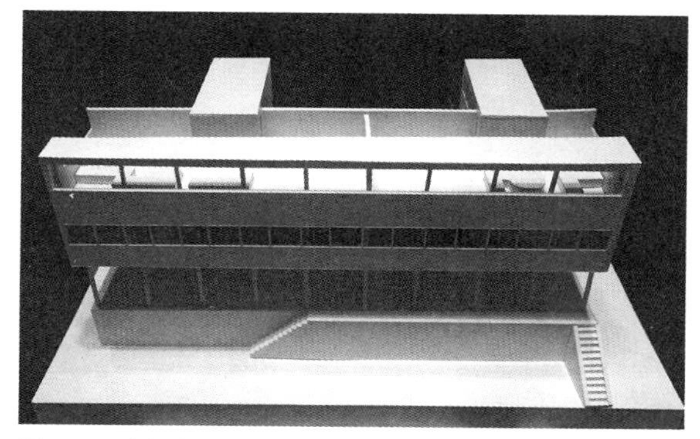
图 1–9　魏森霍夫双宅，建筑师：柯布西耶

图 1–10　罗威尔海滨别墅，建筑师：R·M·辛德勒

（图 1–7~ 图 1–10　中央美术学院建筑学院一年级建筑初步阶段作业——大师作品分析）

## 方案构思与中期草图

这一教学过程中，教师会给学生示范图纸的草图画法，使用手工模型交流设计构思，因材施教，加以引导，结合学生方案推进设计，同时在实际设计中把设计原理介绍给学生，并使之受到启发。教师会分析和判断学生的方案，组织学生讨论，充分训练其表达能力（语言、图纸、模型表达）。

在学生进行方案构思和深化设计的阶段，教师组安排每周讲一次大课，由教师组各位老师分别承担，讲课主题包括：

建筑设计基本问题概述

建筑设计的初步程序（居住行为与空间形态）

别墅形式分析

从简做起——设计构思方法

别墅设计历史案例分析

别墅结构选型与空间组织

建筑材料、色彩与细部

方案构思阶段演示要求：

（1）以文学和绘画等其他艺术形式来表达方案概念或形态意向。

（2）调查业主使用状况，据此确定设计任务书。

上述内容用 Power Point 或 JPG 文件演示，画面数在 10 个左右，讲演时间为 5 分钟。

在方案设计进行 4 ～ 5 周后，要求学生提交中期成果，内容包括：

(1) 制作1：100草图模型，着重表达方案与基地环境的关系以及建筑形体意向，适当表达建筑的虚实关系。

(2) 以平面图和剖面图为主的1：100草图，反映功能布局和空间变化。

(3) 方案构思草图及调研分析图解。

上述内容的制作材料不限，图纸部分以300dpi精度扫描成电子文件，格式为JPG，存储质量选择最高。模型部分在合适的灯光（可用深口灯模拟南向日光）或日光下，用400万像素以上数码相机拍摄。

## 最终成果阶段

在整个设计过程（8～10周）的最后两周，学生需要集中力量完成最终成果。此前还会安排最后一次大课，重点介绍设计成果的图纸与模型表现。

最终成果的要求如下：

(1) 设计过程中的草图以A3规格草图纸自行保存、归档，最终评分时作为参考依据；设计过程中应制作1：100～1：200概念模型／工作模型。

(2) 基本图纸成果要求：

总平面图 1：500（如有局部地形等高线，请画出；明确建筑与周围环境、道路的关系）。

各层平面图 1：100（首层平面图中，画出周边的环境设计，如铺装、绿化配置、环境小品等）。

4个立面图 1：100（如果建筑有立面埋入山体不可见，可只画出主／侧立面图）。

至少2个剖面图1：100（主要空间关系处剖切）。

A4幅面建筑外部透视效果图一张，建筑室内透视效果图一张。

上述图纸必须手工绘制，尺规作图，上墨线，透视图可适当上色。

(3) 扩展图纸成果：手绘或电脑分析图、渲染效果图、模型照片拼贴、动画多媒体等，数量自定。

以上手绘图纸经过扫描，与扩展图纸一起用电脑排版于A1规格图纸上，数量不少于 2 张，最多为 3 张。

（4）提交 1 个完整的 1：50 正式模型，或 1 个完整的 1：100 正式模型加上 1 个 1：50 局部模型（或反映局部剖面的模型）。

课程结束时各教学小组一定数量的教师推荐优秀作业和学生自荐作业放到一起，进行全班答辩，全部作业在建筑学院内展览，促进不同年级间师生的教学交流。一百人的规模，安排全班评图确实有些困难，然而也是必要的，学生们需要听到不同老师对一个方案的评价，教师间的不同观点的争论对于学生更有裨益，建筑艺术的答案本来就不是唯一的。

图 1–11　2004 年课程评图现场

图 1–12　2007 年课程评图现场 1

图 1–13　2007 年课程评图现场 2

图 1–14　中央美术学院建筑学院“小型建筑设计”课程部分学生的 1：50 作业成果模型

# 课程教学文件

## 一、设计内容

由教学小组自行选择基地并根据业主情况设定功能任务书，设计建筑面积为300～400$m^2$的单层或多层的别墅，要求建筑功能合理，与外部环境关系协调，建筑造型独特美观。

## 二、参考面积分配表

（总建筑面积300～400$m^2$）

1. 主要部分（从公共过渡到私密）

起居室（客厅）25～30$m^2$

餐厅15～25$m^2$

厨房10～15$m^2$

家庭起居室（或书房）20$m^2$

工作室80～100$m^2$

主卧室20～25$m^2$

主卫生间8$m^2$

步入式衣橱6$m^2$

次卧室2间，每间10～15$m^2$（备有固定壁柜）

次卧公用卫生间6$m^2$

2. 辅助部分

工人房10$m^2$（含卫生间）

客房10～15$m^2$

客用卫生间4～6$m^2$

车库25$m^2$（如是室外停车场，不计入建筑面积）

储藏室6$m^2$

3. 联系部分

门廊、门厅、楼梯、电梯、走廊等，面积适当。

4. 外延部分

院子、花园、水池、游泳池、露台、阳台、空中花园，除阳台外，一般不计入建筑面积，有顶半开敞阳台计一半面积。

## 三、参考流线图

流线图中区分出别墅功能区的前与后、内与外、楼上与楼下，将面积分配表中的各类空间之间的通常联系以图解的方式表达出来。一些学生会开始据此套用面积分配表中的数据，以一堆矩形房间在平面图上拼凑各部分的面积，显然这并不足取。因为任务书中的面积分配表和流线图只是最为通常的功能联系，一个好的设计常常并不止步于惯例，更重要的是，上述图表并不包含建筑设计中关键性的空间形态和空间关系。图表中的面积和关联应该通过设计，创造性地转变成有趣的、有意味的三维图式语言，用模型和图纸予以表达。

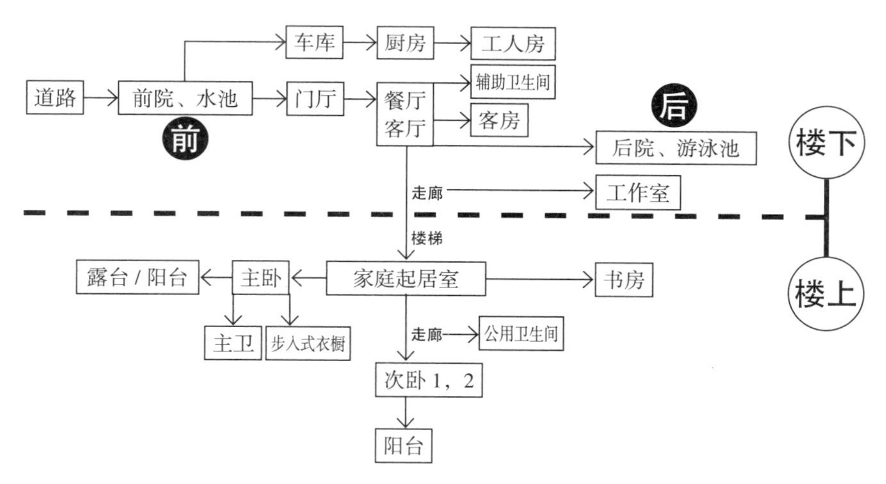


图 1-15　功能流线分析

## 四、课程计划（以 10 周课题为例）

| | 周一 | 周四 |
|---|---|---|
| 第一周 | 1. 分组及课题解释<br>2. 讲课——建筑设计基本问题概述<br>3. 学生进行别墅设计资料收集，重点分析 2 ~ 3 个别墅设计实例 | 1. 讲课——建筑设计的初步程序（居住行为与空间形态）<br>2. 在规定实例范围内选择一个建筑实例，收集相关平立剖图和照片，制作 1 : 100 ~ 1 : 200 模型 |
| 第二周 | 1. 讲课——别墅形式分析<br>2. 提交上述经典别墅案例分析模型，分小组讨论 | 1. 分组设计辅导<br>2. 学生在课外进行别墅设计资料收集、设计地段调研和分析，详细确定个人设计任务书，进行初步方案设计 |
| 第三周 | 1. 讲课——从简做起<br>2. 分组设计辅导 | 1. 分组设计辅导<br>2. 教学参观（另定时间） |
| 第四周 | 1. 讲课——别墅设计历史案例分析<br>2. 分组设计辅导 | 分组设计辅导 |
| 第五周 | 讲课——别墅结构选型与空间组织 | 分组设计辅导 |
| 第六周 | 中期成果讲评 | 分组设计辅导 |
| 第七周 | 1. 讲课——建筑材料、色彩与细部<br>2. 分组设计辅导 | 分组设计辅导 |
| 第八周 | 1. 讲课——设计成果的图纸与模型表现<br>2. 分组设计辅导 | 分组设计辅导 |
| 第九周 | 正式模型制作，成果表现 | 正式模型制作，成果表现 |
| 第十周 | 正式模型制作，成果表现 | 正式模型制作，成果表现 |

注：另择日进行成果展览和优秀作业讲评。

## 五、最终成果编排的技术要求

平立剖面图用黑色墨线绘制。如用硫酸纸，扫描时需衬白纸。以 300dpi 精度扫描成电子文件，每图一个电子文件，格式为 JPG，存储质量选择最高，要求构图饱满、成像清晰、对比适中（可用 Photoshop 适当调整）。

文件命名方式：以“图纸文件”命名文件夹，其中包括图片——01 总平面 .Jpg，02 一层平面图 .Jpg，03 二层平面图 .Jpg，04 南立面图 .Jpg 等。

制作 1：50 别墅模型，要求准确表达出主要的结构和空间关系，表达出门窗形式。考虑墙厚、柱大小，适当表现材料和一些细部处理。

每人在合适的灯光（可用深口灯模拟南向日光）或室外日光下，用 400 万像素以上数码相机拍摄 20 张模型照片，从中选出 10 张提交：俯视角度 3 张、平视角度 3 张、外部局部 2 张、内部空间 2 张。

文件命名方式：以"模型照片"命名文件夹，其中包括图片——01.Jpg ～ 03.Jpg：俯视，04.Jpg ～ 06.Jpg：平视，07.Jpg 和 08.Jpg：局部，09.Jpg 和 10.Jpg：内部。

上述两个文件夹放在总文件夹内，总文件夹命名方式：

作业名称＋学号＋年级＋姓名，例如：别墅设计 5003261–03 级张军。

将上述图纸和模型照片在电脑中排版，打印出的展板尺寸为 594mm × 841mm，统一采用竖排版方式。电脑排版时采用 150dpi 精度。版面中还应包括别墅设计标题、设计人姓名、指导教师姓名、设计日期和 300 字左右的设计说明。三视图在打印出的展板中尽量保持 1：100 的比例。如果需要缩放，除总平面图以外，平立剖面图要求保持一致的比例，图下方不写比例，但必须画上比例尺。

将最终排版文件存为 JPG 格式，取最高质量，命名为"作业名称＋学号＋年级＋姓名 .JPG"，比如：别墅设计 5003261–03 级张军 01.JPG，别墅设计 5003261–03 级张军 02.JPG。

将最终排版文件存入上述总文件夹内，由建筑学院资料室存档。

## 六、评分标准

最终成果评判标准：

（1）制图准确，工作量符合成果要求。

（2）满足功能要求，空间布局合理。

（3）设计有特色，构思有创意。

（4）设计表达完善、全面并有特点。

分值档位：

90分以上：四项标准均达到。

85～90分：有一项标准稍有欠缺。

80～85分：有两项标准稍有欠缺，或一项标准缺陷较大。

75～80分：有三项标准稍有欠缺，或两项标准缺陷较大。

60～75分：完成作业，工作量符合作业要求。

缺课1/3以上，或未能按教学要求完成作业，不及格。迟交作业，总分不及格。

# 第二章　“大师的小建筑”——建筑的基本问题

无论谁是建筑设计者，无论设计什么类型的建筑，私人住宅、商业会所，还是公共博物馆，基本上都要受限于基地的条件、既定的建筑计划以及资金预算。此外，建筑师要面对特有的文化和习俗，适应一连串几乎固定不变的原则与法规。最后，整个设计必须符合建筑在实用上的需求，找到适合的结构形式与材料构造。每一个建筑的设计都是一个综合系统的设计，都包含建筑的多方面的基本问题。这些问题都不会发生在妥善设定且符合逻辑的线索上，它们之间是一种动态的关系，它们并不是可以分解开而独立存在的。设计不是直线形的发展，没有特定的目标，也不只是导向某一个目标，目标也不只是一个。掌握所有的条件和预期的结果，平衡各方面的要求与问题并突出与众不同之处，才是建筑设计的主要课题。

## 建筑的功能性

雕塑与建筑的区别并不在于前者的形式更为有机，后者的形式更为抽象，即使是一件最抽象的、纯属几何形状的、超大尺度的雕塑也绝不会成为建筑。功能就是建筑艺术区别于其他艺术的首要特征，建筑的价值大部分还是决定于它对功能的满足程度。建筑功能的好坏，受到其本身的要素的限制，这限定了建筑师所承担的每一个项目。

建筑的功能性要求这一特点曾经发展到了极端。现代主义自20世纪30年代起迅速向世界其他各地区传播，成为了20世纪中叶西方现代建筑中的主导潮流，讲求建筑的功能是现代主义建筑运动的重要观点之一。建筑的"功能主义者"认为，不仅建筑形式必须反映功能、表现功能，建筑的平面布局和空间组合必须以功能为依据，而且所有不同功能的构件也应该分别表现出来。例如，作为建筑结构的柱和梁要做得清晰可见，建筑内外都应如此，清楚地表现出框架支撑楼板和屋顶的功能。功能主义者颂扬机器美学，他们认为机器是"有机体"，同其他的几何形体不同，它包含内在功能，反映了时代的美。因此，有人把建筑和汽车、飞机进行比较，认为合乎功能的建筑就是美的建筑，其几何形体在阳光下能表现出美的造型。他们认定功能会自动产生最漂亮的形式。

随着经济的发展，设计成为消费的时代已经来临，现在的东西都不是使用到坏才丢弃。同样，建筑功能的含义与内容也有了更宽泛的界定：建筑与环境的关系，建筑本身的表现，建筑形式的象征意义等都被归纳到功能的范围内。Herman Hertzberger在《建筑学教程——设计原理》一书中指出：对个人生活方式的统一表达必须废止，我们所需要的是空间的多变，在这些空间中，不同的功能被简化为建筑原型，通过适应和吸收，并诱发所期望发生的功能和今后改变的能力，形成共同生活方式的个人表达。

功能需求来之于个人和群体的活动，基于人的生理和心理的需求。一般来说，功能需求的性质分动和静、公共和私密、短期和长期、服务和被服务、水平活动和垂直活动、通风采光以及交通组织。安排功能的准则就是要将各种相同性质聚集而成的活动集群和活动运作程序按一定的组织模式进行编排。以商业开发为主要目的的别墅产品，对生活中常见的功能和空间布局精于研究，形成了一定的产品模式，但是不同阶层、不同家庭结构、不同职业对于居住空间会有不同的功能需求，住宅空间正朝着空间功能的个性化与细分化的方向发展。

手机的发明给现代人的生活、工作带来了方便，顾名思义，移动电话就是只要手机开着，只要有信号覆盖，随时随地可以联络到机主，通信联系非常方便。现在，手机的功能已扩展到可以上网聊天发短信，甚至是增加了影音功能，成为了手机与MP3、手机与数码相机的结合。设计是无中生有，是将不可能变为可能，对生活常态，我们要有自己的提问，我们要善于从生活常态中发现不寻常处。于是，当〝用于休息和思考的住宅〞、〝不用视觉感受的盲人别墅〞成为功能的要求时，别墅该是如何的不同寻常！

图 2-1

库哈斯设计的在法国波尔多附近的私人别墅，业主是个残疾人，〝这座房屋就是我的全部，你尽可能复杂地设计它〞，这是业主向库哈斯提的要求。为了克服主人行动不便的困难，连接所有楼层的是一个开放的边长 3.5m 的正方形升降平台，由位于它中央的一个液压活塞支撑，顶部有一个和它大小完全一样的天窗用来采光。平台有精巧的滑动式铰链玻璃栏杆和移动围栏系统，可以使之成为这个三层住宅中任何一层主房间的一部分。和升降台相邻的是一个单独的装满书架的墙，有8m 高，收集了这个家庭中坐在轮椅上的父亲的书籍和艺术品。三楼卧室层像舷窗一样的窗户看起来像是随机排列的，其实窗户高度适应人站着、坐着和躺着时的高度，三个高度分别是 1.65m、1.20m、0.75m，并且朝向特别的景色而设定。

库哈斯采用流动性和倒置的设计主题，模糊建筑物上下、内外的区别：一层依山而凿，是服务设施的房间和酒窖；二层起居层用玻璃围合，看起来轻盈通透；三层的卧室空间包围在一个铸造的水泥箱子里，仅有三个支撑点——二层东部螺旋楼梯的外墙，西部内外两根柱子不对称架起的载重钢梁，并有一根暴露的钢铁拉紧杆把它与入口大厅的

图 2–2

图 2–3

图 2–4

图 2–5

图 2–6

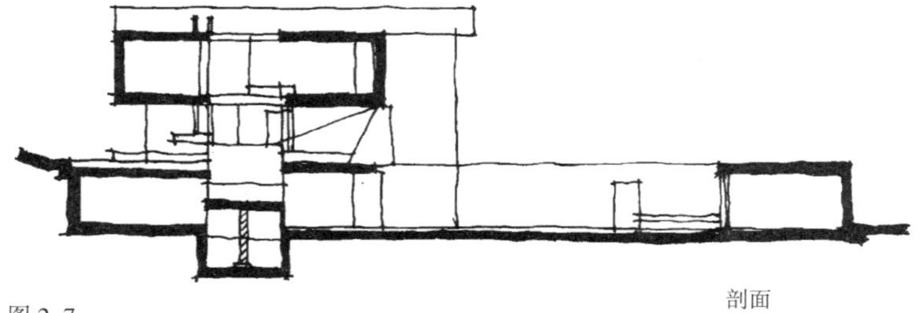
剖面

图 2–7

图 2–1 ～图 2–7
莱姆·库哈斯设计的在法国波尔多附近的住宅（（英）尼古拉斯·波普．实验性住宅．中国轻工业出版社）

地面连接。别墅的南立面看起来有三层，而北面只有两层，内外空间模棱两可，起居室可以直接面对外面的草坡和屋顶平台。

塔宅是建筑师马龙 · 布莱克威尔为一对年轻夫妇设计的。这个 82 英尺的高塔建筑具有简单的概念，那就是建造成火警观察塔、水塔或谷仓，表达对委托人的祖父童年的树屋回忆的敬意，同时令人联想到平凡的工业水塔、灯塔、鸟巢以及其他童话中的建筑。作为一个比树还要高的房子，它可提供不同寻常的体验，可以享受超越山霾和树冠的优越性。这个设计从塔底部的开敞的楼梯直通塔顶。参观者可通过钢框架门进入底层。底层庭院中铺砌了当地河流小溪中的石子。建筑外部由竖向木条和横向的金属支架组成，创造了条纹阴影，同时提供给客人房子周围 57 英亩的环境景观（在上楼时）。爬到五层，到达起居空间，该住宅拥有 560 平方英尺的居住空间，通过外墙的窗户拥有旷阔的视野。在内部有两层的居住空间：休息室、洗澡间、厨房在下层；起居与卧室在上层，室内地面与墙体使用白橡木。居住空间上的顶层是开敞的，那就是布莱克威尔所说的露天内庭。

图 2-8

图 2-9

图 2-10

图 2-11

图 2-12

图 2-13

图 2-8 ～图 2-13
马龙·布莱克威尔设计的塔宅
（引自“House Revolutions”）

MVRDV 设计的在荷兰的乌特勒克双住宅采用“折叠”相邻两家分户墙的形式，来适应政府的私有财产权的法律规定，并得以保证两户人家的房屋的独立性和均好性，最大可能地获得高品质和富有活力的居住环境。个性与容忍在这个住宅中获得了建筑的表达，并得以具体化。建筑的进深被限制在最小的范围内以获得尽可能大的花园面积，这个五层建筑的进深仅为 7.5m，朝向街道和花园的南北立面大面积地装上了玻璃窗以获得光线与景观视野。建筑的立面反映空间内部安排的复杂性，从剖面的演变图中可以看出，任何一个部分都没有超越另一部分的优势。从地板面积上来看，一个单元是另外一个的 2/3，但是两个单元都有近似的起居空间和通向花园的同等出口。在主要的组织结构上，两个单元是一致的，都有一段整齐的直楼梯把各层连接起来，大一点的单元强调空间的水平性，小一点的单元首层的厨房和三层的起居室被一个狭窄的两层半空间连接在一起，以垂直空间为特点。极端的要求和极端的处理手法，超越大众化的设计是设计获得成功的关键。

图 2–14

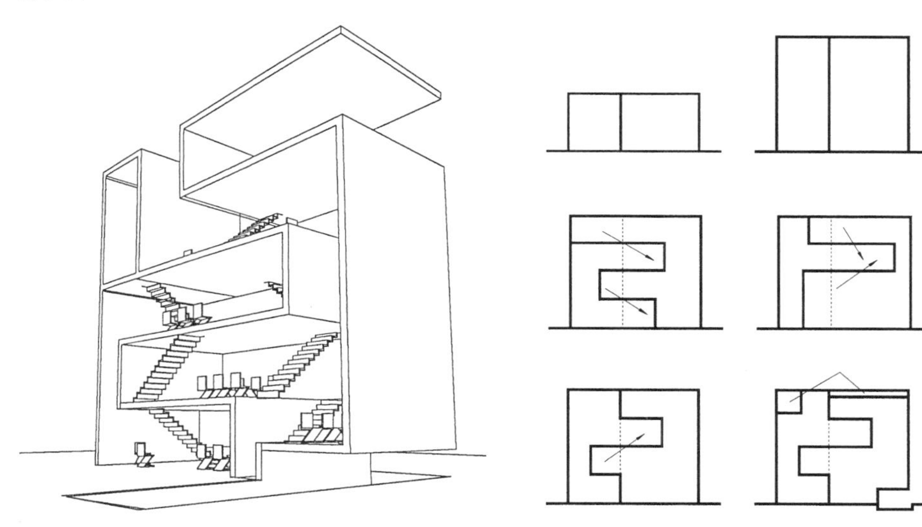

图 2–15

图 2–16

图 2–17

图 2–14 ～图 2–17
MVRDV 设计的在荷兰乌特勒克的双重住宅
（图 2–15、图 2–16 引自（英）尼古拉斯·波普. 实验性住宅. 中国轻工业出版社）

# 建筑的场地性

建筑区别于其他艺术的最为明显的特征是它的场地性，场地（Place）的特征不仅包括了地形等自然地理因素，还有历史、人文因素。爱因斯坦把地点（Place）界定为“地球表面一小块地方，由名称代表，具有某种物质对象的次序”，这个定义涵盖了物理存在、名称、词序这三个因素。建筑学对地点因素的研究集中在场地独特的精神内涵上，诺伯格－舒尔茨在《场所精神》一书中指出：建筑的实质目的是探索和最终找寻场所精神，在地点上建造出与之相符的构造。建筑不仅要重视场地的物质属性，也要重视场地的文化与精神的作用，这就是场所精神的核心，是一个地点创造（Place-making）的过程，是一种通过建筑与环境建立关系的态度。

当建筑使基地及周围各种因素具体地凝聚成一个场所，将有关地方特性的线索收集、整理、编制成视觉焦点，建构出了新的真实的时候，建筑的角色就不只是配合了，而是引入新的元素转化既有基地的特点，也只有建筑能做这样的事：创造场所，赋予城市活力与新生的意象，对当地居民与从未去过的人都具有影响力，就像天安门之于北京，埃菲尔铁塔之于巴黎，自由女神像之于纽约，悉尼歌剧院之于悉尼。这些城市的地标建筑构成了城市的丰富景象，建筑师一直并还将不断地创造新的建筑地标。

安藤忠雄认为：“一件作品对环境的影响力由两方面因素决定，一是建筑师对环境理解的深刻程度，二是建筑师对批判精神的表达力度。也就是说，是由建筑师的构想以及作为构想基础的建筑理念的说服力决定的。”

糟糕的建筑物在基地上像个外来的、多余又不恰当的添加物，无关痛痒地悄悄地融入周遭环境。而对哈迪德来说，与其说是环境决定了建筑元素的生成，不如说是她的主观决定了建筑的一切，所有的建筑元素只不过是哈迪德进行空间游戏的工具，其建筑物的本质是和周围环境对立的。她在投标北京某项目的时候，回答记者有关建筑与环境关系的提问：“如果旁边是一堆屎，我为什么要与它和谐？”这是她的答案，表明了她对待环境的偏激的态度。然而，建筑是没有办法撇开环境而独立存在的，可以不在形式上找到关系，但还有其他的方面。

一般来讲，对于基地情况的分析可以从以下的方面入手来找到设计的限制与对策：

（1）建筑与城市规划的限制：基地退红线要求，建筑限高，建筑造型风格规定等。

（2）建筑与文化历史传统：了解当地建筑文化传统，确定设计。

（3）建筑与基地形状：可能以此为出发点，获得建筑的图形、设计的母体。

（4）建筑与交通流线：根据周围道路确定基地的入口位置和建筑形体的主要表现方位。

（5）建筑与坡度：应对不同的坡度，采取不同的设计策略。

（6）建筑与视线：考虑景观与隐私，以此为依据确定开窗的方向。

（7）建筑与朝向：根据日照分析，决定建筑趋光与遮阳的策略，确定屋子的朝向与房间布局。

（8）建筑与防噪：根据噪声源的位置确定防噪措施，用不重要的房间或用植物阻隔。

（9）建筑与通风：根据季节风的方向与强度，确定通风处理方式。

（10）建筑与植被：确定基地上植物的取舍，使之成为景观中心或屏障。

图 2-18

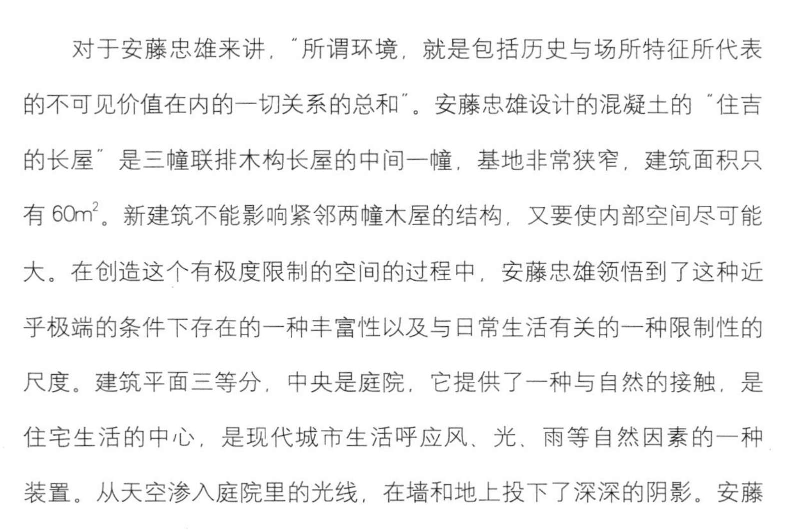

对于安藤忠雄来讲，“所谓环境，就是包括历史与场所特征所代表的不可见价值在内的一切关系的总和”。安藤忠雄设计的混凝土的“住吉的长屋”是三幢联排木构长屋的中间一幢，基地非常狭窄，建筑面积只有 60m$^2$。新建筑不能影响紧邻两幢木屋的结构，又要使内部空间尽可能大。在创造这个有极度限制的空间的过程中，安藤忠雄领悟到了这种近乎极端的条件下存在的一种丰富性以及与日常生活有关的一种限制性的尺度。建筑平面三等分，中央是庭院，它提供了一种与自然的接触，是住宅生活的中心，是现代城市生活呼应风、光、雨等自然因素的一种装置。从天空渗入庭院里的光线，在墙和地上投下了深深的阴影。安藤忠雄探索场地的物质属性与意义内涵的手段是将场地几何化，使之有序，他认为："建筑之所以成为建筑，有三点必不可少。第一是场所，这是建筑存在的前提；第二是纯粹的几何学，这是支撑建筑的骨骼和基体；第三就是自然，非原生的自然，而是人工化的自然。"

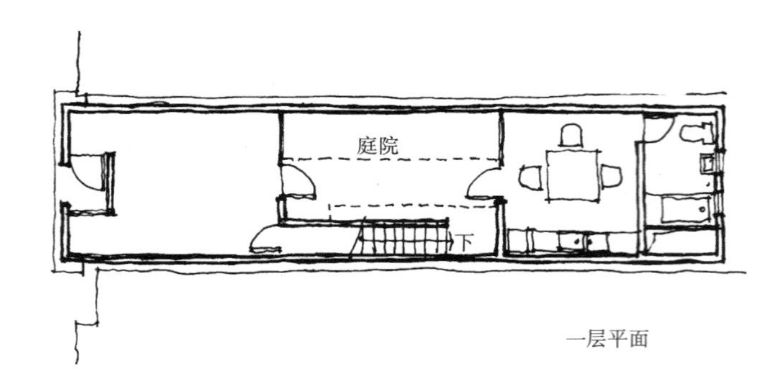


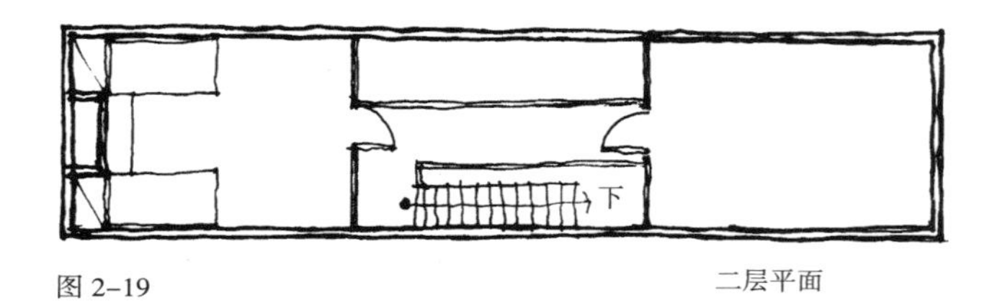


图 2-19

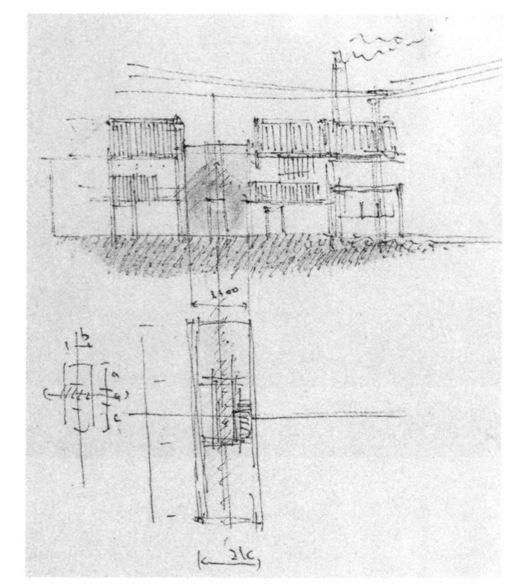

图 2-20

图 2-21

图 2-18 ～图 2-22　安藤忠雄设计的日本大阪的住吉长屋（引自韩国期刊"New World Architect——DADAO ANDO"）

图 2-22

同样为了挑战如何为一栋最小的建筑设计出生动、多变的功能和舒适的居住环境，日本建筑师冢本由晴在东京以一栋占地面积仅为 18.44m²，总建筑面积为 65.28m² 的小房子作为回应。它长 4m，宽 9m，高 16m，在周遭密密麻麻的住宅的缝隙里，它屏气静神地立着，场地里还可以停下一部小汽车。房子内部空间被楼梯和楼板纵向隔成了 10 个部分，左右各 5 个，高低错落。10 个空间相对独立，互不干扰，功能间的转换通过上楼或下楼来完成，而不是向左转或向右转。屋顶被设计成一个最大化的箱体空间，冢本由晴巧妙而精确地设计了每个窗户的开口，考虑与采光、周边景观的密切关系，从窗户看出去，看不到杂乱的外景，只会享受到柔和的光线。

图 2-23 ～图 2-27　冢本由晴设计的日本东京的“GAE house”（引自“Graphic Anatomy-Atelier Bow Wow”）

图 2-23

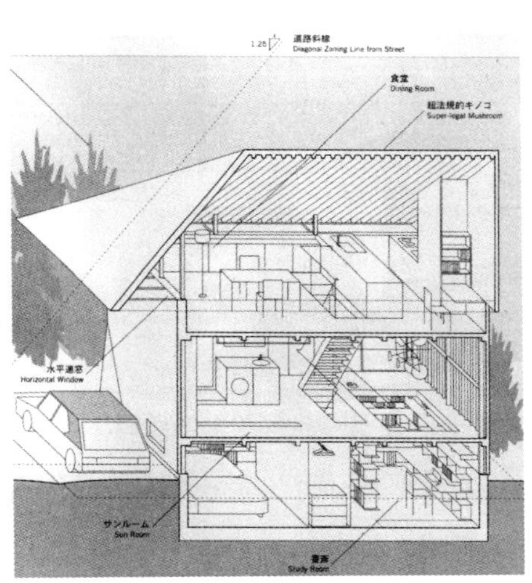


图 2-24

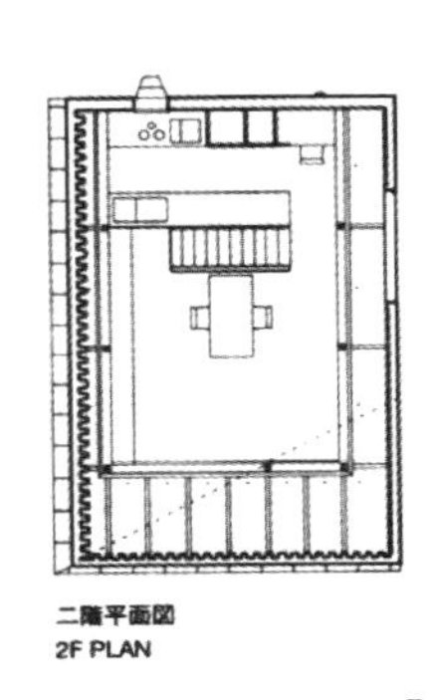


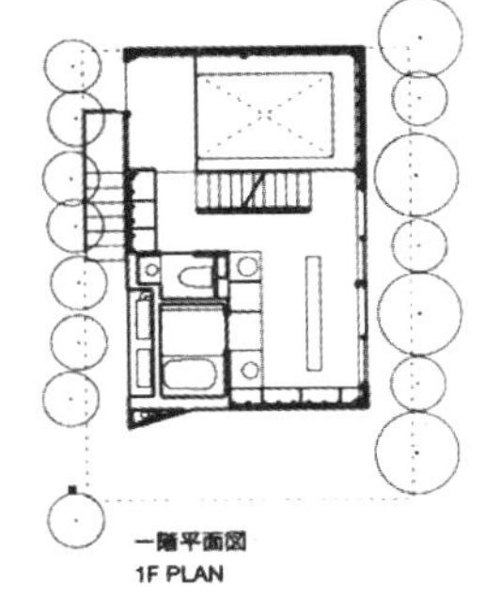

图 2-25

图 2-26

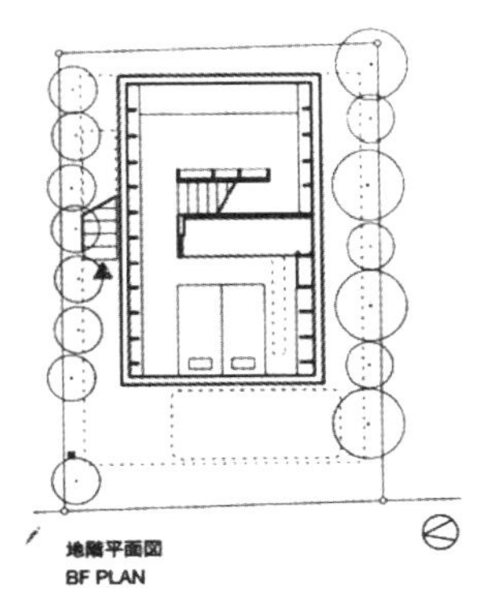


图 2-27

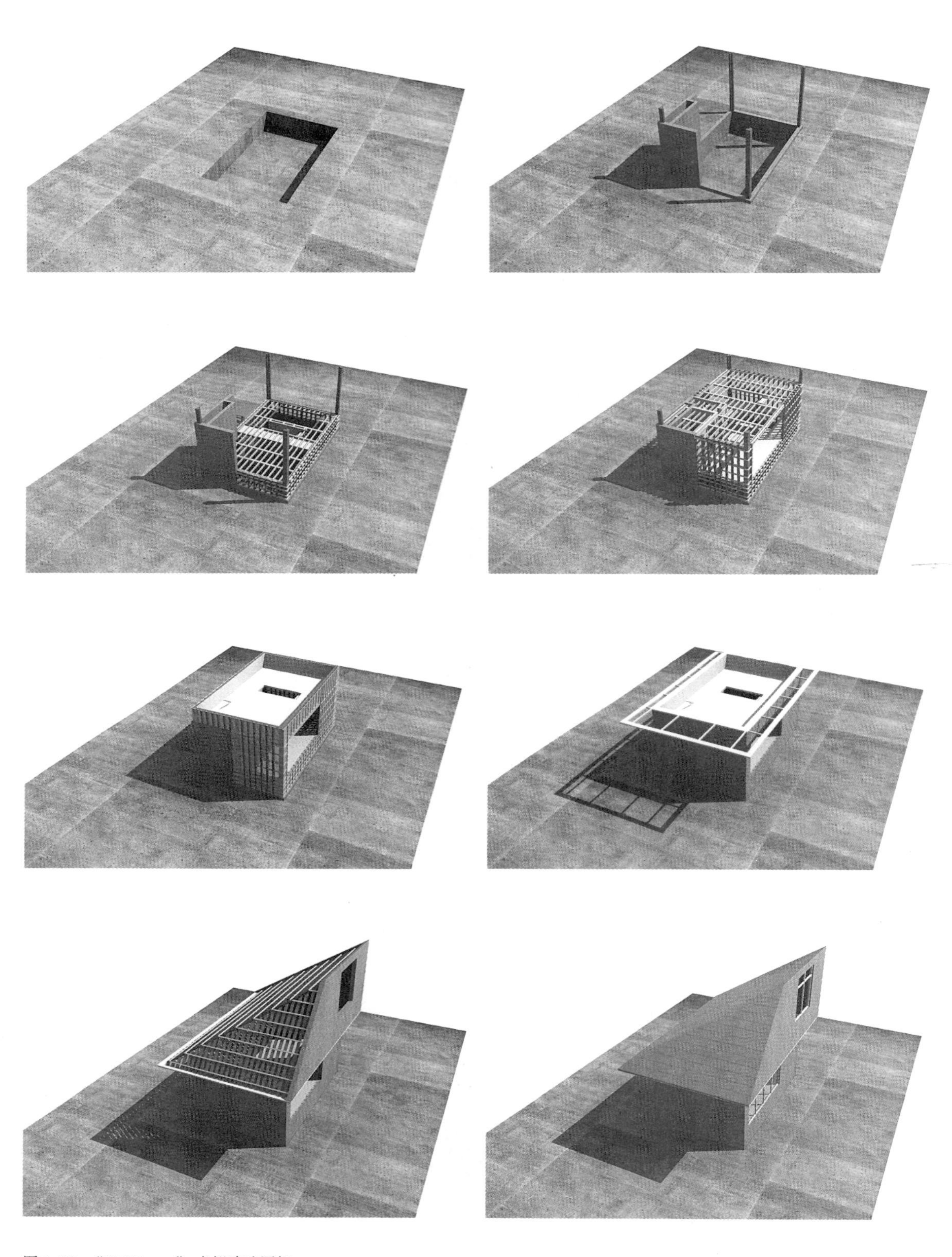

图 2-28 “GAE house” 虚拟建造图解

图 2-29

瑞士建筑师博塔设计的位于里瓦尔圣维塔尔的住宅坐落在圣焦尔焦峰山脚下的卢加诺湖滨。设计旨在确立适应当地景观条件的一种地方性的建筑样式，方正的建筑体形与湖对岸古典的教堂相呼应，一座吊桥从街道直接连接到别墅的上层，建筑是一个以 10m × 10m 的正方形为平面的塔。博塔以塔和桥强调了别墅与环境的区别，不仅可从内部，也可从外部感受到山形。

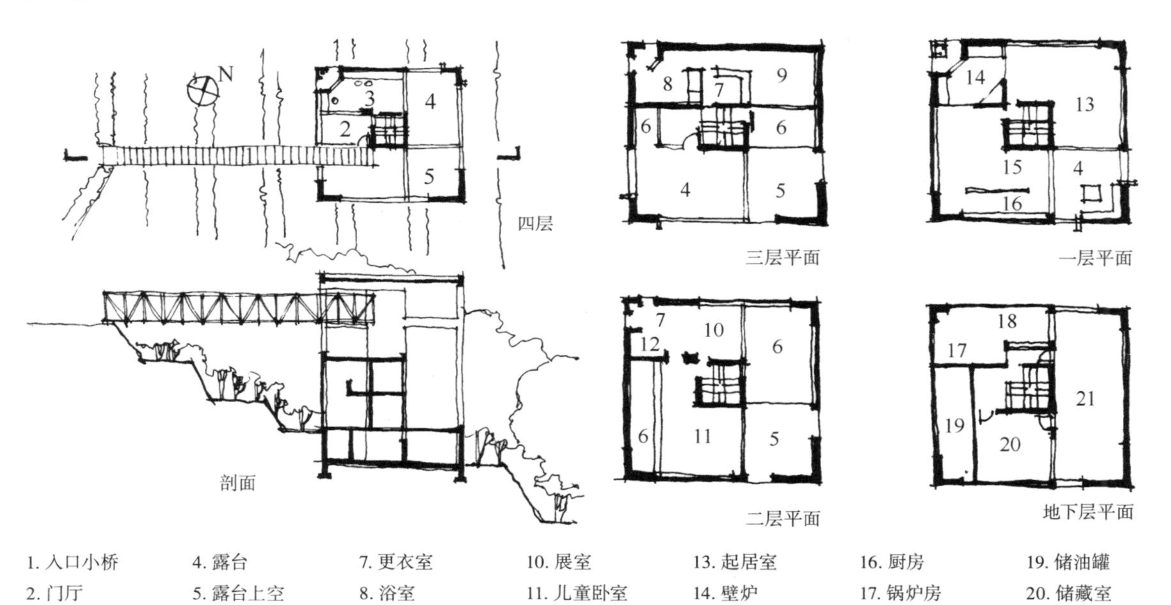


1. 入口小桥
2. 门厅
3. 书房
4. 露台
5. 露台上空
6. 上空
7. 更衣室
8. 浴室
9. 主卧
10. 展室
11. 儿童卧室
12. 淋浴室
13. 起居室
14. 壁炉
15. 餐厅
16. 厨房
17. 锅炉房
18. 洗衣房
19. 储油罐
20. 储藏室
21. 外廊

图 2-30

图 2-31　图 2-32

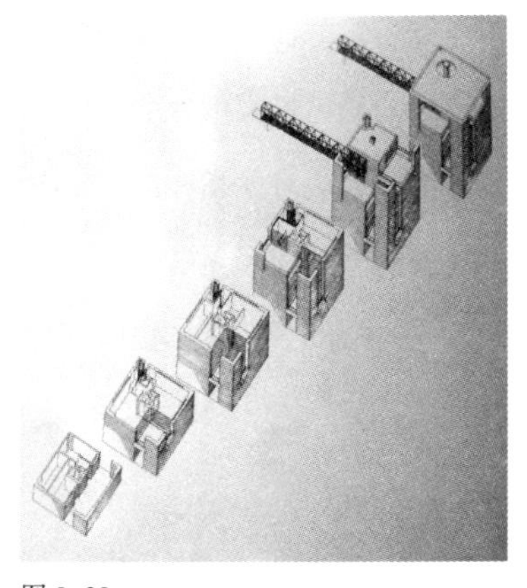

图 2–33

图 2–34

图 2–29 ～图 2–34
马里奥·伯塔设计的瑞士里瓦尔圣维塔尔的住宅(引自理查德·韦斯顿．20 世纪住宅建筑．孙红英译．大连理工大学出版社)

同样，美国建筑师迈耶在处理道格拉斯住宅时采用了相似的手法来解决建筑与基地的关系。别墅坐落在一片向密歇根湖倾斜的陡峭而孤立的坡地上，周围是浓密的针叶松林，这座五层的别墅的入口设在顶层，通过小桥进入。从湖中看去，别墅万绿丛中一点白，大面积的玻璃反射着天光云影，阳光下的别墅时时表现动态的光影，白派别墅的代表作之一。

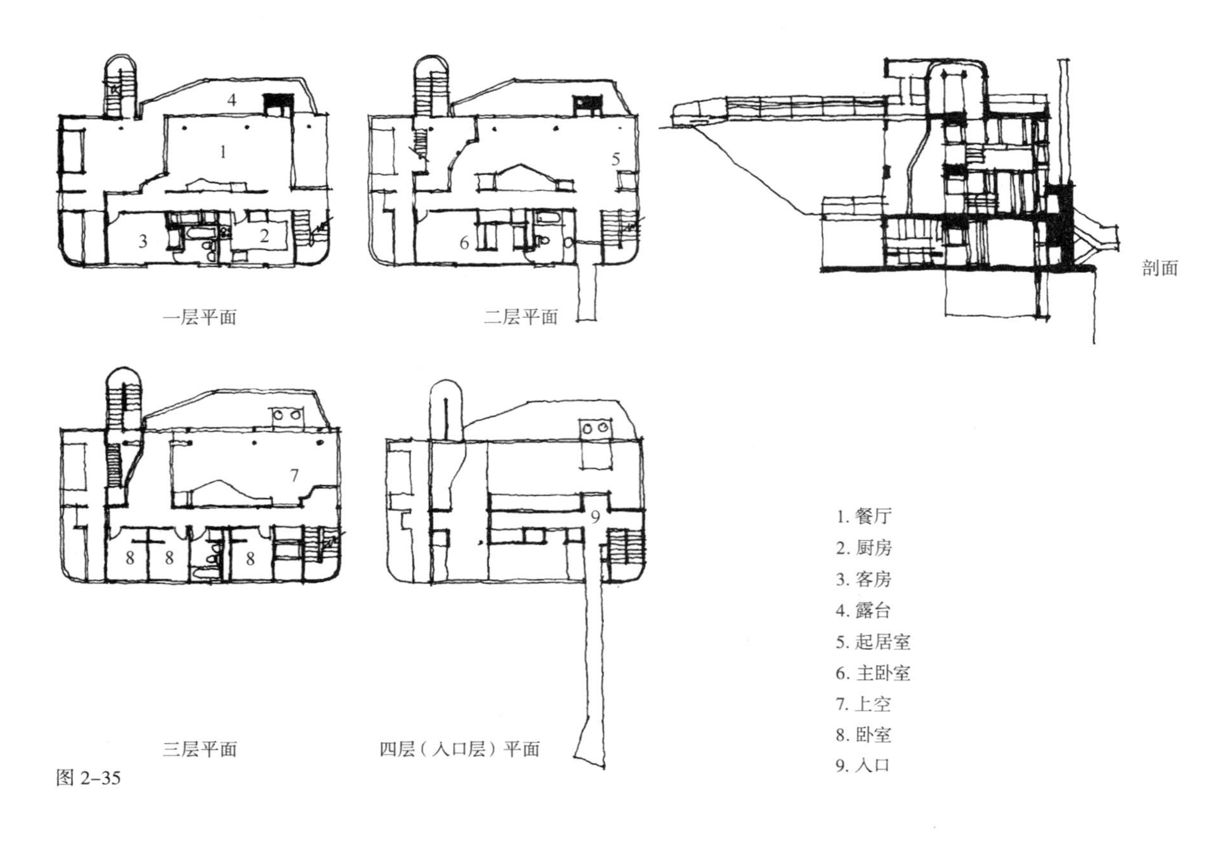


图 2–35

图 2-36

图 2-37

图 2-38

图 2-35~ 图 2-38
里查德·迈耶设计的美国密歇根州的道格拉斯住宅（引自当代世界建筑 . 刘丛红等译 . 机械工业出版社）

图 2-39

建筑师佩佐·冯·艾利西豪森（Pezo von Ellrichshausen）设计的智利科琉莫（Coliumo）半岛夏季别墅兼文化中心是一件具有空间自主性的作品，为了全方位欣赏环境四周浩瀚和令人目眩的广阔风景，倾听海水冲刷悬崖岩石的声音，建筑师设计了一个立方体建筑，沿建筑四周的墙成为夹壁空间，楼梯在这空间范围内拾级而上。建筑师通过外墙四周的开口安排窗外的景象，与夹壁空间内的楼梯、面北防晒和面西遮雨的内阳台一一对应，夹壁空间的其他位置布置了厨房、厕所、储藏等服务功能空间。作品处理公共与私密的空间关系的设计策略是在连续的不同标高上的、没有确定功能的、具有适应性的空间中安排，也对应了作品的功能使用定位。

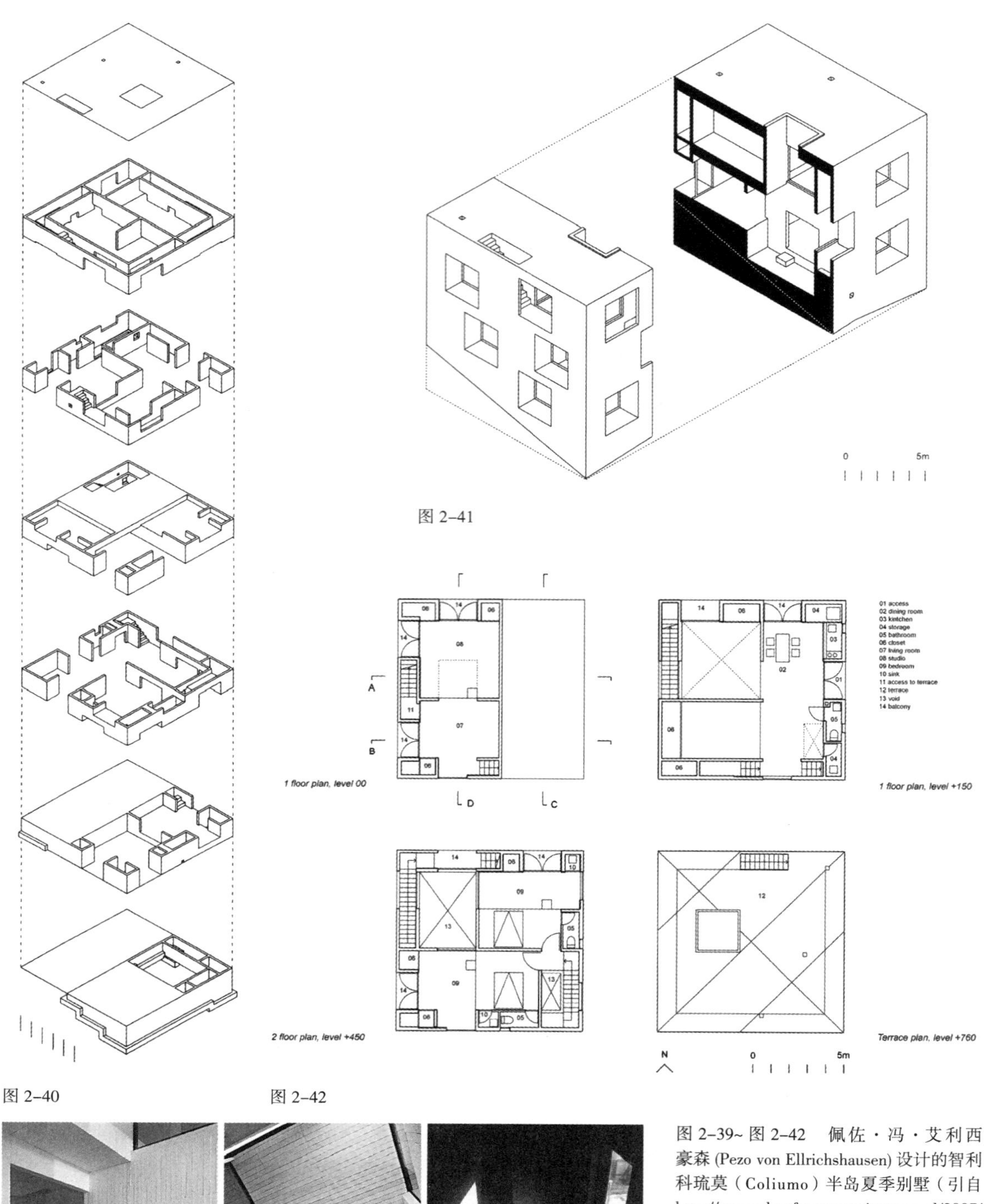


图 2-41

图 2-40

图 2-42

图 2-39~ 图 2-42　佩佐・冯・艾利西豪森 (Pezo von Ellrichshausen) 设计的智利科琉莫（Coliumo）半岛夏季别墅（引自 http://www.plataformaarquitectura.cl/2007/01/05/casa-poli-pezo-von-ellrichshausen/）

图 2-43

图 2-44

图 2-45

图 2-43~ 图 2-45　佩佐・冯・艾利西豪森 (Pezo von Ellrichshausen) 设计的智利科琉莫（Coliumo）半岛夏季别墅（引自 http://farm5.static.flickr.com）

# 建筑的时空性

建筑艺术真正的核心是"空间"，各种艺术中唯有建筑能赋予空间完全的价值，绘画可以描绘空间，诗歌可以让人对空间有所想象，音乐常常被类比为建筑空间，但只有建筑与空间直接打交道，它以空间为媒介，并把人摆到了其间。空间给人以美感，空间可以控制人们的情绪，就像雕塑家用泥土，作曲家用音符，建筑师用空间来造型，同时满足建筑的功用。建筑师是以空间为素材加以编排和组织的专家。

现代空间的概念是通过运用限定的要素在大的空间里进行分隔生成的。所谓的限定要素就是构成建筑的墙面、地面、楼板、顶棚、柱子、梁架等构件，如何认识和运用空间的限定要素一定程度上决定了空间的品质。在经历了一种视觉观念的转变之后，现代建筑改变了从空间容积的角度来观察空间的传统。空间容积是对空间本身的几何特性的关注，空间限定则是对构成空间的围合构件的关注，这也是古典建筑与现代建筑在空间观念上的基本区别。

对于建筑的感知，即使是最强有力的影像也不可能捕捉建筑的全部。人的眼睛可以先扫描全景，然后聚焦感知某个细节，人选择感知的界限不断地扩张，又不断地集中。所有的感知都来源于建筑设计所创造的空与实，而文字说明和图片只是一种设计的解释与理解的路径，甚而是一堆谎言。只有你亲临现场，才能用自己的脚和眼来验证建筑的全部，尤其是建筑的空间序列。

图 2–46、图 2–47
哈佛大学肯尼迪政治学院内庭
围绕内庭的楼梯平台被放大成一个个交流的空间，以此培养未来政治家们必要的与人交谈的职业习惯（引自 http://blog.163.com/lpf3688@126/blog/static/36924869201049437542 32/）

图 2–46

图 2–47

建筑空间不是视觉的焦点，是视觉发生的过程，活动发生的载体与媒介，所以，它不能被轻易地固定，这也正是建筑意欲有所作为的地方。当人物、时间与空间重新结合到一起时，建筑就从半空落到了实处，获得了广阔的施展余地。可能是若干的事件构成了我们对空间的记忆，于是，建筑流线的组织表达了不同功能内容的组织构成，帮助阅读理解建筑。一个序列的过程代表了一种建筑的体验。

任何建筑物中都存在不同等级的流线，它可以用来厘清功能平面，使人流活动呈树状结构。流线的空间节点与所营造的参照物使使用者在建筑内部能够定位。楼梯与坡道既承担垂直交通的功能，也可以成为形式表达的手段，更富动态与表现力的楼梯形式，常常成为空间的焦点。在平面图上，不同楼层的双跑楼梯使用同一个平面位置；单跑和直跑楼梯，每个楼层都在不同的平面位置上；宽度足够的时候，楼梯平台可以承担社交空间的功能。有时候，这样的功能被强化成为设计特点。

空间顺序的组织，就是在连续运动的过程中有计划地让使用者体会空间的变化、起伏与节奏。性质不同的空间之间的组合关系构成了空间体系的特点。空间系统以点（院子和房间）和线（走廊）来组织交通；空间放射状地围绕在中心点周围，可以通过组合，形成多核心

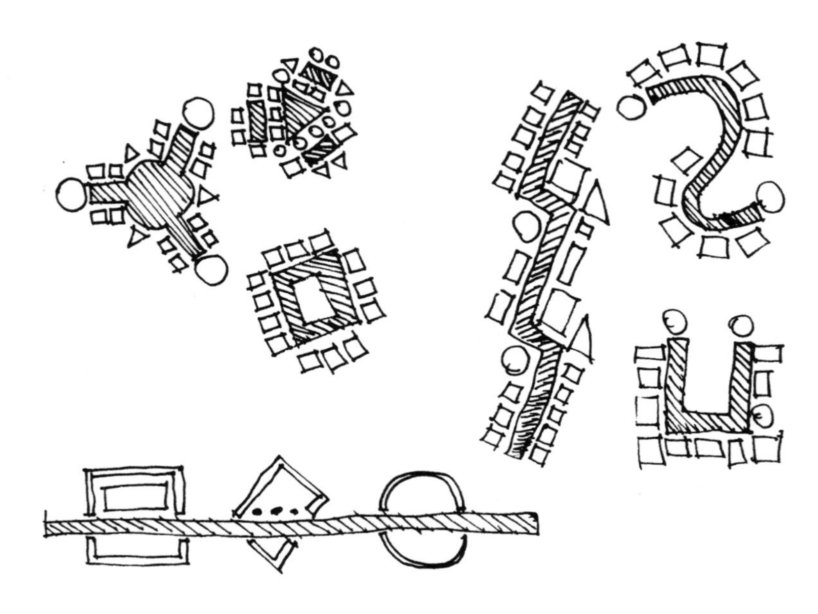

图 2–48　空间组合

式空间系统；院子和房间可以用走廊连接，“线”可以穿过和切过“点”空间，“线”可以是直线或是曲线，“线”可以折叠，成为立体的“线”；“线”之间可以是平行、相交，还可以构成网络。空间系统可以用点、线结合的方式组合。

传统上空间形态以几何体为主，包括立方体、长方体、圆拱、圆柱体、金字塔、晶体等，当下电脑软件的发展，催生出了更为有机的空间形态。空间的形态、大小还有数目要与人的活动相匹配，每一个空间尺寸必须确定，一般来说，由平面决定面积，由剖面决定高度。空间使用的人数和使用的状况，家具设备的数量与类型和尺寸，室内交通的流量等是决定空间形状与尺寸的一个因素，人的生理知觉和心理需求是另外的方面，尺度就是人对尺寸与比例的心理积淀，尺度可以决定空间的性质。

人的活动性质决定了有些活动可以安排在同一空间，而有些要分离至不同的空间。空间分静态与动态，静态空间稳定而封闭，动态空间具有方向感、流动性和高度中介性。主次空间体现的是对比与对立，重复与再现的关系；流动空间表达的是渗透与层次；过渡空间表现的是衔接与过渡，引导与暗示。不规则空间形态应与规则形态相分离，空间边界的弹性方便空间使用的改变。

图 2-49

密斯在设计巴塞罗那德国馆的时候，采用水平（屋面板）和垂直（墙面）的两种平面，然后将它们以叠合的方式并置在一起，从而扩大所限定空间的界限，采用孤立的支柱元素以及用于扩展空间的不反光和透明的玻璃，从而设计一个完全由建筑师控制的方案。在这个建筑中，“工业和技术与思想和文化协同发挥作用”（密斯，1928 年），它所表达出来的流动空间的概念，精准的设计手法以及在材料和技术上的突破，使之成为现代建筑的象征。通透性成为了一种和设计相关的思维方式与哲学。密斯认为，“上帝在细节中”，密斯式的建筑严格遵守纯几何学的优雅规则，多一分则多，少一分则少，连最细微的地方也不放过。德国馆采用高贵庄重的建筑材料：罗马的凝灰石用于基座和浅色墙面，绿色的大理石用于雕塑和水池处的墙面，墨绿色和灰色玻璃作为隔断，棕色条纹大理石用于正厅的独立式屏风墙。

图 2-50

图 2-51

图 2-49~ 图 2-51
密斯·凡德罗设计的巴塞罗那德国馆

日本建筑师藤本壮介试图在他的作品中以原始并未来的建筑空间为设计理念，探索前人未实践过的空间原型的设计。House N 由一组三个从大到小的嵌套构筑了一个室内外建筑边界模糊暧昧的建筑场域，反映了人们居住生活的层次：最外层的壳里是半室内的花园，中间层的壳是被包裹在室外空间里的有限的室内空间，最里面的壳创建的是内部空间。房子与街道之间关系的多义表达和空间的多层次穿透叠加是建筑师设计的重点。对于藤本壮介而言，House N 的空间模式可以延伸至一条街、一座城，甚至是这个无限的世界，"因为整个世界本就是由无限的嵌套组成"。在他看来，城市与住宅在本质上其实并没有不同，它们只是通过不同的方式构成，或者说是对本质的不同表达——代表一种人类居住生活的原初空间状态。

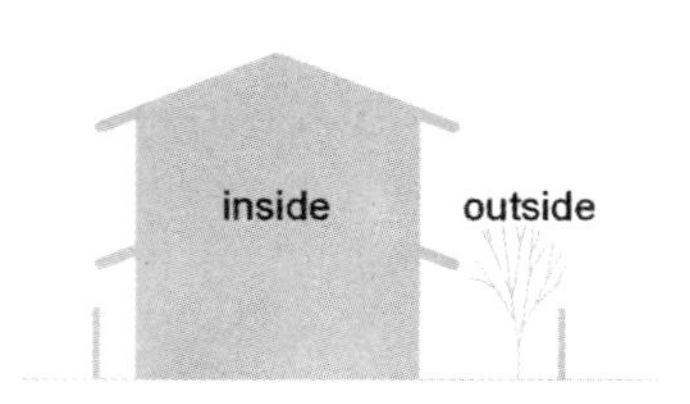


Conventional House

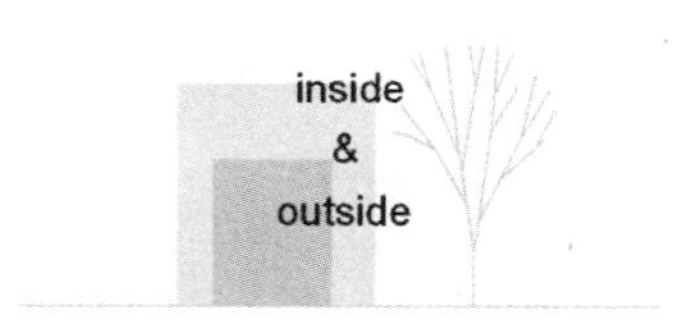


Future House !

图 2-52

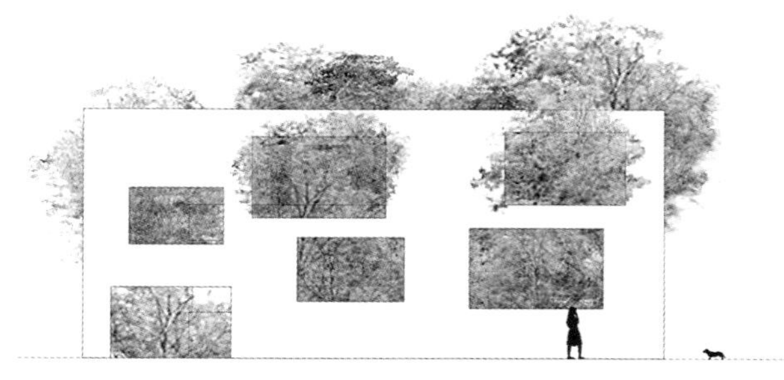

图 2-53

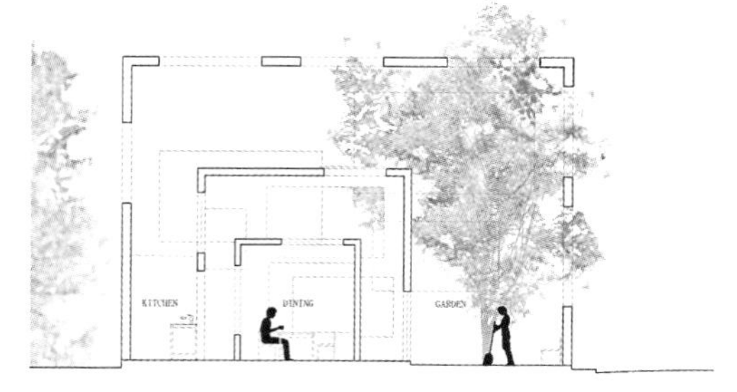

图 2-54

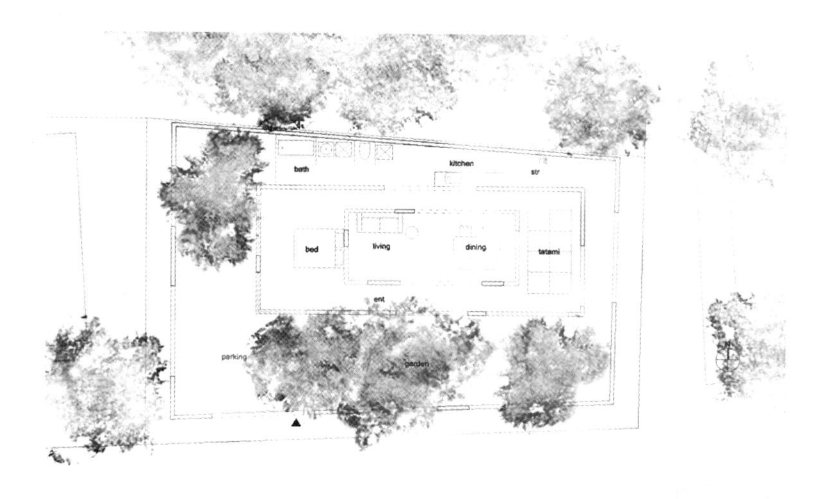


图 2-55

图 2-56

图 2-52~ 图 2-55　藤本壮介设计的日本 Oita 的 House N 的图解（引自 http://hi.baidu.com/lesslanny/blog/item/353df8f08e52ccc70a46e0b8.html）
图2-56　藤本壮介设计的日本Oita的House N 的实景照片（引自 http://blog.sina.com.cn/s/blog_470282950100gpa2.html）

## 建筑的技术表达

著名的建筑理论家肯尼斯·弗兰普顿讲过："建筑的根本在于建造，在于建筑师应用材料并将之构筑成整体的创作过程和方法。建构应对建筑的结构和构造进行表现，甚至是直接地表现，这才是符合建筑文化的。"也就是说，建筑的技术因素与艺术因素应该是复合杂糅、综合一体的，建筑结构与材料构造既是技术的，也是艺术的，是建筑的技术表达，可以关乎建筑最终的艺术效果。

作为支撑与围护的建筑结构可以其自身的表现力构成建筑造型的美感，比如钢结构、木结构建造体系的逻辑，混凝土结构的塑性特征，玻璃结构的透明与反光所构成的开放性，生土建筑与乡土环境的浑然一体。建筑的材料构造和工艺的细节构成了人们近距离体验与感受建筑美感的要素，混凝土、木材、石材、砌块、玻璃、金属、泥土、竹藤等材料本身的质感，施工建造后所形成的材料肌理，直接构成了建筑外观的特征和建筑形象的技术表达。

**1. 砌体建筑：Rafael Moneo 国立古罗马艺术博物馆，西班牙，梅里达**

在古罗马帝国，梅里达是帝国在西班牙的重要城市之一。博物馆采用整体式砌筑的建造方式，形式简单，暗色的砖墙外观和采光良好又富有情调的室内达到了异乎寻常的统一，有着颇具文化意义的陵墓般的气质。作品位于古罗马遗址的一角，没有刻意模仿但极具“古罗马”风，建筑同时具有现代博物馆的坚实感，滤过的光线通过不引人注目的天窗射入室内，在古罗马式样的平坦砖墙的衬托下，显示出大理石雕像的细微差别。

图 2-57
Rafael Moneo 设计的西班牙梅里达国立古罗马艺术博物馆（引自 http://www.forgemind.net/phpbb/viewtopic.php?t=5960）

### 2. 混凝土建筑：勒 · 柯布西耶，朗香教堂，法国，贝桑松

粗制混凝土饰面，其象征性，可塑的造型，形式和功能，构造和技术堪称前所未有，方盒子被破除，尽管这座建筑仍受到“模数系统”规律的控制，但已背离了柯布西耶所有以前的设计。勒 · 柯布西耶极其虔诚地投入工作，宣称要创造一个肃静、祈祷、平和与精神愉悦的场所。作品效果取决于弯曲的表面、朴素的白色、厚实的墙体这三者与室内门窗洞口的彩色光斑间的相互作用。硕大的屋顶凸出于倾斜的墙体之外，曲线形的高塔使光线集中射入幽暗的室内。

图 2–58 勒 · 柯布西耶设计的法国贝桑松的朗香教堂

图 2–59

### 3. 钢结构建筑：Cepezed.B.V，半独立住宅，荷兰，代尔夫特

作为一种新型住宅，采用钢框架结构，具有结构简单和经济的特点。建筑由两栋建筑相邻组合而成，左右两边结构独立，每组结构有八根圆管柱按纵向间距 3.77m 和横向间距 6.53m 排列，在建筑的每层高度上，采用钢梁将柱子沿对角线连接，建筑中心位置布置了辅助房间和服务设施，沿对角线走向布局。此结构设计易于现场的安装，包括预制装配式的立面金属构件、铝制型板、装配式玻璃等。

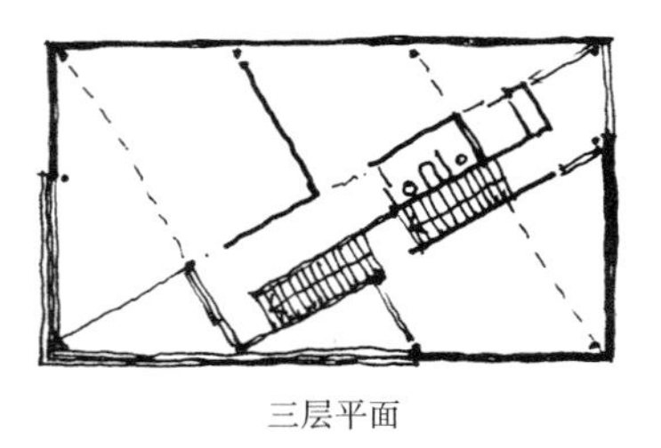
三层平面

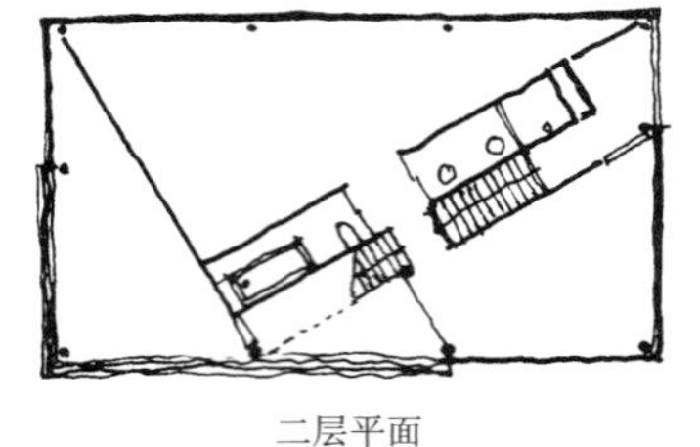
二层平面

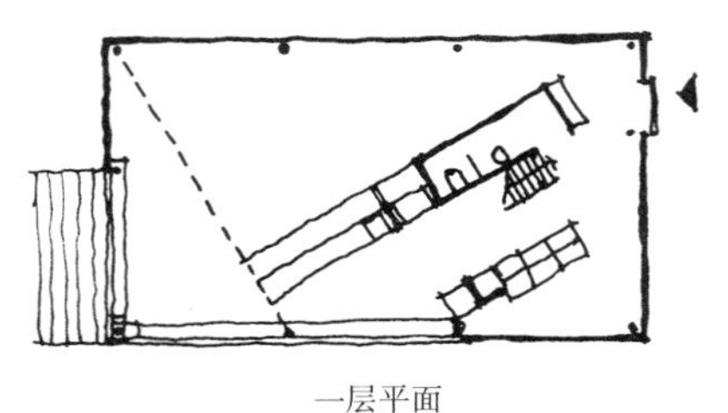
一层平面

图 2-60

图 2-59、图 2-60 Cepezed.B.V 设计的荷兰代尔夫特的半独立住宅（引自舒立茨・索贝克・哈伯曼．钢结构手册．大连理工大学出版社）

#### 4. 砌体与玻璃建筑：Heinz Bienefeld，建筑师自宅，德国，布吕尔

建筑师相信“表面的影响是建筑的一部分”，建筑师自宅的精巧的细部确实给人留下了深刻的影响：全玻璃的东面墙，与屋顶一起，看上去把大型的阶梯状的砌块遮盖和封闭了起来，大而开敞的直升到屋顶的钢结构玻璃大厅和相对较小的、房间被分隔开的砌体结构部分相互比邻，在尺寸上形成对比，从内而外的形式与空间的快速变化，结构的外观影响了人们的感受。住宅的两个纵向标高显示了不同的特性：西南立面厚重的砌体墙上的开口尺寸仅有很小的不同，东北立面轻盈的玻璃表面支撑着看上去很重的黏土瓦大屋顶。

图 2-61

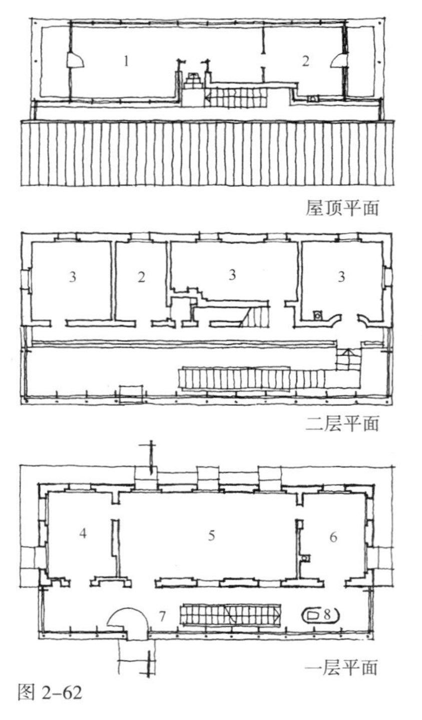


图 2-62

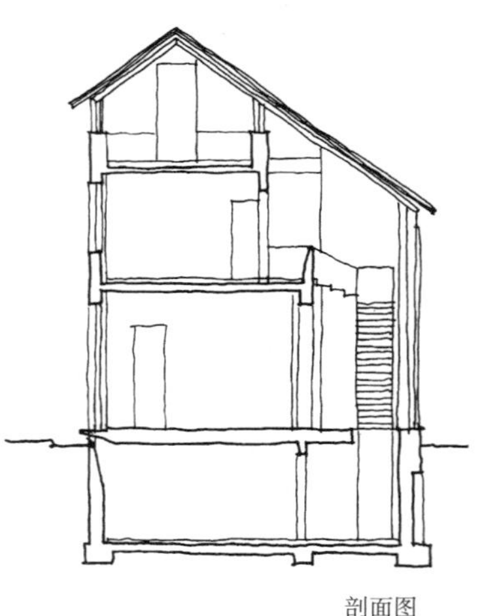
剖面图

1. 主卧室
2. 浴室
3. 儿童卧室
4. 厨房
5. 起居室
6. 书房
7. 门厅
8. 卫生间

图 2-63

图 2-61~ 图 2-63
Heinz Bienefeld 设计的德国布吕尔建筑师自宅（引自普法伊费尔・拉姆克，阿赫茨格・齐尔希．砌体结构手册．大连理工大学出版社）

图 2-64

图 2-64~ 图 2-68　张永和设计的中国北京“二分宅”（引自 http://news.xinhuanet.com/house/2003-11/18/xinsrc）

**5. 木结构与生土建筑：张永和，二分宅，中国，北京**

拥抱山水的“二分宅”是要将北京传统的四合院从其拥挤的城市空间移植到古朴的大自然中，群山环绕着三角形庭院的一边，而房子则建在其他两条边上。庭院里保留了场地原有的一组树木。设计调整了基地中一条小溪的流向，意图将水引入并穿过庭院，并从剔透的入口休息处的玻璃地板下流过。对于“二分宅”，张永和借用“土木”这个中国传统的建筑概念，以泥土和木头作为主要建筑材料，胶合木柱与木梁的框架结构和两道“L”形的夯土墙构成了建筑的基本形态，其间嵌有面向庭院景观的落地玻璃。

图 2-65

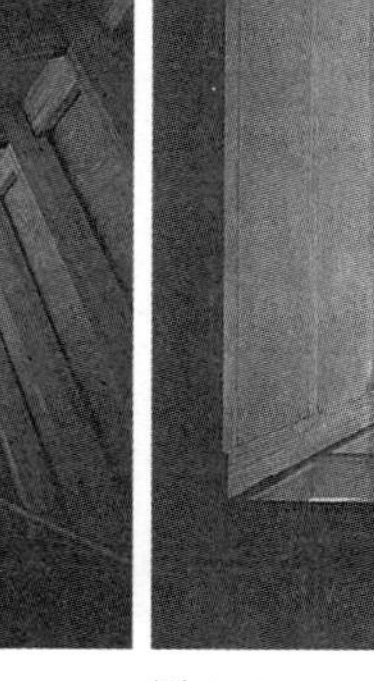

图 2-66

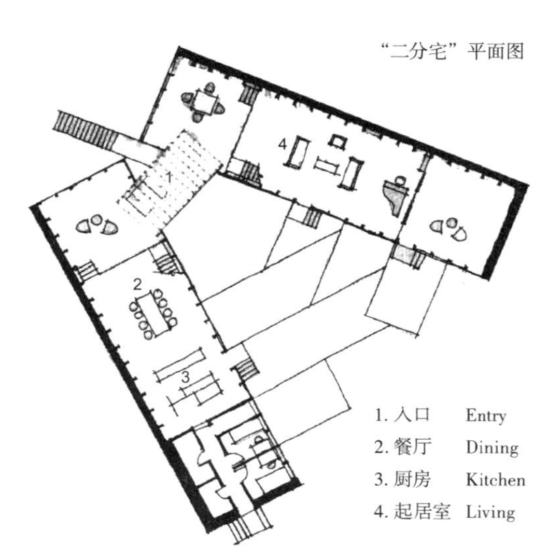


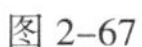

图 2-67

图 2-68

### 6. 实验建筑：F.O.B. 联盟，气氛住宅，日本，东京

由于东京土地的价格很高，建筑完全没有外部的私人空间。两个现场浇筑的混凝土侧墙的形状、尺寸完全一致，但其中一个水平反转过来以便于在两墙之间创造出鞍状的几何形。在屋顶，八个圆柱状的混凝土柱子提供了结构上的支撑装置。这个住宅没有使用隔热材料，住宅的外壳由半透明的伸出式玻璃纤维单层膜构成。白天，它可以靠自然照明，晚上使用自己内部的灯光，光线把居住者的侧影投射在帆布上。作为都市流浪者的避难所，气氛住宅对标准的生活方式提出疑问的假设，从而再次限定了住所的功能——住宅中有一个狭窄的厨房，其内部只能容纳两个水槽和一个冰箱，浴室在住宅中是不具备的。这种住宅的使用者经常很早就出门，直到深夜才回家。这些人经常在餐馆吃饭，在公共浴室洗澡。住宅的内部空间仅由地板区分，并不暗示任何特别的使用形式。内部没有隔墙，但在楼梯的位置，可以在必要的情况下用卷帘把想要隐藏的地方遮住。

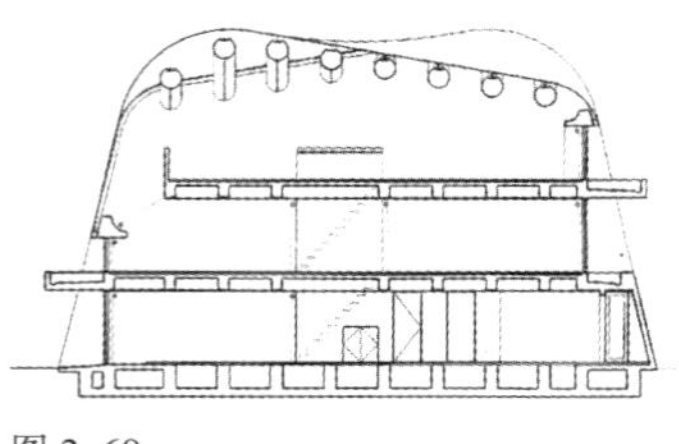

图 2-69

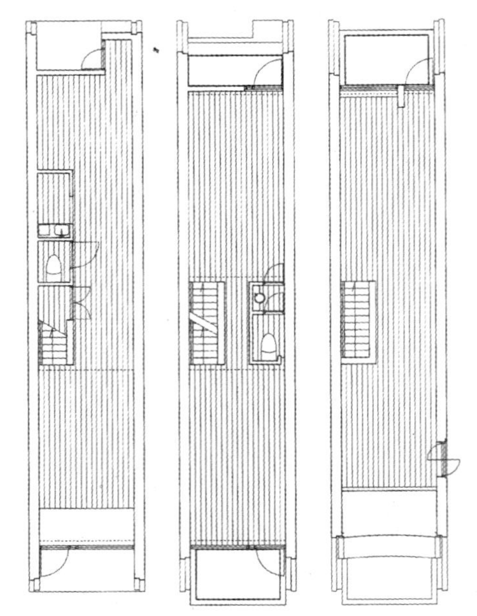

图 2-70

图 2-71

图 2-69~ 图 2-72　F.O.B. 联盟设计的日本东京气氛住宅（引自（英）尼古拉斯 · 波普 . 实验性住宅 . 中国轻工业出版社）

图 2–72

**7. 生态建筑：迈克尔 · 雷诺兹，“鹦鹉螺号大地船”， 美国，新墨西哥州**

“鹦鹉螺号大地船”是一栋以低技的手段建造的、几乎适应任何天气条件的、自给自足的生态建筑。承重外墙用废弃的汽车轮胎，在孔隙中挤满泥土，以垒砌石墙的方式堆积，隔墙用铝罐加水泥加砂浆砌筑，墙体的厚度保证了墙的蓄热性能。朝南的倾斜的大玻璃窗获得南向采光和太阳热能，另外三面墙部分埋入地下，冬季时可减少房间内热量的散失，夏季时可减少室外高温对室内的侵袭。建筑远离城市电力系统，废水和雨水被充分利用，不给环境添加额外的负担。

图 2–73 迈克尔 · 雷诺兹设计的位于美国新墨西哥州的“鹦鹉螺号大地船”（引自（英）尼古拉斯 · 波普．实验性住宅．中国轻工业出版社）

### 8. 绿色建筑：Werner Sobek，R128 住宅，德国，斯图加特

R128 住宅位于斯图加特的碗状盆地边缘的一片陡坡上。这座 4 层楼房被设计成了一个由电脑系统监控、完全自我循环、能源自给的建筑，不产生任何排放物，能源供给由太阳能光电板提供。建筑的钢架承重结构通过斜向构件加固，建造于钢筋混凝土的筏基之上。全部的承重和非承重构件、断面粗大的木料楼板以及 3 层的全玻幕墙都是按照相同模数设计的，并以容易拆分结合的方法被组装，完全可以再循环使用。建筑内部既没有粉刷砂浆层，也没有多余的装修层和隐藏其间的管线，全部的供给和排放系统以及通信线路都被装在金属管子里，这些管子沿着外立面铺设，被安装在地板及顶棚结构中。白天的太阳辐射热能被充水的顶棚吸收，转移到一个热库储存起来，因此，建筑物在冬天就可以通过逆向热交换过程来得到加热，不需要额外耗能加热采暖了。

图 2-74

图 2-75

图 2-76

图 2-77

图 2-74~图 2-77　Werner Sobek 设计的位于德国斯图加特的 R128 住宅（引自“R128 by Werner Sobek”）

# 第三章　建筑设计入门

方案设计就是在建筑设计的开始阶段，我们对总体环境的协调，功能空间的组合，结构形式的选择，材料与施工方式的确定，建筑造型的创作等诸因素进行分析与综合，所做的建筑形态构成的初步设计。

# 基地的启示

了解基地及其潜力是先于设计工作的分析程序，一些明显的基地特征，如地形的轮廓和坡度、气候条件、山或水的背景要素、周围建筑的体量与造型特点等会激发建筑师的创造力，而场地本身所传达的感觉对于设计是极其重要的一个着手路径，因此必须对基地的区位、背景、社会结构、场地肌理、日照与风向、周围建筑的造型与材质、环境空间的意象、使用人群和使用特点要有所了解，以此确定你所介入基地的建筑的形式与密度。

通过观察、测绘、调查询问、勾画基地草图或从基地模型开始，来实现设计与环境的对话。看一看基地的地形是否暗示着某种使用格局？基地的植被保护对基地分区与建筑布局的影响？建筑物是要构筑自身的景观还是保持基地所拥有的景观，比如水面与山景？怎样到达基地？怎样组织基地的交通？基地的入口与外围道路的交接？依据什么确定建筑物在基地中的位置？

现场踏勘找出基地的限制，感性与理性的手段并重，面对不完美基地的限制，找到房子与环境的恰当关系，帮助建立建筑与环境关系的应对策略。比如在噪声源和需要安静的活动区之间，安排储藏室之类的非活动性空间；建筑物的安排围绕所需保留的植被，或成为景观中心，或成为天然屏障；根据基地周围的道路状况，确定进入建筑的机动车道，并在入口处形成装卸运送区；分析基地景观，安排合适的建筑空间与视野方向；根据太阳运行轨迹和风向，确定主要空间的布局与开口；分析与相邻建筑的关系，尽量减少彼此之间的干扰。起始的基地踏勘并不需要一个完整的答案，他们将在设计过程中与其他结论一起被重新评估并做出调整。

在别墅课题的教学中，教学组向学生提供了多块不同类型的基地供选择，有地貌特征较为复杂的山地，有基地周边空旷的平地，有旧城保护区内紧张狭窄的城市用地。场地的特征能很好地激发学生的创作热情，有时限制会成为设计可以依靠的拐杖。与环境积极、合理的关系成为了设计的出发点，确定与基地关系的过程也是产生建筑空间和结构形态的过程。

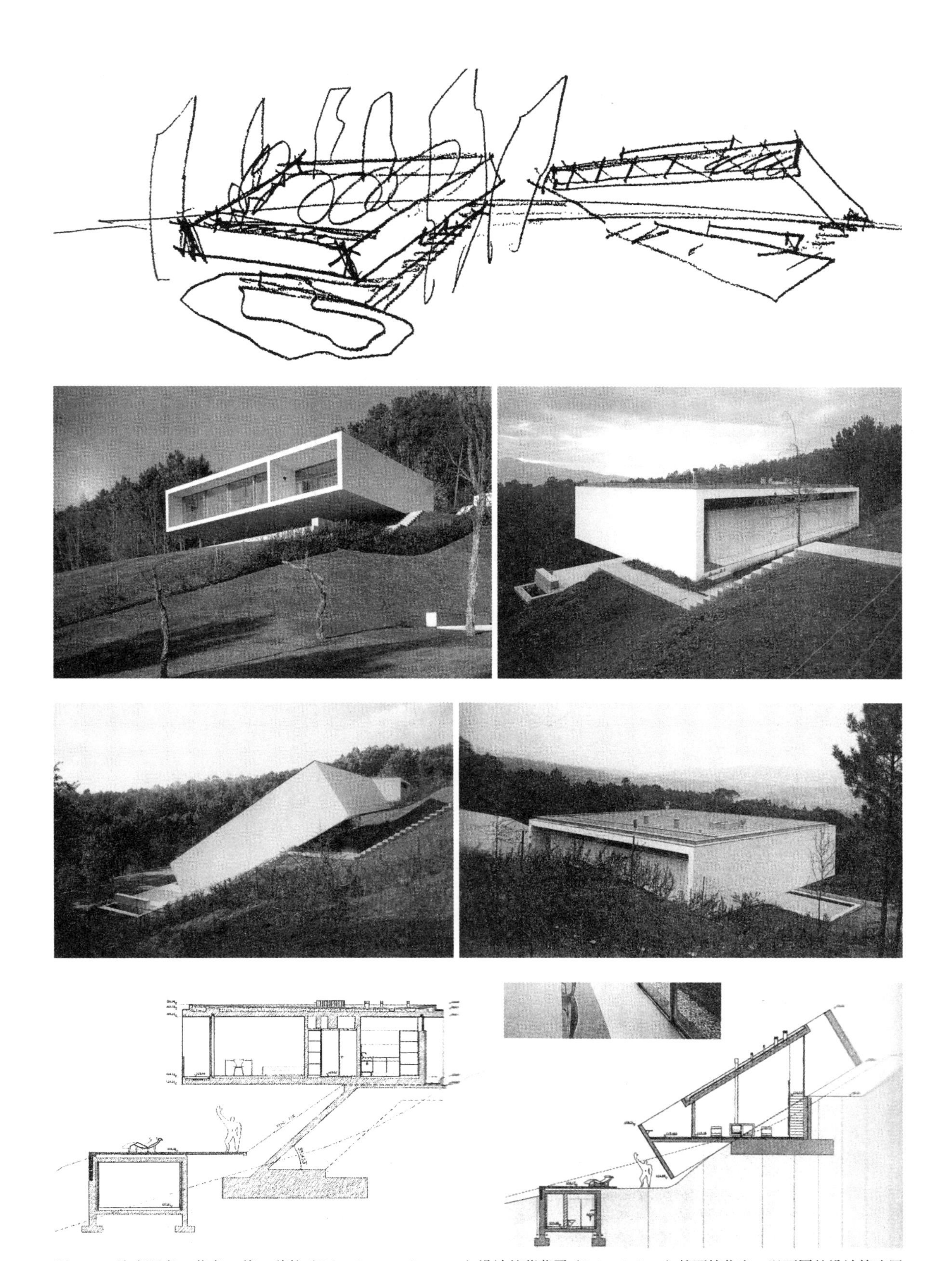

图 3-1　埃多阿多·苏多·德·穆拉（Eduardo souto de moura）设计的葡萄牙（Point de lima）的两栋住宅，以不同的设计策略回应相同的基地（引自西班牙 ELCROQUIS 期刊）

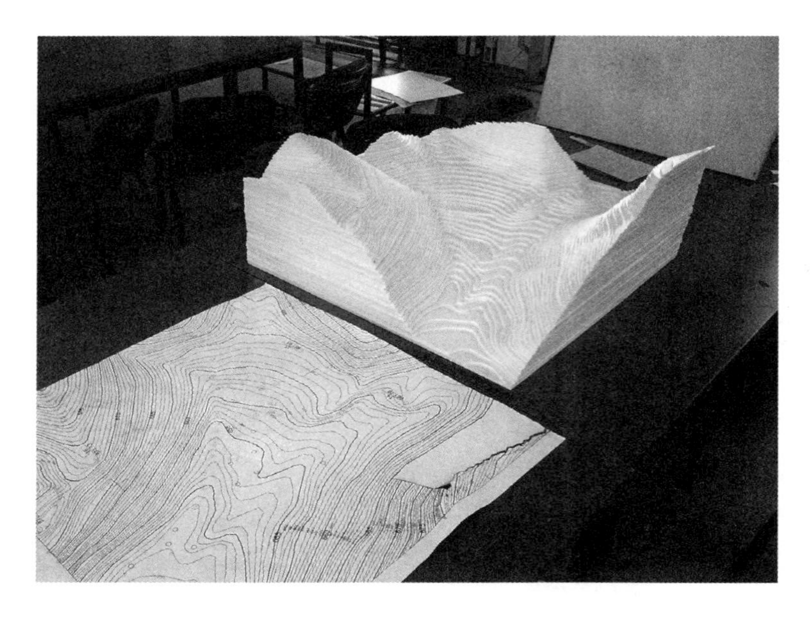

图 3-2 “二分宅”基地模型

“长城脚下的公社”项目中张永和设计的“二分宅”的基地，经常被用作课题用地，结合教学参观，相关小组的学生进行现场基地踏勘，以建立直观的印象，回来后在教师提供的基地图纸的基础上，制作 1：100 的基地地形模型。设计的开始阶段，学生就应该直接在基地模型上用简单易修改的模型材料推敲别墅的体量和空间，确定别墅的结构和空间形态与基地中的哪些特定因素直接相联系（坡度、坡向、树木、山势等），还可以利用灯具模拟分析一天中日照的情况，以确定较适合的选址、朝向。

## 确定任务书

建筑设计是一个运用视觉工具解决问题的复杂过程，建筑艺术不同于其他的视觉艺术。建筑作品中的文化内涵和美学特质并不是一种客观存在，建筑作为一种文化现象，对其的理解与认识必然直接受到价值观念的影响，而价值观念因时代、地区、民族、社会的不同而不同，所以，设计作品的成功，意味着对使用者价值观念的认同。建筑的成就是依赖于被承认的成就，一种在日常生活中的美的体验，一种让公众理解的建筑表达。

建筑设计就像是带脚镣的舞蹈，是在经济、技术、社会、文化、环境、人性化等限制下寻找最佳题解的过程，建筑设计应该变约束为创意。建筑师如同剧作家，是为人们的生活作计划的人；如同导演，但演员是普通人，建筑师要熟知他们的演技，否则演出会失败。优秀建筑的明证之一就是它能按照建筑师的原意得到利用。

建筑是人们生活的容器，需要满足人心理与生理的不同层次的需求，方案设计基于直接或间接的生活经验的积累。对于功能的理解与处理是课题要重点训练学生的部分，而研究并解决各种矛盾的能力，设计的前期规划和沟通表达的能力，也是建筑师必需的专业训练。爱因斯坦精辟地指出："提出问题比解决问题更重要，因为后者仅仅是方法和实验的过程，而指出问题则找到了问题的关键与要点。"不同的问题重点，不同的切入点，会导致不同的设计，也会导致不同的评价。建筑设计的创新就在于发现、分析和厘清问题，抓住主要问题的主要矛盾，以便发现建筑的各大系统（功能的、环境的、几何的、空间的、结构的）的新元素、新性质和新的组合原则，以此获得建筑设计的原创和方案特点形成的源泉。

图 3-3 远眺山景的出挑露台

图 3-4 露台上的餐厅

图 3-5 挑高空间里的餐厅

图 3-6 环顾都市景观的卧室

图 3-7　有壁炉和温暖感的卧室

图 3-8　日式小内庭

图 3-9　充分感受自然气息的卫生间

图 3-10　光影婆娑的楼梯间

在课题中尝试让同学们确定一个对应的〝业主〞，通过交流沟通，获得〝业主〞的背景材料，了解他的职业特点、生活方式、审美取向和价值观念，试着进入他的〝别墅〞生活，从而确定每个同学自己的设计任务书。同学们的设计或者严格地以此为依据，或者采取说服沟通的办法，与〝业主〞达成一致。我们要表达一种思想，同时要别人理解，我们要尊重服务对象的生活理想，并以建筑师的专业立场与此相协调。不同的居住方式会带来变化多样、多姿多彩的建筑形式。

图 3-11　这幅画是业主 Law 的别墅设计要求之一，要求申佳鑫在设计时加入对这幅画的理解

2004 级学生申佳鑫与“业主”的交流结果：

业主情况：

我的朋友 Law，20 岁，现留学日本修艺术设计专业，理想是成为出色的摄影师和平面设计师。Law 是典型的双子座人，内向和外向的统一体。他喜欢城市的生活，但是喜欢在繁华的都市保留一个“寂寞又美好”的心灵之所，所以当初我们在 msn 上聊到别墅设计的时候，他要求有一栋属于自己一个人的周末住宅，一个可以“躲”起来的地方。别墅的空间简单纯粹就可以了。

业主的具体要求：

（1）适合一个人居住的周末别墅，也要为偶尔来玩的朋友提供客房、起居室等功空间。

（2）可以以最好的角度欣赏到周围山林，希望把自然融入到室内。

（3）基于职业上的特点，要求有宽敞安静的工作室和小型的展廊。

（4）业主有在下午 1：30 喝下午茶的习惯，所以要求有一个别致的空间与喝茶的心情相配。

（5）内部空间简单纯粹。

图 3-12　业主 Law 的摄影作品

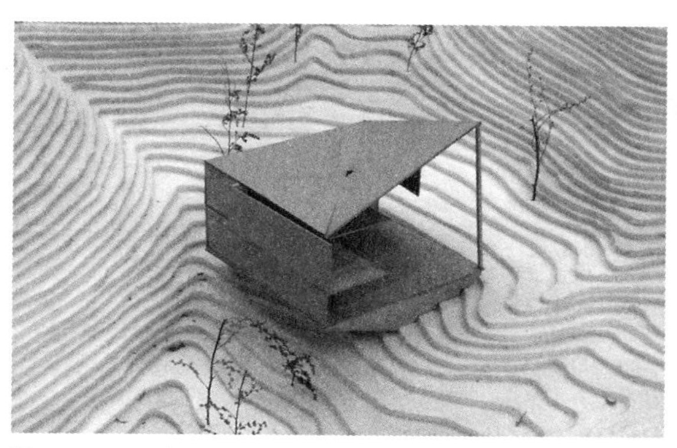

图 3-13　2004 级学生申佳鑫的初期构思方案草模

图 3-14　2004 级学生申佳鑫的最终作业成果模型

# 阅读建筑（图解分析）

对于初学建筑设计的你们，学习前人的经验是必需的，多看书和期刊，学习建筑历史，了解当今建筑潮流。我们面对建筑书上的大师的作品，不能只是用数码相机一张一张地翻拍，那样获得的都是支离破碎的建筑印象。我们要习惯坐下来读一读建筑的背景资料，了解一下建筑师一贯的手法与理念，读平面图、剖面图、立面图……再比照照片，想象和体验一下大师作品的空间感觉，获得对这一建筑的整体印象。对于不同建筑，最终让建筑留存在我们的脑海中，而不是在数码相机的记忆卡里，影响我们今后的建筑设计，形成日后自己的个人风格。

"学习"和"创造"这对互为补充的环节几乎贯穿我们设计练习和职业生涯的全部，"创造"的效率决定于"学习"的效率。学习什么？是外在的样式还是内在的逻辑？是设计案例的结果呈现还是生成过程？建筑师屈米曾说过："分析有方法，才能让我们了解设计的过程。"设计分析是学习的重要手段，是创造的逆向过程，设计分析是设计的解读与追溯。

建筑的艺术涉及复杂的行为，时间与空间的相互作用，设计的过程由解读功能要求、基地条件和文脉关系开始，以形式类型确定设计策略，这一初始的过程在专业领域里发展了一套抽象的图解性的语言：用一系列的符号来指代和分析某些方面的事及其特性和彼此之间的关系，以此分类分级，表达动线与流程、变化与演进，以此确定设计的原则。

用图解分析的方法研究建筑，着重研究建筑如何产生，建筑艺术是如何具体化的，建筑师如何组织功能和空间，如何运用体量、形状、光影、材料、色彩、肌理以及其表达方式。这个分析工作可以包括建筑产生的背景、建筑与场地的关系、建筑功能组织、交通流线组织、形体特征、空间特点、结构形式、建筑立面与剖面的分析、建筑材料的运用与细部处理等，以此分离出形成建筑的不同层面，并寻找它们之间的关系。

特拉尼的最后一个重要案子，是在罗马为但丁纪念馆Dante Museum和Study Center所作的建筑物。

但丁纪念堂的建设，在当时作为墨索里尼“意大利罗马帝国复兴”计划的重要建设项目，后因二战的爆发而废止，建筑师特拉尼本人被送往苏俄战场，卒于战事。

在这个案子中特拉尼寻求一种既能体现但丁神曲中的三个篇章，又能丰富的描述心中影像的建筑诠释。

## 但丁纪念馆
## TERRAGNI'S DANTEUM

图 3-15　但丁纪念馆—场地位置

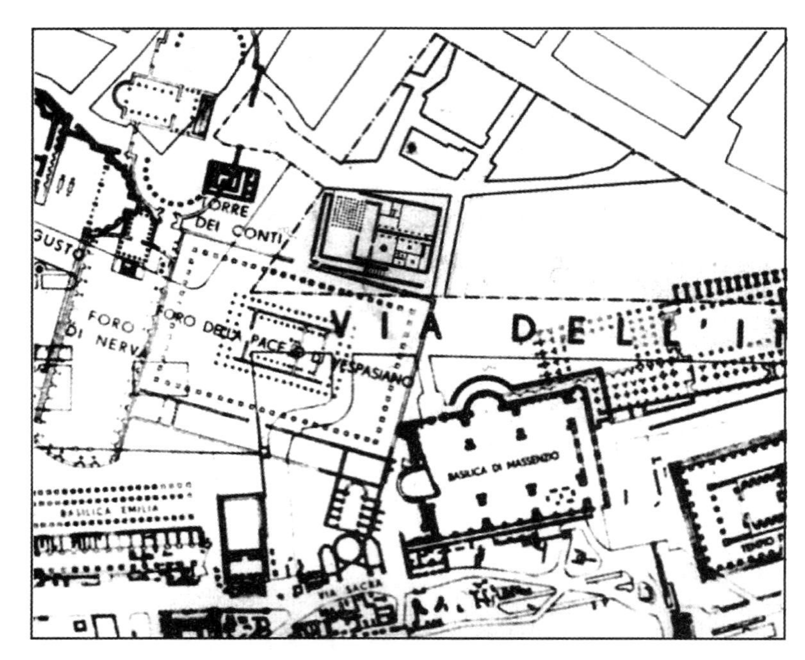


但丁纪念堂设计位置于当时罗马的“帝国大道”边沿，与“斗兽场”遗址相去不远。

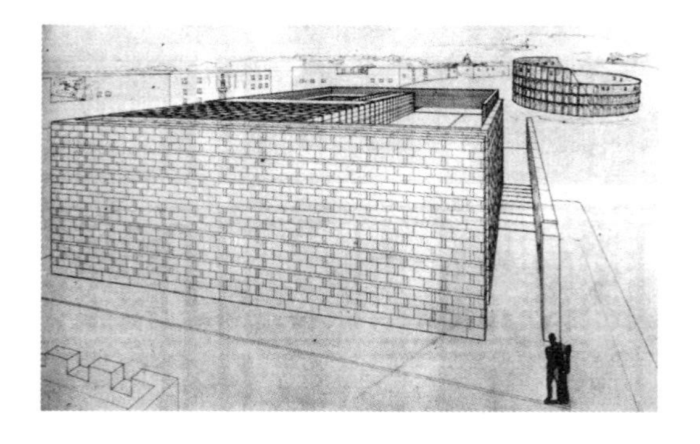

图 3-16

特拉尼的但丁纪念馆作为一个方案,一个未建成的建筑，给我们留下了许多的迷。

我们试图阅读大师的思想。但仅存的几张手稿是远远不够的。

于是我们阅读但丁，阅读《神曲》，阅读特拉尼，阅读七人小组，甚至阅读法西斯……我们一心想按照大师的初衷复原她。但我们失败了，因为无论我们如何努力，只能尽最大可能的接近她，却不是她。因为她含有太多的奥秘与玄机。这也许就是但丁纪念馆如此有魅力的原因；也是不同的建筑师，不同的学生，不同的特拉尼迷们做出的但丁纪念馆各不相同的原因吧……

虽然不同，但对我们的意义却同样深刻：
当推测的数据与大师吻合时，我们会有思维同大师的思维交融的感觉，这种欣喜对于热爱建筑的人来说是无法比拟的……如果十个数字是一个数列，当我们有九个数字时吻合的，但那一个惟一的数字便证明前面的推测都是错的时，我们沮丧，但更体会到了建筑的深度，虽力不能及但眼里看到了真正建筑的……

我们没有权利解释大师的手稿，我们只能解释我们的版本。所以这里只有手稿和心得。

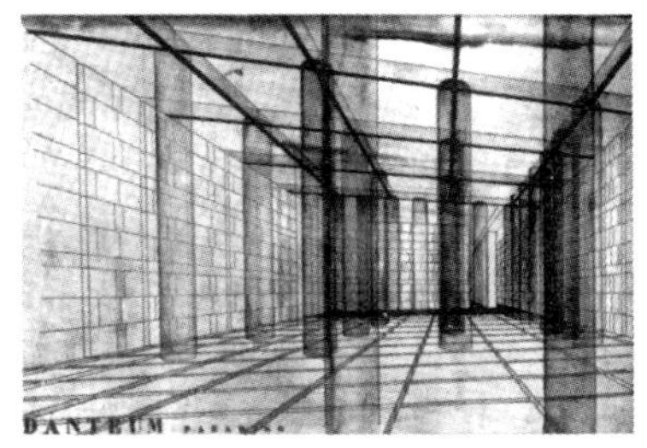

图 3-17　但丁纪念馆—现有概况

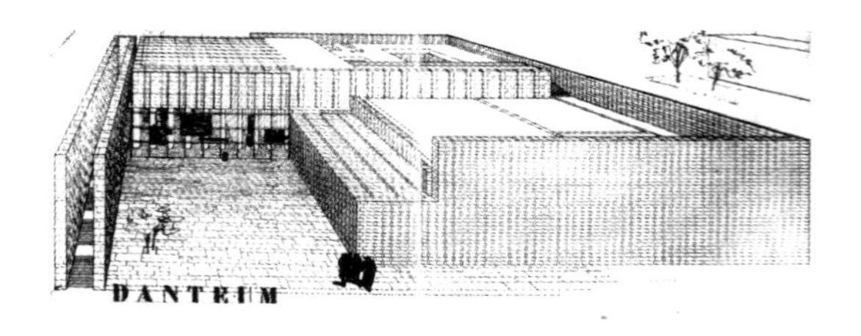


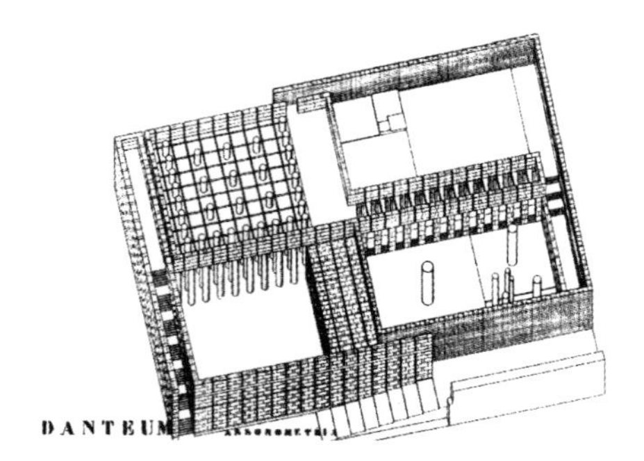


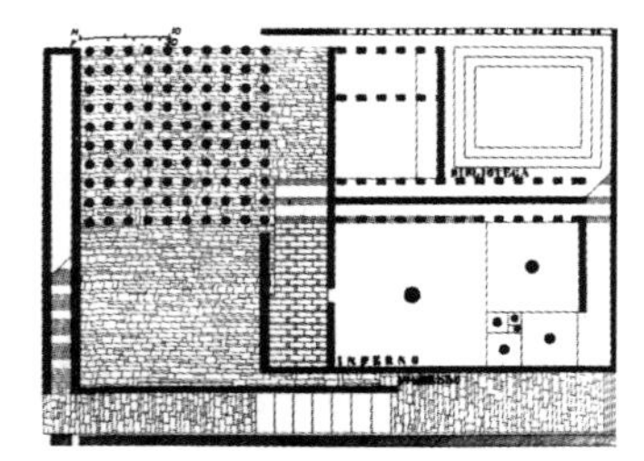

底层平面

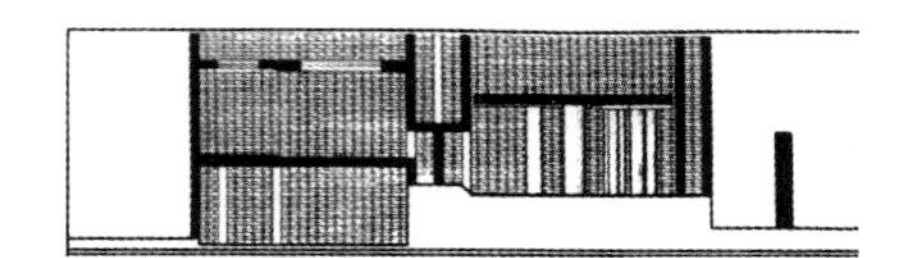

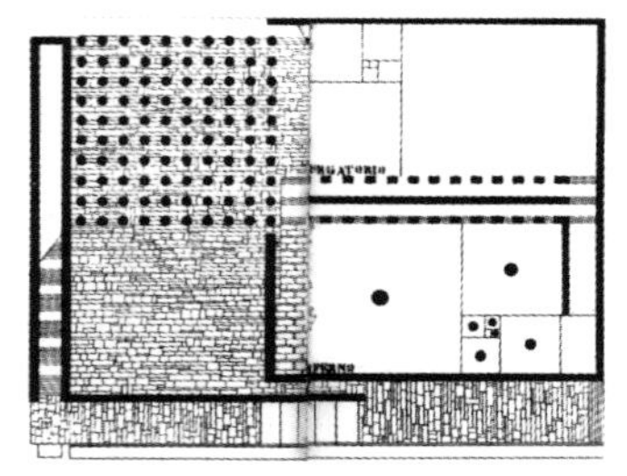

一层平面

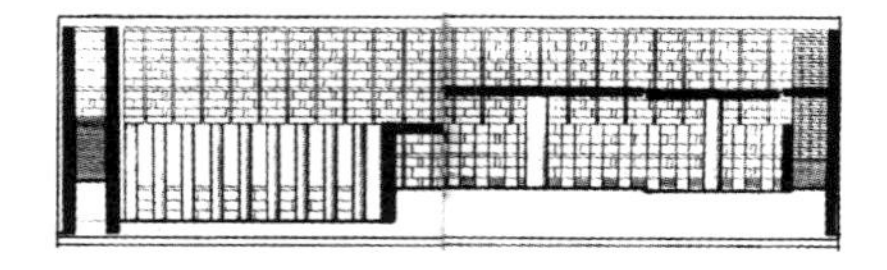

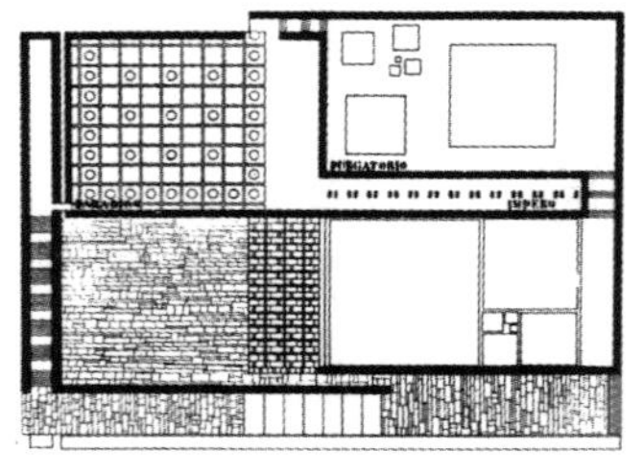

二层平面

图 3-18

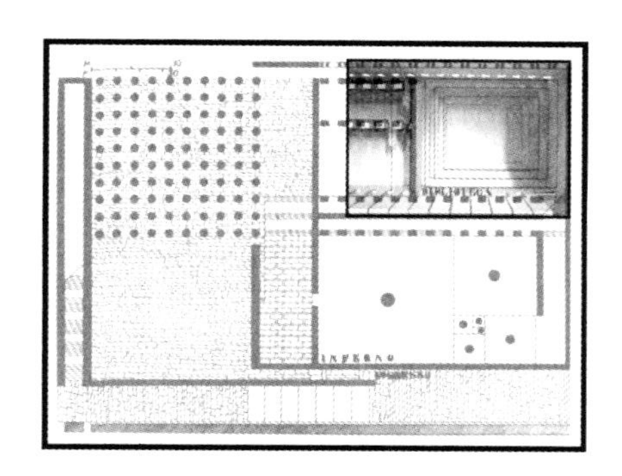

黑森林与下沉空间

《神曲》中，但丁迷失于黑森林，

“荒蛮的森林，浓密而难行，

甚至想起也会唤醒我的恐惧。”

纪念馆中，一百根密布的柱子组成黑森林，很好地渲染出黑森林的幽暗与恐惧

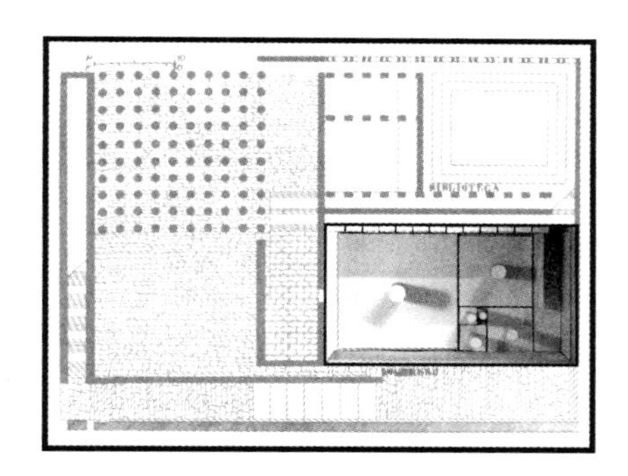

地狱

《神曲》中，地狱为漏斗形：

“凶猛的飓风，从不曾停息，

用它的强暴卷起那些灵魂，

旋转而又撞击，折磨着它们。”

七根直径递减的柱子，七块地势渐低的正方体充分地体现了地狱的状态

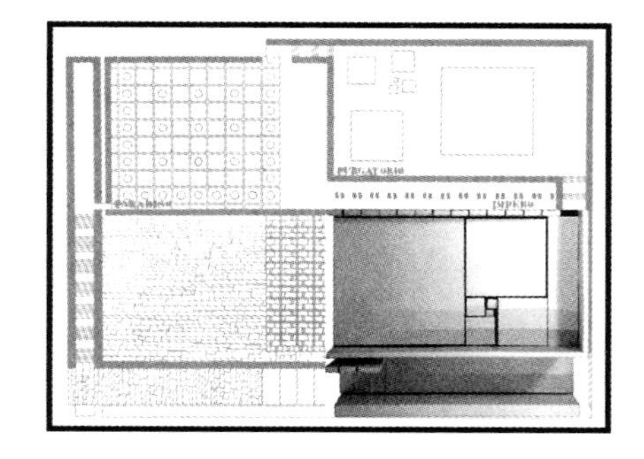

地狱屋顶

“地狱和夜晚的黑暗夺走了

每一颗行星，贫瘠的天空下，

就象天被云层遮住时的情形”

屋顶形式跟从室内地面形式——七根直径递减的柱子撑起的七块地势渐低的正方体

图 3-19　但丁纪念馆—但丁纪念馆与《神曲》

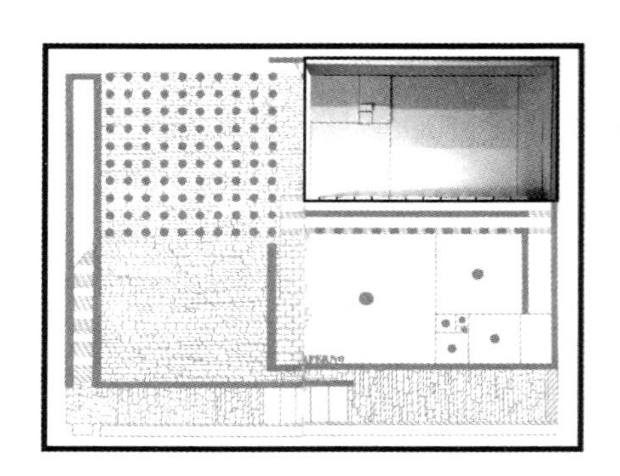

炼狱

《神曲》中，炼狱为七层宝塔状，逐渐接近天堂。

“两边石壁是如此狭窄，
竟把我们的身子夹紧，
足下土地是如此险峻，
也要求我们手脚并用。”

七块递升的楼板，就象征了炼狱中的七层山道

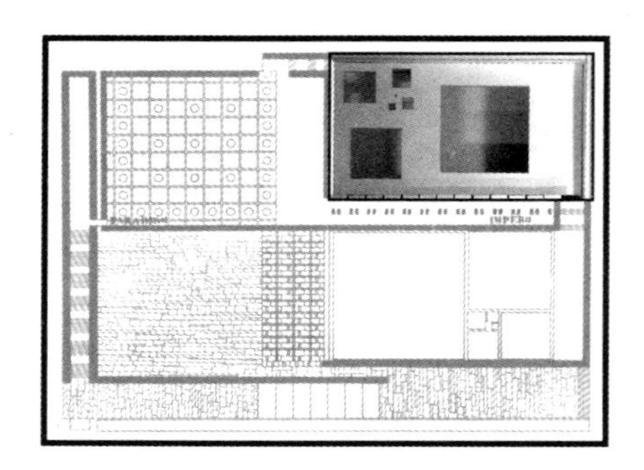

炼狱屋顶

“里面渗透了天空宁静的
东方蓝宝石的柔和色调，
纯净的外观像地平线一样远。”

炼狱屋顶的窗洞跟从地面升起的那七块楼板，大的窗洞不同于地狱，表明了炼狱中的光明

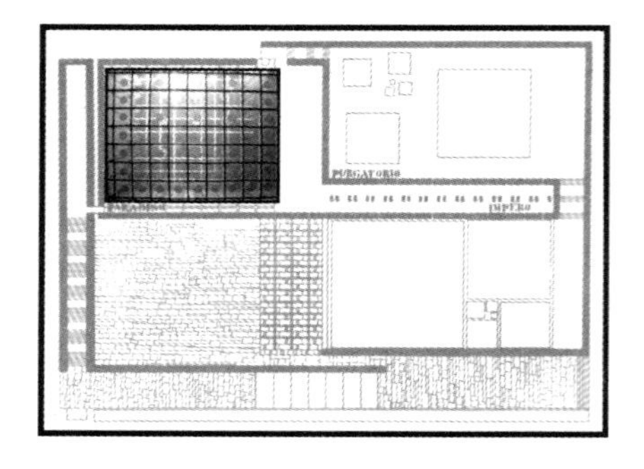

天堂

《神曲》中，但丁由心中的恋人贝亚特丽齐引领最后来到天堂

“那朵玫瑰绽放着，向无尽的
春天的太阳散发出赞美的芬芳。”

三十三根玻璃柱子来源于天堂的三十三篇，天堂楼板的缝隙也是源于“天堂的圣光普照世间”

图 3-20

黄金分割

在已知线段上求作一个点，使该点所分线段的其中一部分是全线段与另一部分的比例中项，这就是黄金分割Golden Section问题。该点所形成的分割通常称为黄金分割。

$$\frac{x}{1}=\frac{1-x}{x}$$

$$x^2=1-x$$

$$x^2+x-1=0$$

$$得\ x=\frac{\sqrt{5}-1}{2}\approx 0.618\ （取正值）$$

黄金分割和斐波纳契数列

黄金分割的特殊比例与斐波纳契数列有密切的关系，这组序列是为比萨的达芬奇而命名的，他大约在800年前将这个数列与十进制一起引入欧洲。

这组数列的数字为1，1，2，3，5，8，13，21，34…… 前两个数字相加得到第三个数。例如，1+1=2，1+2=3，2+3=5等。这个数列的比例的形式非常接近黄金分割的比例体系。这组数列中前面的那些数字开始接近黄金分割，该数列中第18个数字后的任意一数字除以它后面的那个数字近似于0.618，而这些除以他们前面的那个数字则近似于1.618。

1+1=2
1+2=3
2+3=5
3+5=8
5+8=13
8+13=21
13+21=34
21+34=55
34+55=89

2/1 =2.0000
3/2 =1.5000
5/3 =1.66666
8/5 =1.60000
13/8 =1.62500
21/13 =1.61538
34/21 =1.61904
55/34 =1.61764
89/55 =1.61818
144/89 =1.61797
233/144=1.61805
377/233=1.61802
610/377=1.61803 黄金分割

自然界中的黄金分割率

松果各种螺旋线成长方式

松果里的每颗种子同时属于这两条螺旋线。8条螺旋线沿顺时针方向旋转，13条螺旋线按逆时针方向旋转。8：13的比例是1：1.625，非常接近1：1.618的黄金分割率。

向日葵各种螺旋线的成长方式

与松果一样，向日葵中的每一颗种子都同时属于这两条螺旋线。21条螺旋线沿顺时针方向旋转，34条螺旋线沿逆时针方向旋转。21：34的比率是1：1.619，非常接近于1：1.618的黄金分割率。

图 3–21 但丁纪念馆－古典黄金分割理论

自然界中的黄金分割率

形成隔间的鹦鹉螺旋线
鹦鹉螺的螺旋成长方式剖面。

黄金分割螺旋线
黄金分割矩形结构是以及其形成的螺旋线。

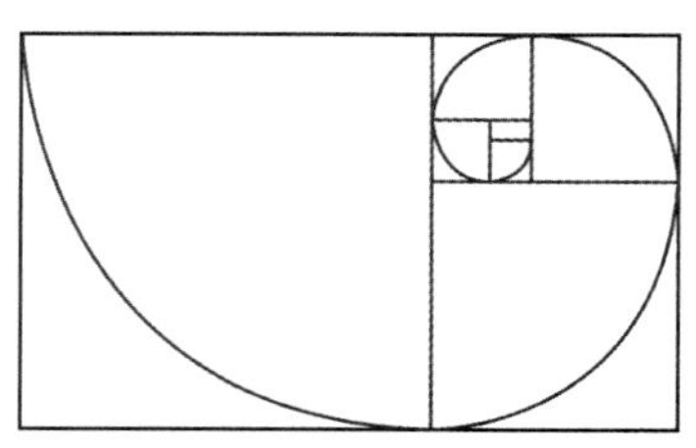

建筑与黄金分割的关系
雅典，帕提农神庙
根据黄金分割和谐分析的示意图分析各种黄金分割矩形。

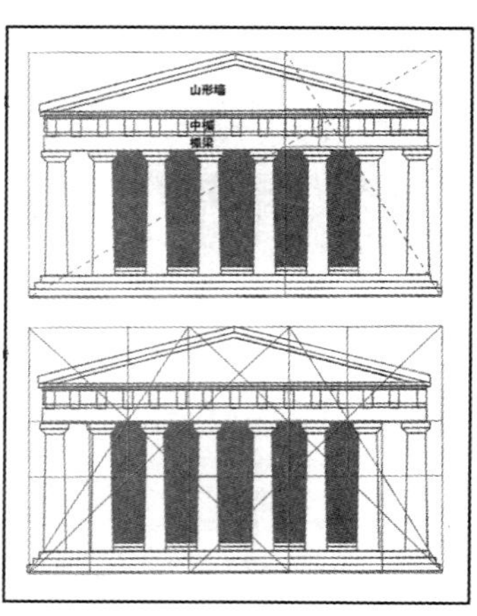


维特鲁维原理在达芬奇圆洞内的人体中的应用
人体由一个正方形包围着，手和脚落在以肚脐为圆心的圆周上。
腹股沟将人体等分为两部分，以肚脐在黄金分割点上。

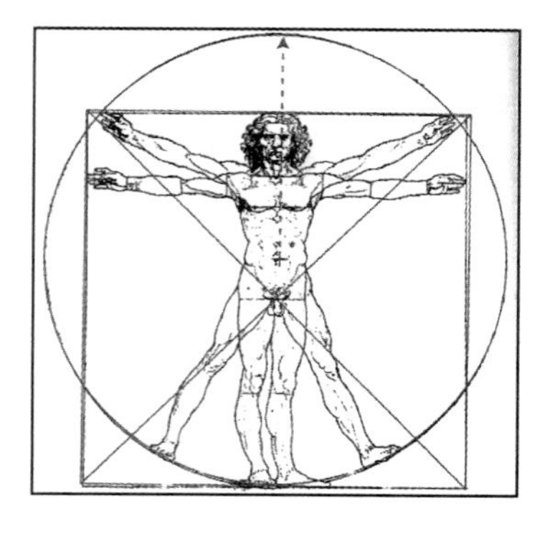

图 3–22

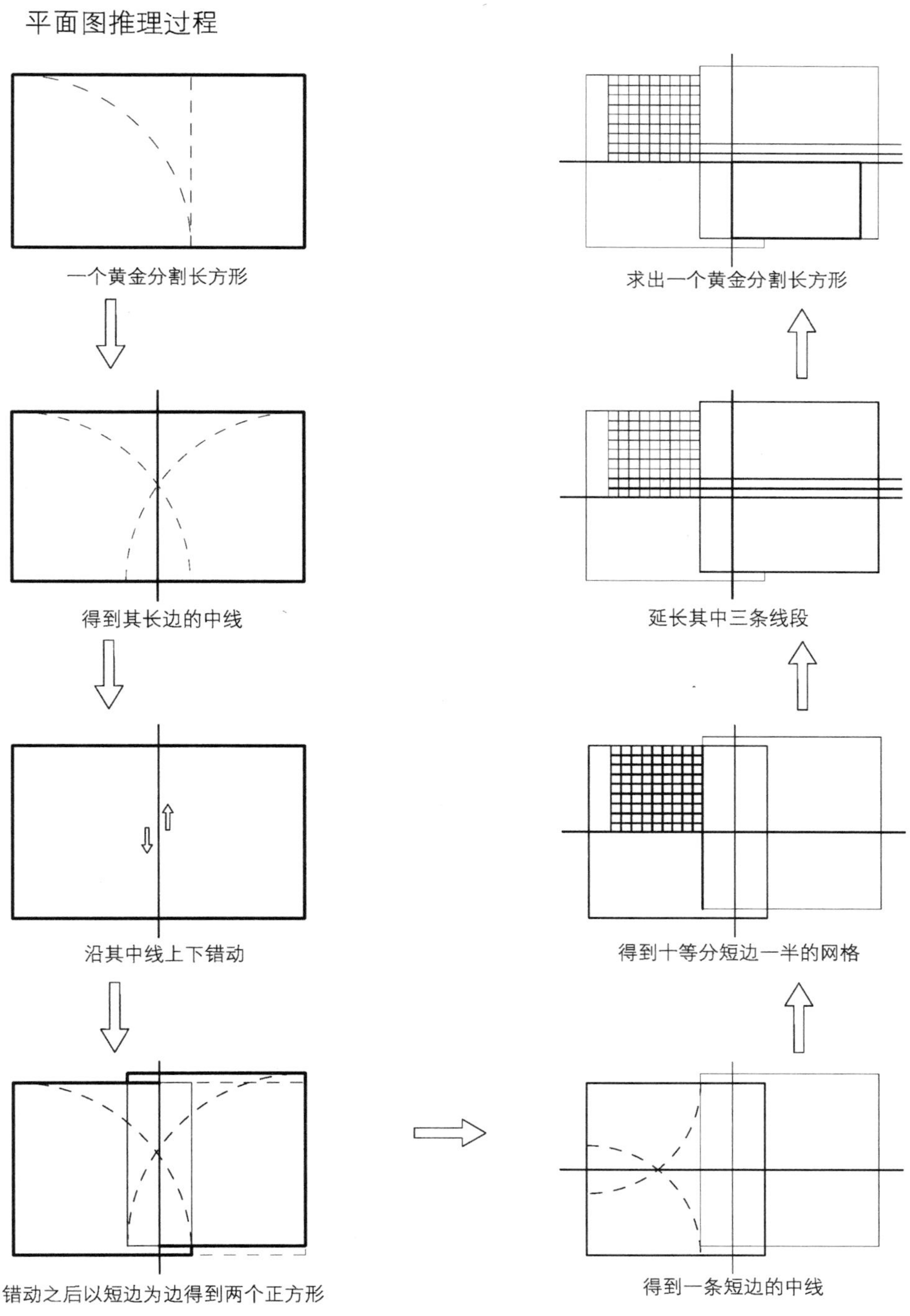

平面图推理过程

一个黄金分割长方形

得到其长边的中线

沿其中线上下错动

错动之后以短边为边得到两个正方形

得到一条短边的中线

得到十等分短边一半的网格

延长其中三条线段

求出一个黄金分割长方形

图 3–23　但丁纪念馆—平面图推理过程

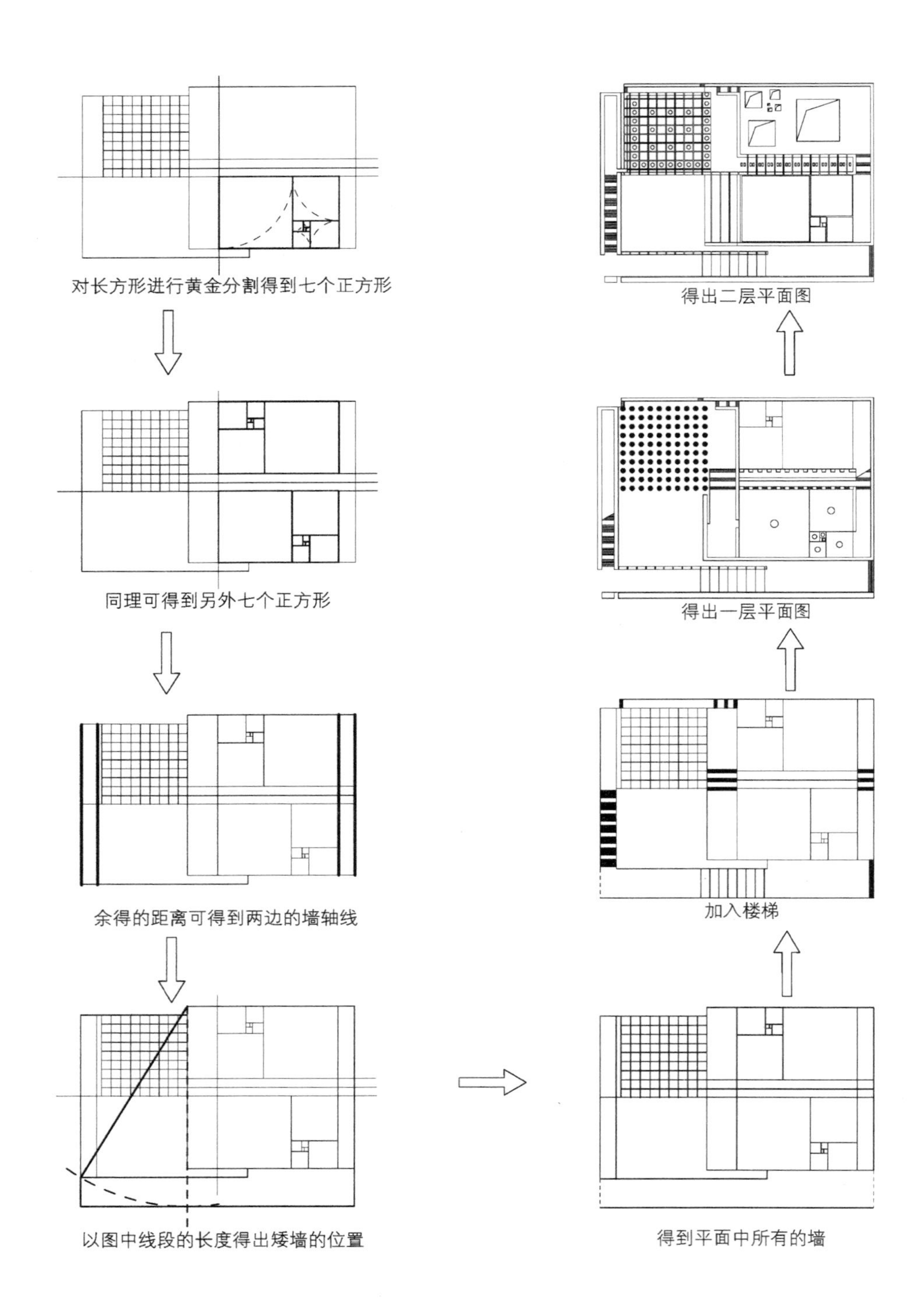
对长方形进行黄金分割得到七个正方形
同理可得到另外七个正方形
余得的距离可得到两边的墙轴线
以图中线段的长度得出矮墙的位置
得到平面中所有的墙
加入楼梯
得出一层平面图
得出二层平面图

图 3-24

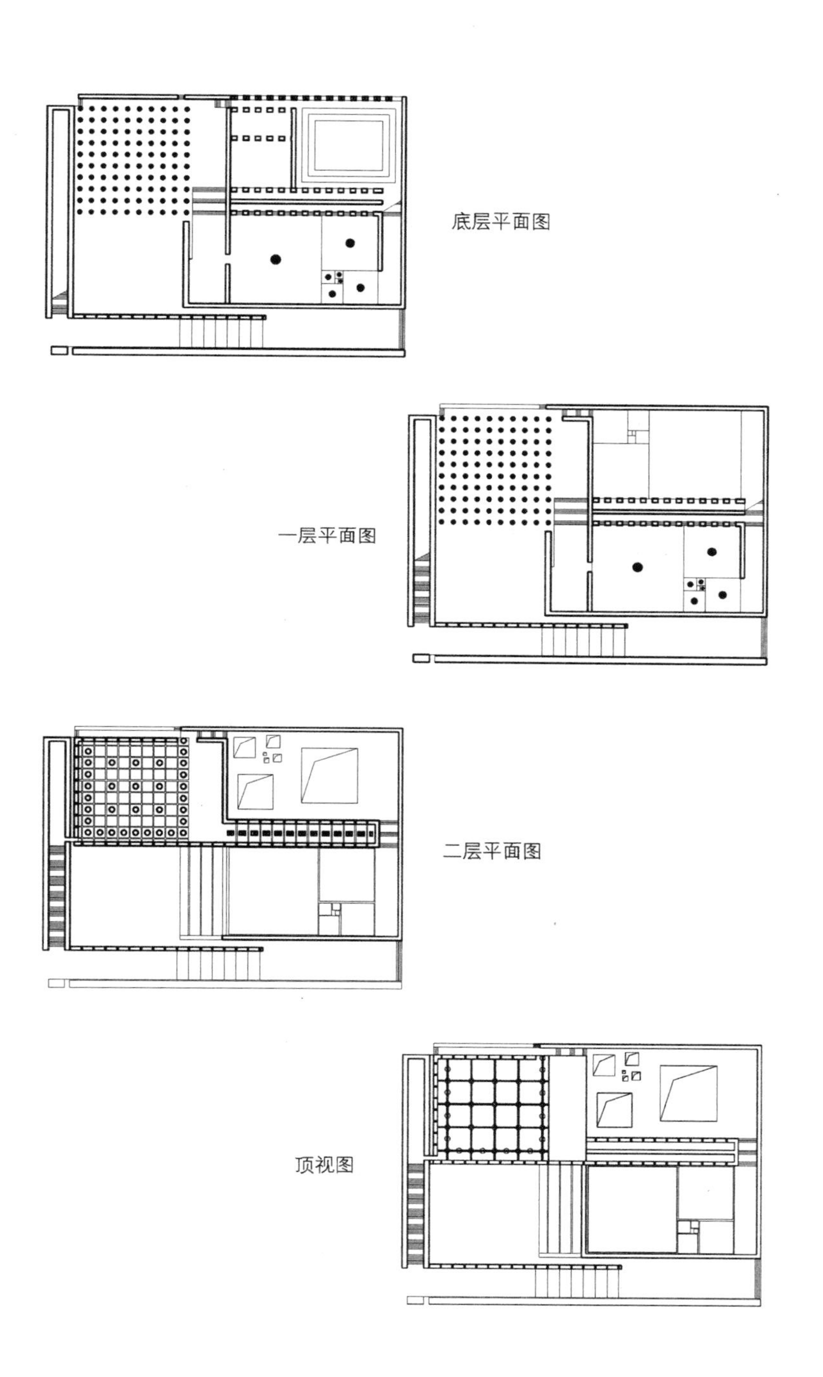


图 3-25　但丁纪念馆—平面图与立面图

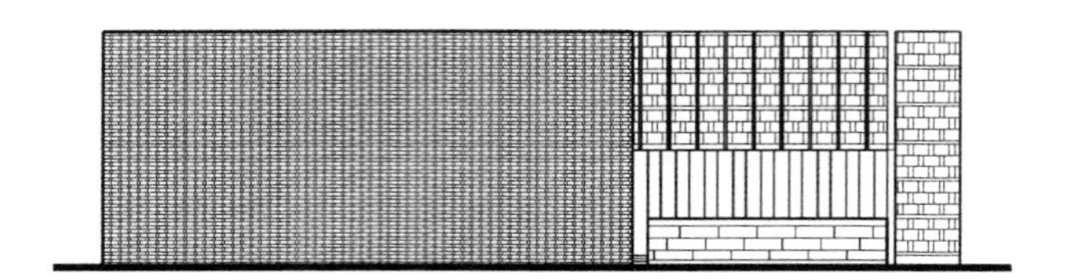

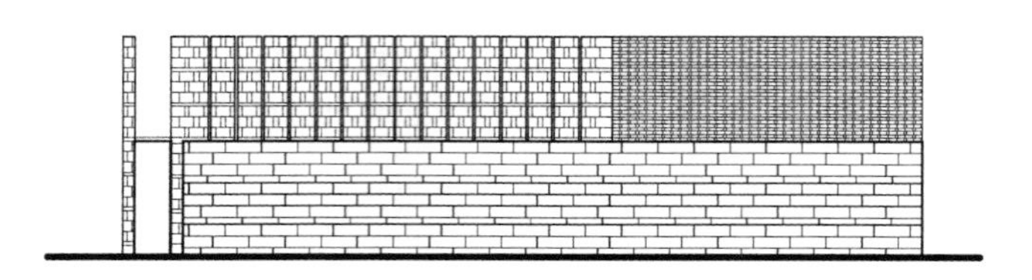

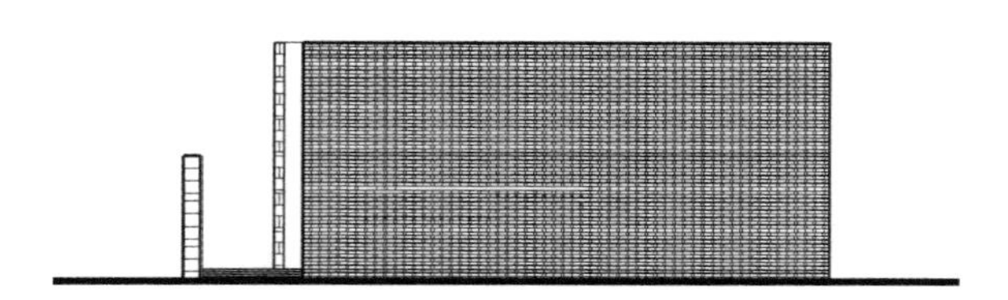

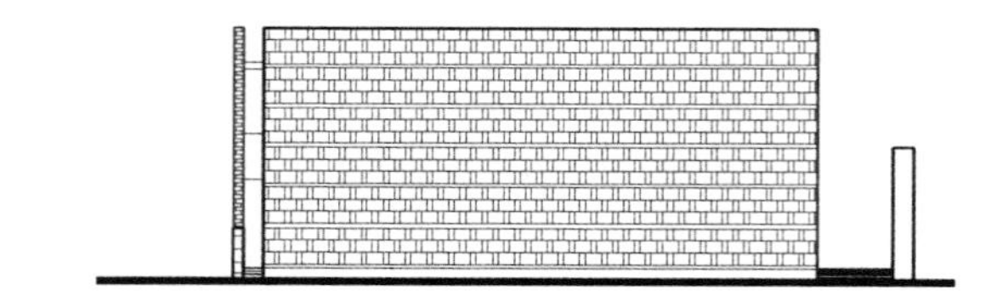

图 3-26

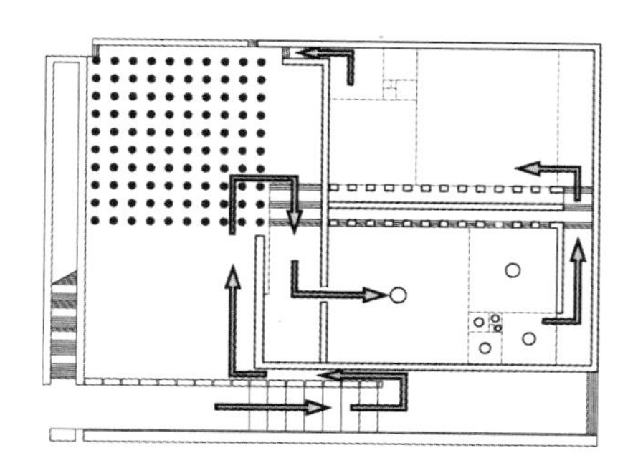
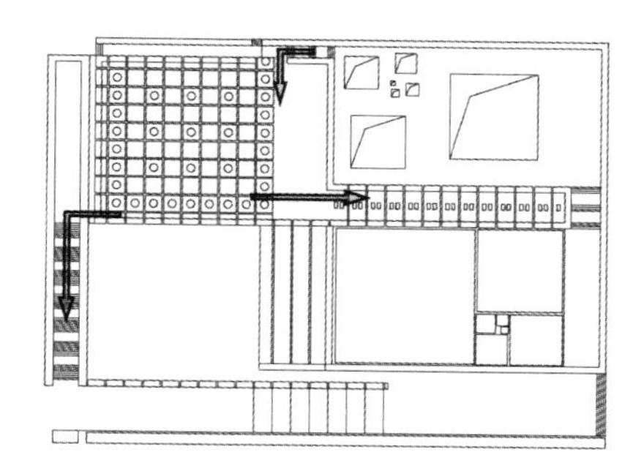
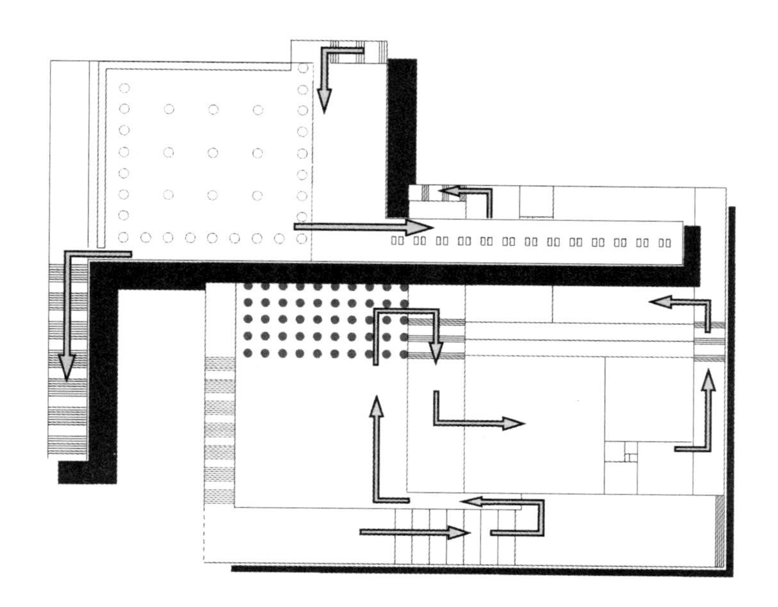

在但丁纪念馆中，特拉尼设计的交通流线是完全按照《神曲》中但丁的游历路线设计：

黑森林——地狱——炼狱——天堂。

人们走在其中就如同亲身走入了《神曲》之中，踏着诗人的脚步，领略诗人的精神世界。

图 3-27　但丁纪念馆—交通流线分析 / 空间分析与感受

在但丁纪念馆中，特拉尼在层高上也做了变化：
从黑森林到地狱，从地狱到炼狱，从炼狱到天堂
逐渐提升，且提高的高度相同。

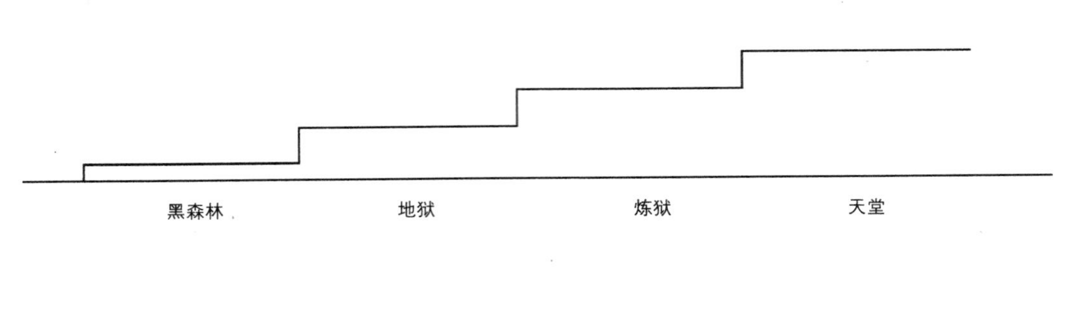

图 3–28

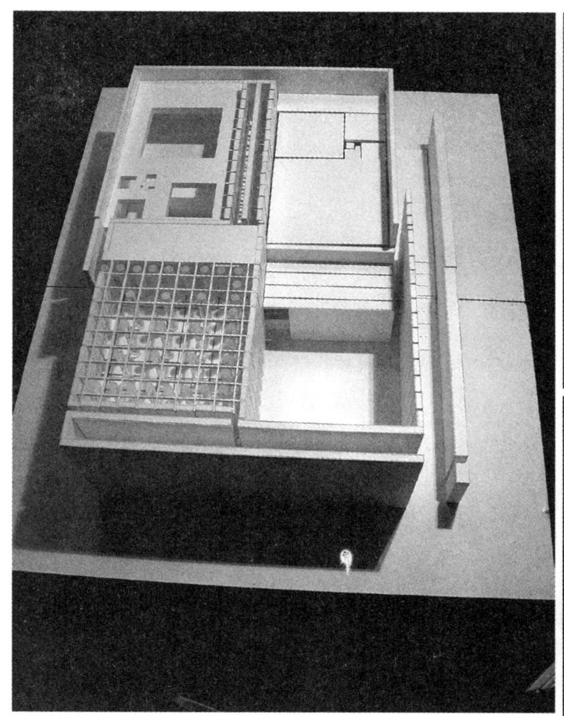

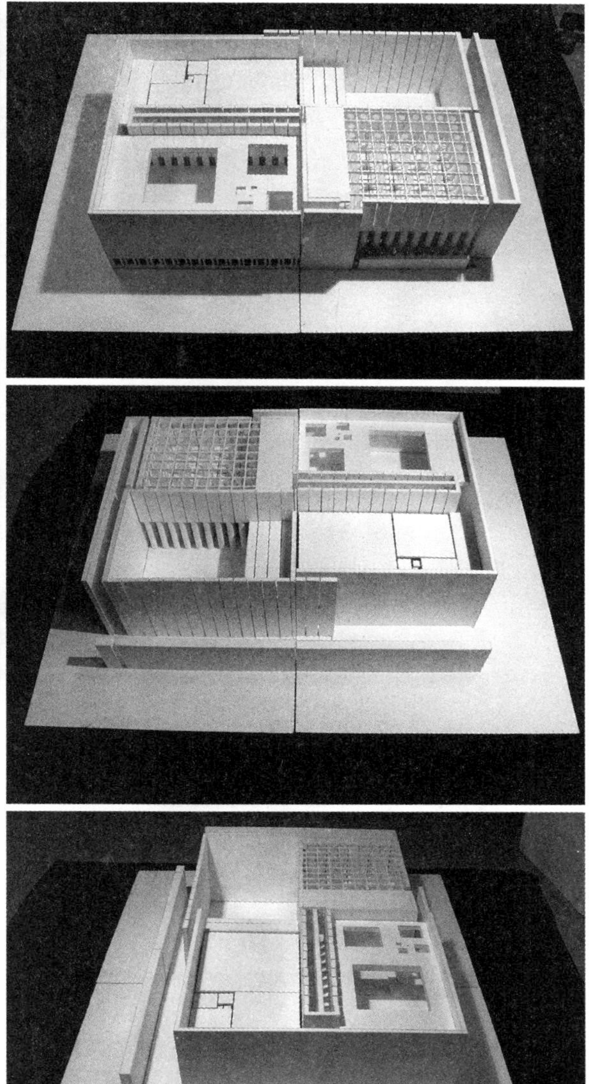

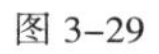
图 3-29

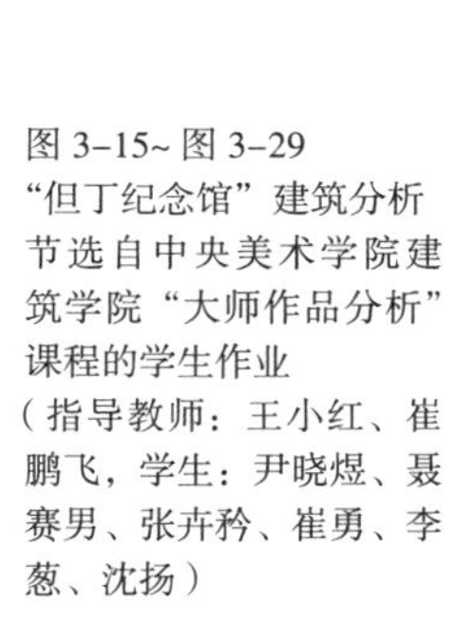
图 3-15~ 图 3-29
“但丁纪念馆”建筑分析
节选自中央美术学院建筑学院“大师作品分析”课程的学生作业
（指导教师：王小红、崔鹏飞，学生：尹晓煜、聂赛男、张卉矜、崔勇、李葱、沈扬）

在确定了分析目的和重点之后，具体的工具可以采用：爆炸轴测图，以层级叠合的操作，从各种分析的角度或专题切入，获得对具体案例的研究结果；捕捉控制线，研究人为隐藏在建筑中的虚拟控制线体系，寻找案例建筑中形式生成的秩序；大比尺的剖面图，用来分析案例的建造结构与构造的技术逻辑。对于课程要求来说，案例的模型复建，可再次强化学生从二维图纸到三维空间的转换能力。

图 3-30

图 3-31

图 3-32

图 3-33

图 3-30~ 图 3-34　克里斯迪安 · 克雷兹（Christian Kerez）设计的瑞士苏黎世的一墙之宅（引自西班牙 ELCROQUIS 期刊）

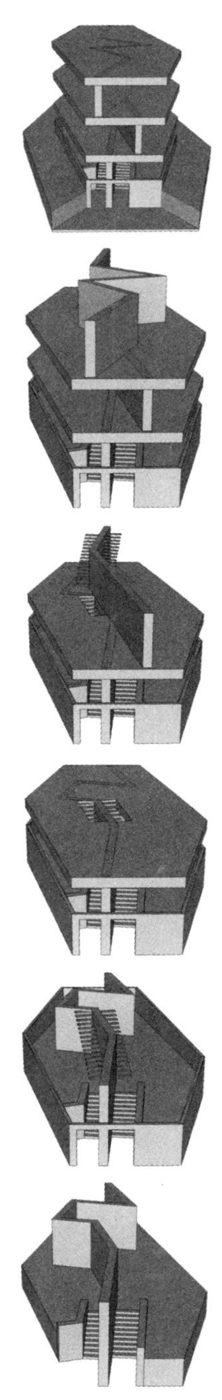

图 3-34

## 建筑的立意

我们设计的目标应该是创作有意义的空间与形式，用一个真正能打动你自己的东西把功能和流线组织起来，然后是投入最多的精力创作有意义的内核。有用而且有意义，是建筑区别于其他艺术的地方。日本建筑师安藤忠雄对于〝什么是真正的建筑〞的解释是：当建筑的实用功能已逝，还吸引着人们千里迢迢前去瞻仰的废墟。

设计者在分析了所有条件之后，会对设计的主题有个基本的概念，这个概念不一定会影响设计将采用何种形式，重要的是它表达了设计背后的理念，使设计有方向、有原则、有组织，并且排除可能的变量，概念可以通过很多的形式来表达呈现：图表、图形、文字等。

设计是个思考的过程，建筑创作的过程常常被描绘成灵光一闪的继续，似乎只有少数的有天分的人享受那稍纵即逝的感觉，并引向之后越来越清晰、越来越肯定的结果，如何得到那期待的一刻，是徒劳的等待，还是上天的意外赐福？是完全靠悟性，还是有一些方法？

创造力依赖于打开视野的能力，超越专业领域的限制，在其他的学科背景之下看待事物，于是扩大兴趣的范围，去看更多的东西，去深入其他的方面，唤醒学生们的热情、感受力和好奇心，促使他们更多地提问题，经历更多的世界，学建筑的学生应该比其他的学科的学生更早地打开精神空间，探索未知的、新鲜的、专业之外的事物，并将它们引入建筑的世界。教师不应该用教条去伤害学生的心灵，代之以给予时间令他们去接受挑战。

生活中的所见所闻对于建筑师是很重要的，还有他没有亲身体验的但却有很多想象的东西，建筑师必须重视他所偶遇的每个情形。优秀的建筑师与艺术家一样，应具有对周围世界独特的感受力。〝在我的整个生命中，所要做的就是尽力保持像少年时期一样的开放性思维——虽然在当时我并不需要努力地去做到。〞这是毕加索对其后来生活的注解。对每时每刻的接触、观看、聆听、体味的感受，都可以通过视觉的艺术的方式准确地表达出来。借助艺术形式之间的移位思考，将艺术知觉的过程抽象化和空间化，也可以成为建筑设计的一种手段。

意在笔先，建筑的意境是创作的出发点与核心理念。建筑的意义可以来自于文学的隐喻，建筑的意义可以来自于观赏绘画时候的联想，建筑的意义可以来自于聆听音乐时候的遐思，来自于风花雪月，夏雨秋风。

图 3-35 Jacques Gillet 草图

"我画出对建筑的所见所闻，这是一种复活的形象。它根植于死魂灵之土，向着光明攀爬。他振作精神，奋力向上。从富饶的东方，他不断地跳跃，露出耀眼的红日。蝴蝶树的种子从中迸发出来，萌发新芽，越长越高，远离大地。然后他回归于我，在我身边重新聚合，在我工作的地方，伴我沉思和感恩。我这样希冀着。"——比利时建筑师 Jacques Gillet

图 3-36

图 3-37

图 3-36、图 3-37 Jacques Gillet 设计的比利时乌赞实验性永久雕塑建筑工场钢制上部结构（引自（英）戴维·皮尔逊．新有机建筑．董卫等译．江苏科学出版社）

设计的基础建立在创作的欲望之上，对于将出现的新作品的向往和憧憬，会引导学生们的整个设计过程。一些教学小组在课程开始的时候请学生借助文学、音乐、绘画、动漫、电影等其他艺术形式来表达最初的设计冲动与灵感，以弥补开始的建筑语汇的缺少，作为第一次建筑设计的设计构思训练，这也是一种培养专业兴趣、激发创作热情的新的设计方法训练的尝试，以此激发同学们建筑创作的热情和创造力。

（1）

在海上曾有一个灰色孤独的城市，你是黑暗中的明灯，我就是你，你就是我。

昏暗中一簇光芒悄悄射来，你的美让人无法不去靠近，心里太多话可以向你吐露。

你给人幻觉如流水一般，一层一层。

天空向我敞开，我的压力我的痛让你带走，你的宁静让我感受。

我曾经在眼中看到天堂，你就是那天堂，是人尽情的地方。

建筑 李葱

“一个让人心情平静的地方，一个流水般宁静的地方，一个诗情画意的地方，一个可以休息的地方，可以思考的地方，默默的，淡淡的。”这是李葱对她设计的注解。比较李葱在课程开始时所作的表达设计构思的小画和她最终的设计成果，可以感受到她在设计过程中所保持的一贯性及作品所体现的精神气质，这对一个第一次作建筑设计课题的学生来说是难能可贵的。一个简单的盒子，在需要透明处透明，在需要封闭处封闭，架空建在基地上，安静平和地待在院子一隅，对环境的扰动非常之小。内部空间开敞流动，地面的高差区分空间的功能，整体设计大气而简洁。

（2）

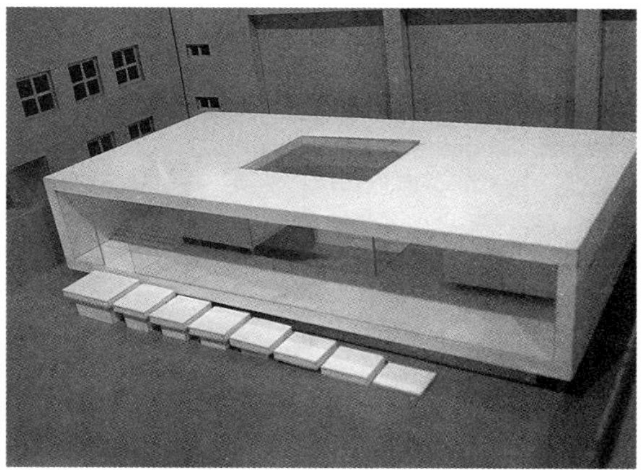

（3）

图 3-38　2002 级学生李葱的小型建筑设计作业（指导教师：傅祎）
（1）诗与画
（2）中期成果
（3）最终结果

栗子雯的设计方案表现出了设计手法的娴熟，并且在她最终的设计成果中能找寻到最初设计构思小画中绘画语言的痕迹，也是她作品形式语言的主要特征——水平向和垂直向的〞倾斜〞。她的作品最精彩之处在于其设计与环境的水乳交融的整体感，将环境中的二层平台与设计的建筑物的屋顶连成一体，对现有空间的人流组织提出了自己的看法，很好地印证了她辩证的设计观点——〞从环境出发，考虑场地的限制性并充分发挥其可利用性〞。

（1）

（2）

（3）

图 3-39　2002 级学生栗子雯的小型建筑设计作业（指导教师：张宝玮）
（1）诗与画
（2）、（3）最终成果

# 草图与草模

信息化时代，电脑软件的深度研发和广泛应用大大拓展了建筑设计的广度与深度，进入专业学习的年轻学子对软件的学习与应用也是跃跃欲试，但教学经验告诉我们，对于第一个课程设计的学习来说，手工操作的草图和草模，仍是学生们设计入门最合适的工具。从二维到三维、从片段到整体的建筑设计以及将设计方案在脑子中全尺寸地建造所需要的尺度感的建立，是需要通过现场感受和后天经验的积累，慢慢习得的。

草图的过程既是设计表达的一部分，也是设计构思的一个内容，不断生成的草图还会对构思产生刺激。开始的时候，运用图解分析，如泡泡图、系统图等来理清功能空间的关系，随后运用二维的平面草图与剖面草图来初步构思方案的内部功能与空间形象。由想象得到的形象是不稳定和易变的，只有将它视觉化地记录下来，才能实现真正的形象化。不同阶段的草图按比例层层推进，不同比例的草图一定程度上规范了在不同梯级的尺度里的不同设计深度和设计内容，草图的过程使问题简化，并且逻辑清晰，便于学生掌控。草图在视觉上是潦草和粗略的，但其中蕴涵着可以发展的各种可能，利用高 B 软铅笔的相对模糊的线条可以忽略细节，使设计从大局入手，快速地定下一些大的方面，同时不至于抹杀某些不明确和不肯定的可能，允许不确定因素的存在。

利用草图纸的半透明性，一张一张的草图纸蒙在前一张草图上勾画的过程，就成为了对设计发展的甄别、选择、排除和肯定的过程，既保留已经肯定下来的内容，又可以看出设计的进程，提高草图设计的效率，也可以避免同学们过早纠缠于细节而影响整体的思考，这才是开始阶段的重点。随着设计的深入，对精度的要求越来越高，才有必要运用硬一些的铅笔。显而易见，画草图的能力可以影响设计的进程，也是最容易掌握的方法。画草图的技能很大程度上可以促成概念的形成，对培养徒手轴测和透视草图的能力是有用的。

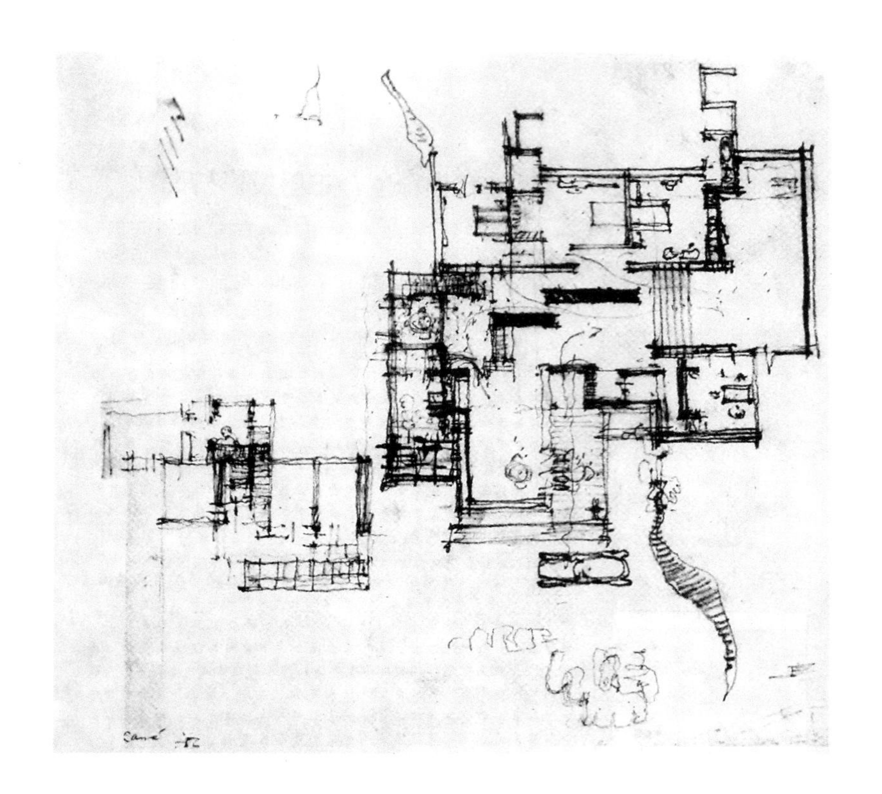

图 3-40　阿尔瓦·阿尔托的草图（引自莱恩·福塞，罗德·亨米．建筑构思——建筑绘图分析．机械工业出版社）

图 3-41　Steven Holl 的草图（引自韩国期刊“New World Architect——Steven Holl”）

利用模型可以更直接地帮助学生进行三维的整体建筑形象的构思，人眼观察对象可以根据大脑的兴趣，在重点聚焦和全景扫描之间来回调节，面对实物模型，眼睛就能进行这样的比较与判断，使设计在一个整体关系中改进。电子模型虽然可以建立全方位的模拟，但由相机镜头产生的定格画面缺乏对电子模型整体的把握与比较。对于没有尺度经验的低年级学生来说，利用实物模型推进设计，是电子模型不具备的优势。

从很粗糙的草模到较精确的模型，不同比尺的实物模型解决不同的设计问题：在设计的初始阶段，先制作一个基地模型用于基地状况的分析，便于建立对方案与基地环境的直观感受。在建筑方案的设计初期，常常需要在把握主要设计因素和针对主要问题的基础上快速制作概念模型，而制作概括简要的体块模型是研究建筑体量与周边环境关系、建筑自身体量关系的重要手段。除了通过体块方式研究建筑布局的整体关系，为了深入设计建筑内部空间，制作空间关系模型也是很重要的，此类模型的设计深度已接近工作模型或研究模型，建筑内部空间不再是实心的体块，建筑内部空间与外部造型之间的互动关系是关注的重点。

图 3-42　2006 级学生王小娇的“小型建筑设计”课程作业，从构思到成果不同阶段的模型

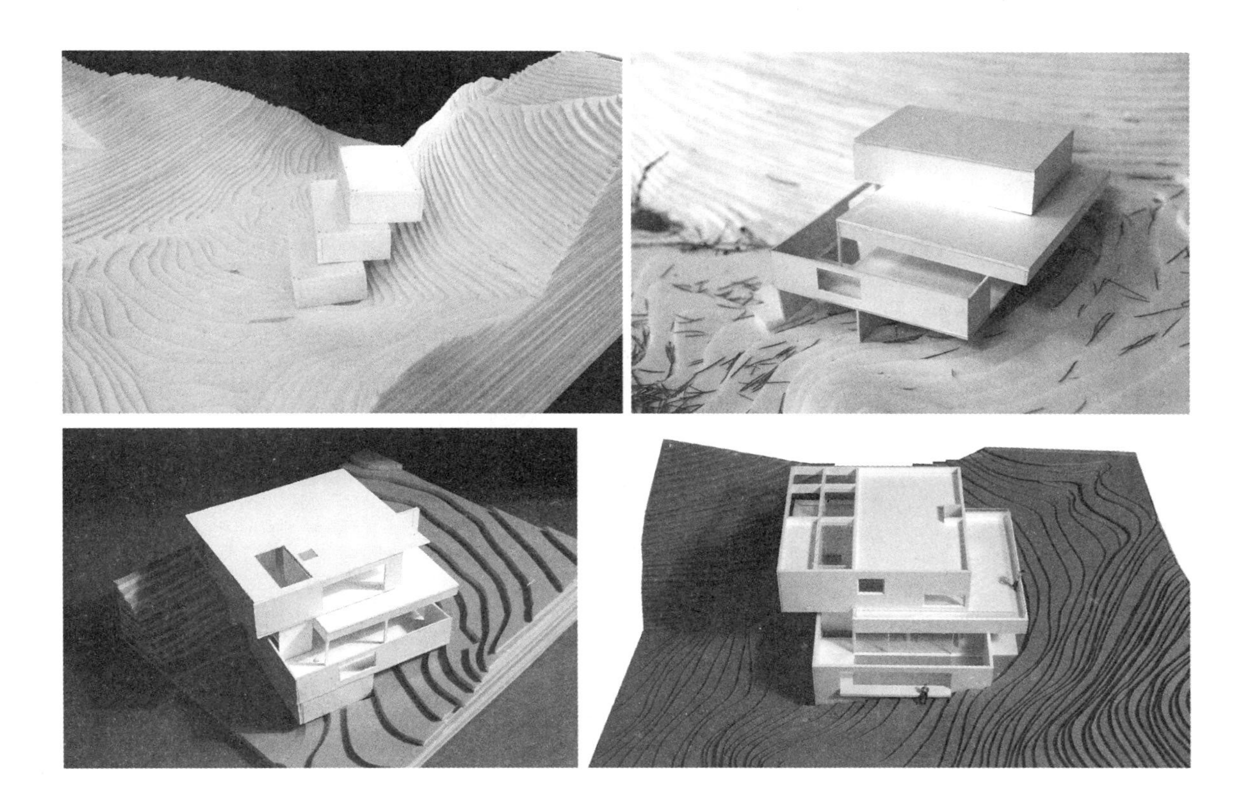

用模型推进设计，是为了让初学者习惯在三维空间中量取模型的尺寸，直接、立体地判断三维的空间结构形态，并进行修改调整。开始就直接在基地模型上运用草模推敲，时刻注意所加建筑部件（墙体、柱列、屋面、体块等）的比例要与基地模型一致，并且时刻琢磨实际的空间尺度给人的感受。做草模时要较为快速地抓住空间的主要部分和主要空间关系，明确建筑主要部分的大小、形态以及与基地的关系，必须先忽略一些细碎的房间功能。借助草图可以调整面积过大或过小的部分以及相对细碎的空间层次，调整后再次做草模，放置在基地模型中深入判断推敲。

常用的制作体量关系模型的材料，包括高密度的聚苯板、瓦楞纸板、PVC 板、卡纸板、KT 板（由聚苯乙烯 PS 颗粒经过发泡生成板芯，经过表面覆膜压合而成的一种新型材料，广泛用于广告展示）等。这些板材用裁纸刀或电热丝切割器可以很容易地制成所需形状。制作概念草模的常用切割工具，包括切割垫板、划圆刀、剪刀、裁纸刀（包括 45° 刀片和 30° 刀片）和用于切割亚克力板的勾刀。

常用的测量和辅助工具包括直尺（最好是底面带有防滑垫的）、三角板、比例尺、曲线板、蛇尺、圆规等以及用于粘接的透明胶带、双面胶带（粘接纸制品、KT 板等，接触面须较大）、半黏性的纸胶带（即美纹纸，用于临时固定）、白乳胶（可粘接木制品、中密度板等）、UHU 胶（可粘接多种材料，如木制品、PVC、亚克力甚至金属材料，对 KT 板芯、聚苯板有腐蚀性）。

图 3-43　常用的模型材料

图 3-44　制作模型的工具

设计过程中划分功能与体量，赋予其满意或者可控制的三维空间形式时，尝试确定这些空间形式之间有趣、有意义的关系以及相互联系的方式。注意内部功能、体量与外部环境、地形、景观的结合。综合确定前与后、内与外、上与下等关系，用对外的开敞与封闭、视觉的虚与实、内部的宽阔与狭长等手段处理上述关系，以获得整个流线中空间开或合的节奏感、视觉通透或封闭的层次感。

在开始的时候按比例绘制基地或制作基地模型和按比例提出方案构思是必要的，设计的构思只有在一定的比例下才能被〝检验〞，只有这样，成比例设计的基地构思与建筑主体才能验证基本设计决策的正确性，确定基地与方案间是否在根本上协调一致。所有的房间要在同一个比例下才能探讨彼此之间的相互关系，随着设计的深入，图纸的比例越来越大，以解决程度越来越深的问题。如赖特所言，〝比例本身没什么，只是一个和环境的关系，室内外每一件东西都受到它的影响〞。

按比例确定了设计的图形之后，主要节点的细部就可以按照更大的比例推敲，以尽可能早地增加设计意图的丰富形象。保留早期的构思草图是很有用的，可以对曾经否决的方案重新审视和评价，这可以积累成你自己的设计参考书，特别是要记录下比例尺、数字与日期。

设计不论在什么时候、什么阶段都要有整体观念：设计开始的时候要有大的定位，如建筑坐落的位置、主要朝向、与环境的关系……设计由粗到细，从整体到局部，逐步展开。平面、立面、外观造型、内部空间要平行推进，不可孤军深入，避免在开始时就纠缠在一些小的细枝末节上。

## 建筑尺度与尺寸

事物之间的相对尺寸就是尺度，尺度是人们对某些物体大小的判断，反映建筑物及局部大小与周围环境和功能使用相适应的程度。建筑尺度主要指建筑与人之间的大小关系、建筑各部分之间的大小关系形成的一种大小感受。尺度感是建筑给人的最基本的印象之一，它既和建筑的物质属性有关，也和人的心理感受有关，其中既有数量的内容，又有了质量的境界，而这种境界有赖于经验的积累，是建筑师、室内设计师和景观设计师职业素养的重要指标之一。

尺度很多时候是一种习惯，蓄意改变某些尺度，可以创造特别的形式，超出人们的习惯，改变对事物的看法，以此创造特别的观赏姿态，在错愕中产生激动。纽约曼哈顿的墓地，有时候在某些角度看起来也像是摩天大楼，而从飞机上俯瞰曼哈顿的摩天大楼，感觉也就只有条石那么高，像雕塑。飞机降落，建筑物完全改变了，它具备了人的尺度，不再是高空中看到的玩具。

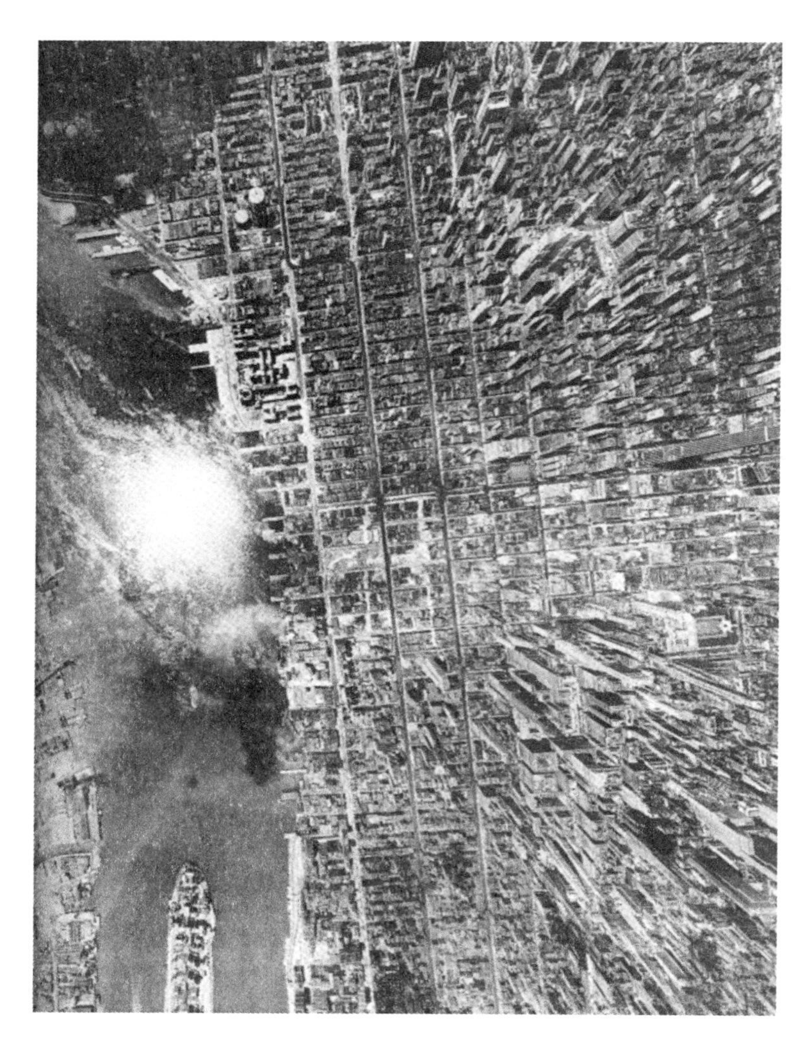

图 3-45　曼哈顿鸟瞰（引自“The Landscape of Man”）

建筑材料与结构的受力、加工制造、运输条件等技术原因决定了建筑材料的尺度和建筑构件的尺度，人们常常通过将这些熟悉的部件同建筑的整体相比来获得建筑体量大小的正确认识。建筑中的一些构件，比如台阶、门窗、栏杆、扶手，人们熟悉它们的尺寸，于是它们就成为了衡量建筑物的尺子。

图 3-46　人的活动行为与家具尺寸的关系

人是所有建筑物真正的测量标准。人体的尺寸与人的活动是决定建筑物形状大小的主要因素。建筑的尺度最终要根据人体活动空间的变化而变化。房间对尺寸的要求基于如下的考虑：

（1）人体尺寸与体形。

（2）家具尺寸与形状。

（3）人体移动所需的空间尺寸与形状。

（4）人与人间的理想距离和心理空间。

以沙发为例，人在其上的坐姿可能有下列几种：双脚踩地，两腿交叠，蜷腿或盘腿坐在沙发上，伸腿斜倚或正襟危坐，甚至是将一条腿搭在座椅扶手上或两条腿都在扶手上侧身坐着。据此，沙发坐垫与地板的距离，坐垫的角度，靠背的角度，扶手的高度、宽度和角度的设计就有了依据。又比如，人在餐桌边就餐，餐桌椅要有合适的高度支撑他吃饭，椅子面要有让人舒适就座的大小，桌子大小要适合摆放东西，又适应手臂的长度，拿取东西，人站起来移动的时候，身体要能穿过没有障碍的空间，于是，餐桌椅后面要有人可移动的空间，比如拉开椅子就座，又不影响邻椅的使用。

除了生理尺度，人的心理尺度也影响人们对建筑空间的感受和使用的评判。根据人的交往方式，人际距离可分为密切距离、个人距离、社会距离、公共距离。

0 ～ 0.45m 的密切距离：小于个人空间，可以互相体验到对方的热量和气味；视觉的近距离会引起眼睛的内斜视（斗鸡眼）而引起视觉失真；触觉成为主要交往方式，适合抚爱和安慰，或者摔跤格斗。在公共场所与陌生人处于这一距离时会感到严重不安，人们用避免谈话、避免微笑来取得平衡。

0.45 ～ 1.20m 的个人距离：与个人空间基本一致。观察细部质感不会有明显的视觉失真，不容易看清对方的整个脸部，适宜观察对方脸部的某些特征；超过 1.2m，就很难用手触及对方，因此可用“一臂长”来形容这一距离。处于该距离范围内，能提供详细的信息反馈，谈话声音适中，言语交往多于触觉，适用于亲属、师生、密友。

1.20 ～ 3.60m 的社会距离：随着距离增大，远距离可以看到对方的整个脸部，在视角 60° 的视野范围内可看到对方全身及其周围环境。这一距离常用于非个人的事务性接触，如同事之间商量工作；远距离还起着互不干扰的作用，这一距离，对来人不必打招呼问询；这一点对于室内设计和家具布置很有参考价值。

3.6 ～ 7.6m 或更远的公共距离：这是演员或政治家与公众正规接触所用的距离。此时，无细微的感觉信息输入，无视觉细部可见，为表达意义差别，需要提高声音、语法正规、语调郑重、遣词造句多加斟酌，甚至采用夸大的非主语行为（如动作）辅助言语表达。

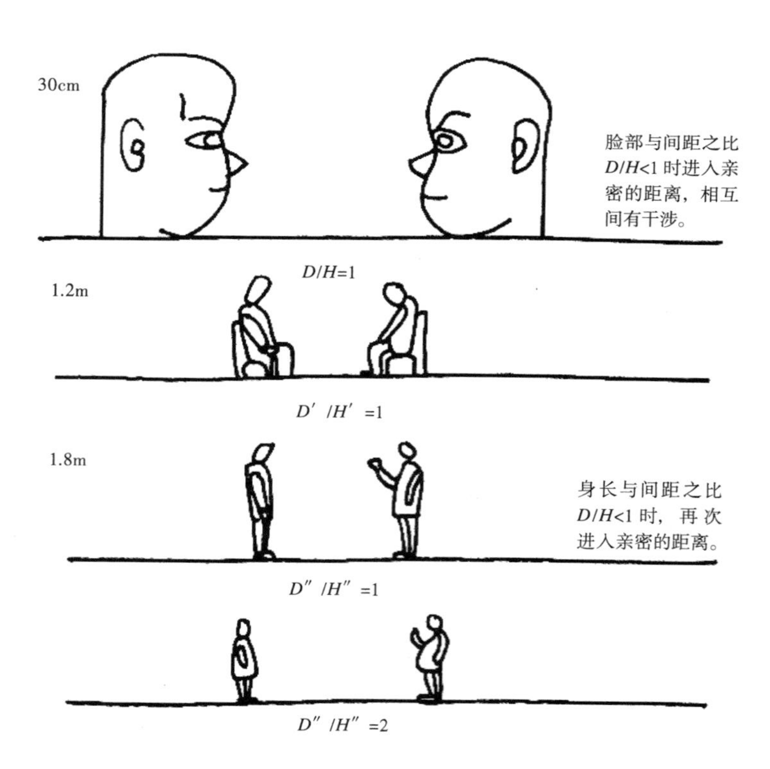


图 3-47　人际交往距离

一般的建筑至少应该具有三个层级的尺度感受：环境层级的尺度、建筑层级的尺度、细部层级的尺度。环境层级的远距离观察能感受的是建筑的形体轮廓以及和周围环境的关系；建筑层级的中距离观察能感受的是建筑自身的体量分割、块面比例关系、材料颜色的划分、涉及门窗洞口的开合虚实关系；细部层级的近距离观察能感受的是材料质感、构造做法、细部雕刻等与人的身体更贴近的建筑细节；此外，观察者的移动速度加快时，能感受到的建筑尺度要更大，在观察同一栋建筑时，坐在开动的汽车里的人比走在大街上的人所获得的信息要概略很多。好的设计是要在整个建筑尺度层级系统中都能让人获得好感度。

图 3-48　海南三亚红树林酒店内庭小亭在不同距离下的建筑感受

人们追求建筑的秩序，发明了比例和模数，使得建筑的各个尺度层级的元素的尺寸构成一个等比的数列，或者是有规律的递增的数列形成富有表现力的尺度级差，以使建筑的整体，从局部到细部的尺度之间具有合理清楚的关系。比如勒·柯布西耶的模度（Modulor）理论，就是以黄金分割率作为建筑设计中控制建筑从整体到局部的所有尺寸比例关系的工具；在东方，中国传统建筑以“材分”和“斗口”、日式建筑以“席”作为模数单位控制设计和建造的秩序。

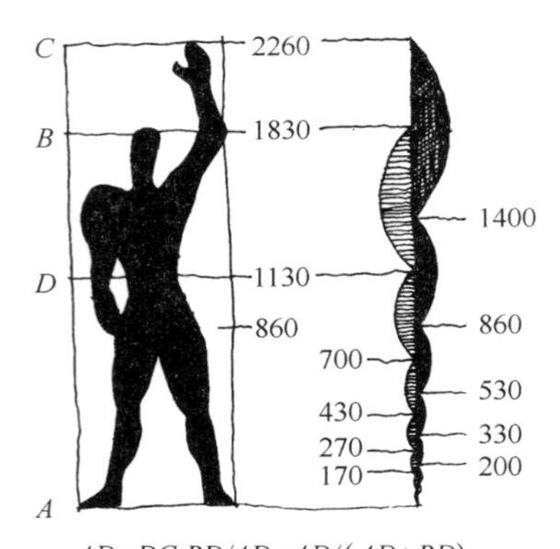


$AD=DC, BD/AD=AD/(AD+BD)$

勒·柯布西耶的人体绝对尺度图

图 3-49
柯布西耶的以人体尺度为基础的模数制

图 3-50　台北北投温泉博物馆是日据时代兴建的温泉公共浴场

图 3-51　太原晋祠山门

方便课题设计的建筑物的一些常见的尺寸：
水平交通：
走廊通道的尺寸要适合人的移动，还要预留空间允许人拎拿东西，抱着小孩移动。900mm 宽的走廊，一个人走来宽敞，两人并肩而行就困难了；1200mm 宽的走廊两人过可以，两队人过就不舒服了。走廊的净高低于 2200mm，高个儿张臂伸个懒腰会碰到手，扛个东西也许就不能过。据此，单扇门的宽度在 750 ~ 1100mm 之间，双扇门的宽度在 1200 ~ 2000mm 之间，门的净高在 2100mm 以上。通道的尺寸如同水管，要能够容纳下预测的流量，不形成交通的瓶颈。
垂直交通：
楼梯是最安全最易于垂直移动的方法，栏杆扶手的高度与形状要适合人的把握；头顶的上空要有足够的距离防止头部碰到楼梯；踏步尺寸要均匀一致，一级踏步的高差有时是潜在的危险，而超过十八步级的楼梯使人感到很累；楼梯平台的进深与楼梯宽度至少得相等，旋转楼梯宽度至少以内圆处踏步宽度 280mm 处起算。

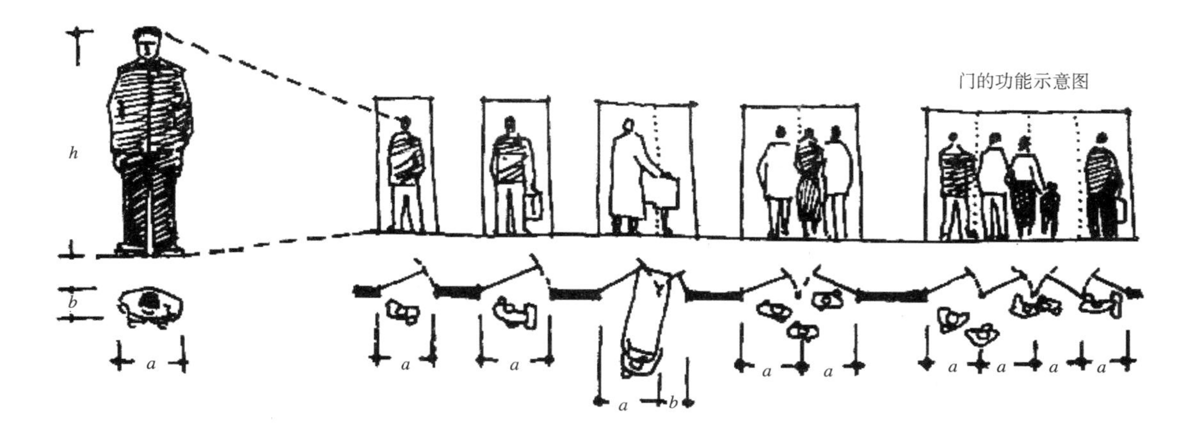


图 3–52
人的活动行为与门
或通道尺寸的关系

根据经验，踏步的宽（$B$）和高（$H$）符合下列的公式，就可能是舒适和安全的。

$2H + B = 600\text{mm}$

$H$ 在 150 ～ 175mm 之间，$B$ 在 250 ～ 300mm 之间。

室外的台阶踏步相对宽，踏步高相对小。

垂直交通由坡道、楼梯、爬梯、电梯等构成

车道与车库：

因为轿车停放和运动的方式占有空间比较大，因此对于轿车进入车库或车位和掉头的方式、转弯半径、道路宽度，需要仔细地设计，尤其是当基地比较狭窄时。一般单行车道的宽度为 3 m，小车的转弯半径为 6 m。车库的宽度除了考虑车子尺寸，还要考虑开门下车的空间。车子进车库的方式决定了车库前与道路间的缓冲空间的不同空间尺寸

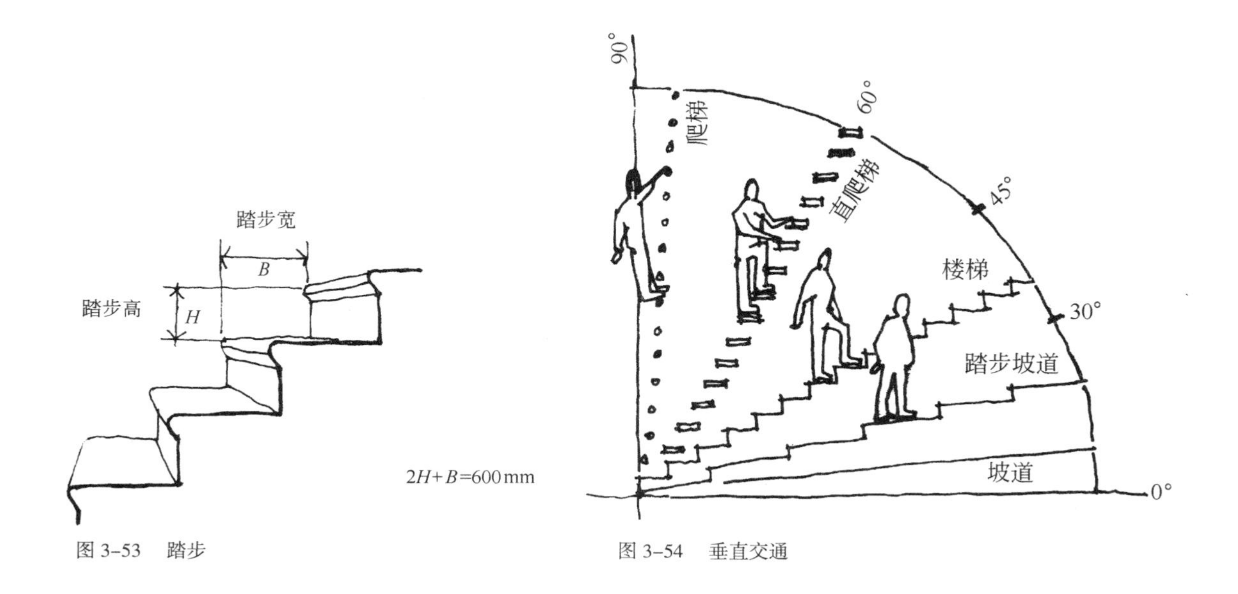


图 3–53　踏步

图 3–54　垂直交通

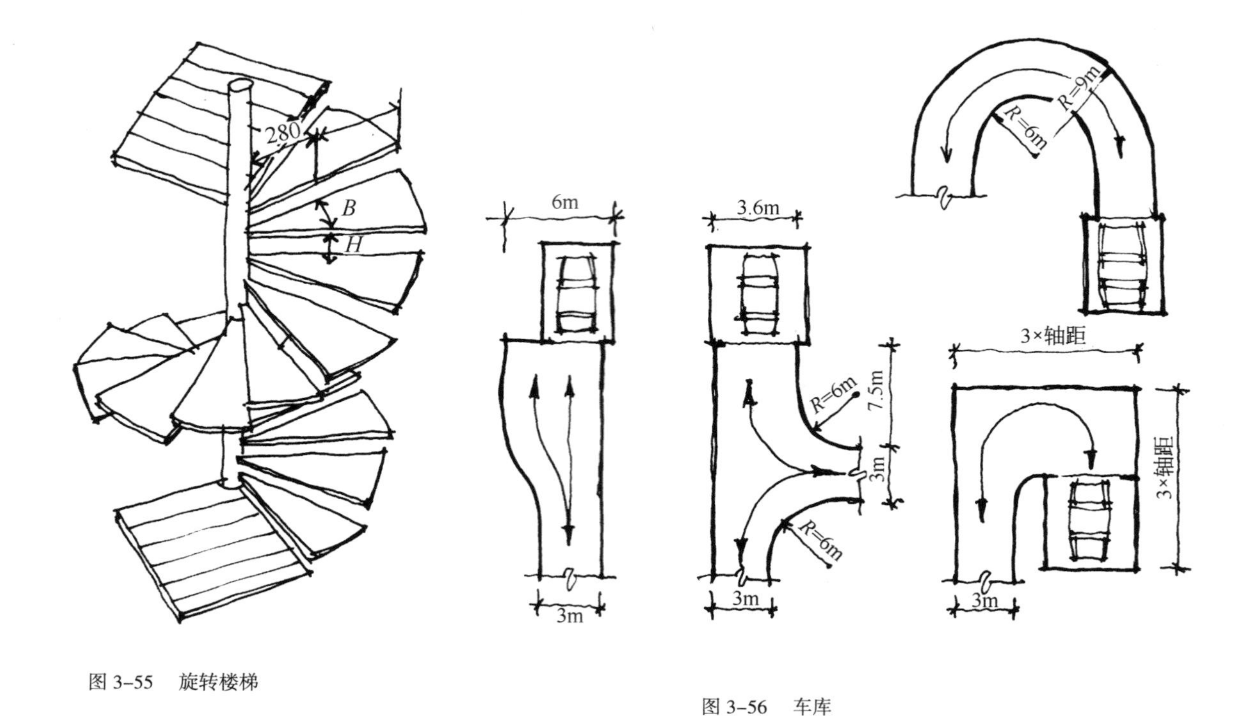


图 3-55　旋转楼梯

图 3-56　车库

图 3-57　近端式道路回车场地

# 第四章 “方案雏形”——空间与形式研究

在经过几周的苦思冥想和动手操作之后，大部分同学形成了一个比较完整的方案雏形，同学们借助草模和草图，或从基地，或从立意，或从拟定的任务书出发，完成了一整套的由模型和草图部分（以平面图和文字说明为主）所构成的中期成果。大部分同学跟上了课程的节奏，也有同学没有拿出完整的东西。在此之后，由于对建筑造型不满意，在经过了基地和功能的分析，空间的组织等一系列工作之后，有个别同学完全推翻方案，从头来过，但方案的成形过程要比之前的快很多。从同学们的方案中，我们看到了同学们学习和实践的成果，看到了大师作品的影子。回过头来，我们再来讨论和研究建筑的空间与形式，比较自己的方案雏形和大师的作品，可能收获会不一样。

建筑的本质是一种造型活动，它以形式与空间为造型媒介。建筑作为艺术，具有“表达”的特征：通过视觉形象，表达其精神气质。我们要尊重艺术创作的规律：光线的表达、空间体量的塑造、自然形态的抽象、形式风格、材料精神、几何美学、理性秩序……以此反映文化的内涵。

就像柯布西耶认为的那样，现代建筑的造型元素有三样：体块、表面和平面。体块是我们可以感知的度量的因素；表面是体块的外表，用以丰富与消除对体块的感觉；平面是体块和表面生成的基础，一定程度上反映了空间和功能的组织。

建筑的体形远比建筑的装饰来得重要，看过山西太原晋祠的圣母殿，会喜欢褪去了颜色的木质的庙宇，不是不喜欢那些古建筑的漆面和彩画装饰，而是在岁月沧桑的背后，我们更容易解读建筑的结构与造型。真正令人喜悦的不是那些只靠表面装饰而忽略形体的建筑，形可以通过表面处理得以强化或变得模糊不清。装饰的价值不容否认，否认装饰价值的建筑是贫乏的。

图 4–1　太原晋祠献殿檐口

图 4–2　北京天坛祈年殿内景

## 建筑空间原型

文艺复兴时期开始，人们以一点透视法描绘绘画空间，也培养了人们从画面之外观看完整和封闭的画面空间的习惯。以基本几何形体为造型的建筑内外分离，具有静止的空间容积。现代绘画，尤其是立体派绘画，将绘画对象分解，使得画面失去了中心，开放的画面边界使受现代绘画启发的现代建筑得以打破方盒子的封闭，建筑有了不曾有过的轻巧、通透和恢宏大气。

密斯在巴塞罗那德国馆的设计中，用水平面与垂直面的体系，达成了建筑通透性的现实，千年来内外空间的分割消失了，只通过一面大的玻璃来表示，在平板屋盖底下，流动空间围绕着独立的片墙建立，建筑的实体部分只是为了界定空间，空间获得了自由。流动空间的本

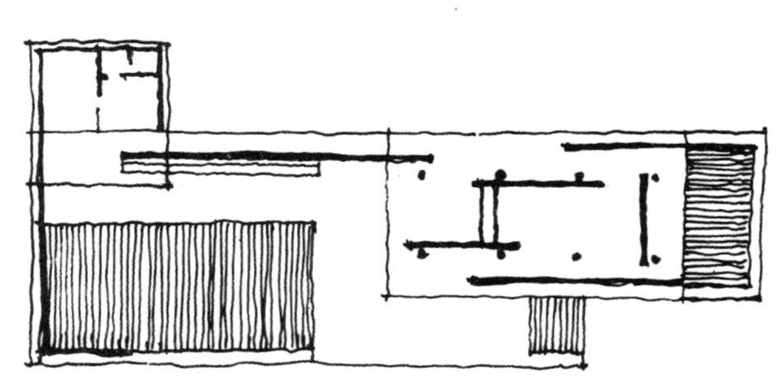

图 4-3　巴塞罗那德国馆平面

图 4-4　巴塞罗那德国馆外观

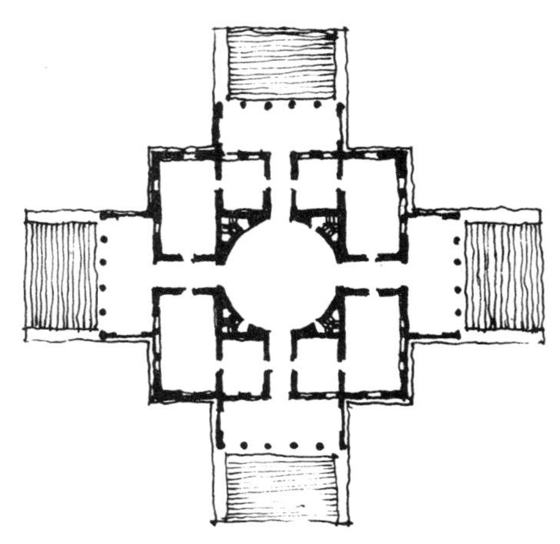

图 4-5　帕拉第奥圆厅别墅外观
（引自 http://0.tqn.com/d/architecture/1/0/r/s/VillaLaRotonda.jpg）

图 4-6　帕拉第奥圆厅别墅平面
（引自 http://www.faculty.sbc.edu/wassell/ArchMath/images/villa_rotonda_plan.jpg）

质就在于空间与空间之间关系的模糊，建筑摆脱了从下到上的封闭性，房子转角可以以虚体的面貌出现，方盒子的封闭被打破了。

古典主义时期的建筑秩序建立在中心性与轴线性的内部空间图形和中心对称的三段式几何外观形态构成之上，就像帕拉第奥圆厅别墅所呈现的那样。当需要虚假排场的生活方式成为过去，在规模减小后的住宅内，对代表权威的轴线性空间的需求被一个安静的起居室的需求所代替，这就构成了现代主义对古典主义建筑秩序逆反的动因。

现代主义建筑的空间体系中，统一各个空间的强有力的轴线被打破并解体，酒壶般的单一空间（房间）演变成具有连续场景的空间，中心性空间被解体，中心空间的边界被软化，空间显现出离心性和偏心性。柯布西耶的多米诺体系，成为了现代大量建筑均质空间的最初原型。当下的建筑大师又开始致力于对均质空间解体的研究，以期获得不同以往的中心性或偏心性甚而是杂乱性的空间。

妹岛和世和西泽立卫设计的森林小屋，用两个大小不同的圆在平面上偏心套嵌，两个圆的墙体夹着的空间是别墅的功能空间。因为偏心的设计，使得连续的空间在宽窄上形成渐变和循环，从而区分出了主次、动静、服务与被服务的空间秩序。小圆围合的"室内庭院"，由于屋顶的倾斜和墙面洞口的处理，消解了空间的中心感。

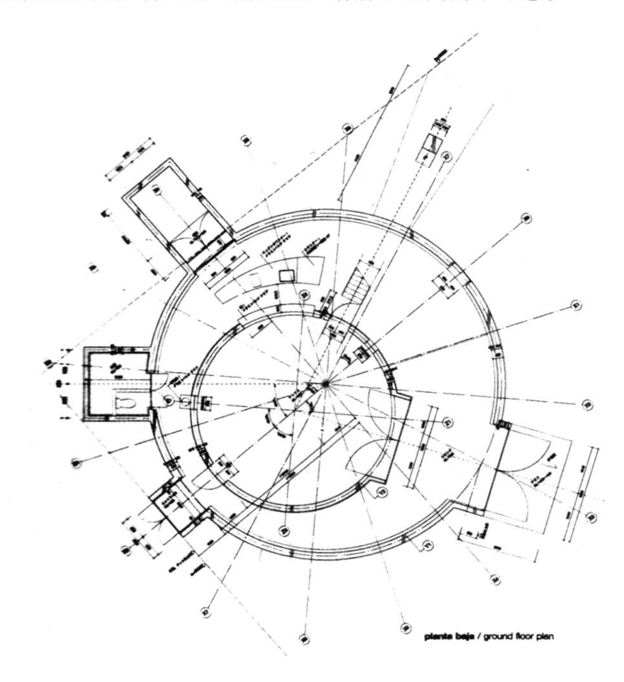


(1)

（2）

图 4-7　SANAA 设计的森林小屋（引自西班牙 ELcroquis 期刊）

（3）

# 聚落式的空间组织

聚落是人类聚居和生活的场所，“聚落”一词，古代指村落，近代泛指一切居民点，人类先有乡村聚落，后有城市聚落。一般来讲，单体的造型和单体被组织成聚落的方式以及聚落与地理环境的关系和聚落所传递的历史文化信息，构成了不同聚落的特征。叠加是聚落建造的根本，重复、反复或变形构成叠加的方式，聚落单元的同构与变体构成了单纯却又复杂的聚落空间的趣味，形成了混沌中的秩序与特征。聚落利用地形，聚落建构新的地形，聚落的空间比其他空间原型对风、雨、云、树、土地、空气等自然元素主动或被动地做出了更多的回应。

图 4-8　福建土楼

藤本壮介（Sou Fujimoto）设计的东京公寓将有着传统符号意味的小屋单元立体叠加，产生了一种立体聚落的建筑形态，使得建筑的空间关系变得复杂，建筑外观更具意境特色，与周围的建筑肌理，以及住宅区氛围既融合又有创新。在日本北海道儿童精神康复中心这个项目中，他以聚落的方式组织小屋单元来构成一个公共建筑，从而产生了丰富的空间。像是一个没有中心的大房子，有亲密感的房子；也像一个小城市，多样化的城市。小单元松散组合的随机性造成了不经意的空间和界面内外模糊的状态：空间互相分离或连接，通行或绕行，得到了各种各样的生活空间，建立起了人对环境空间自主的认识，由于单元体的随机布置而产生的一些没有切实功能的凹空间，成为了儿童可以躲藏其中，自得其乐的场所。

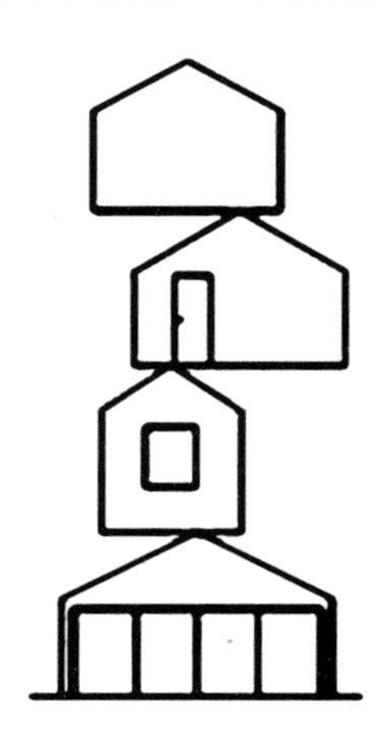

（1）

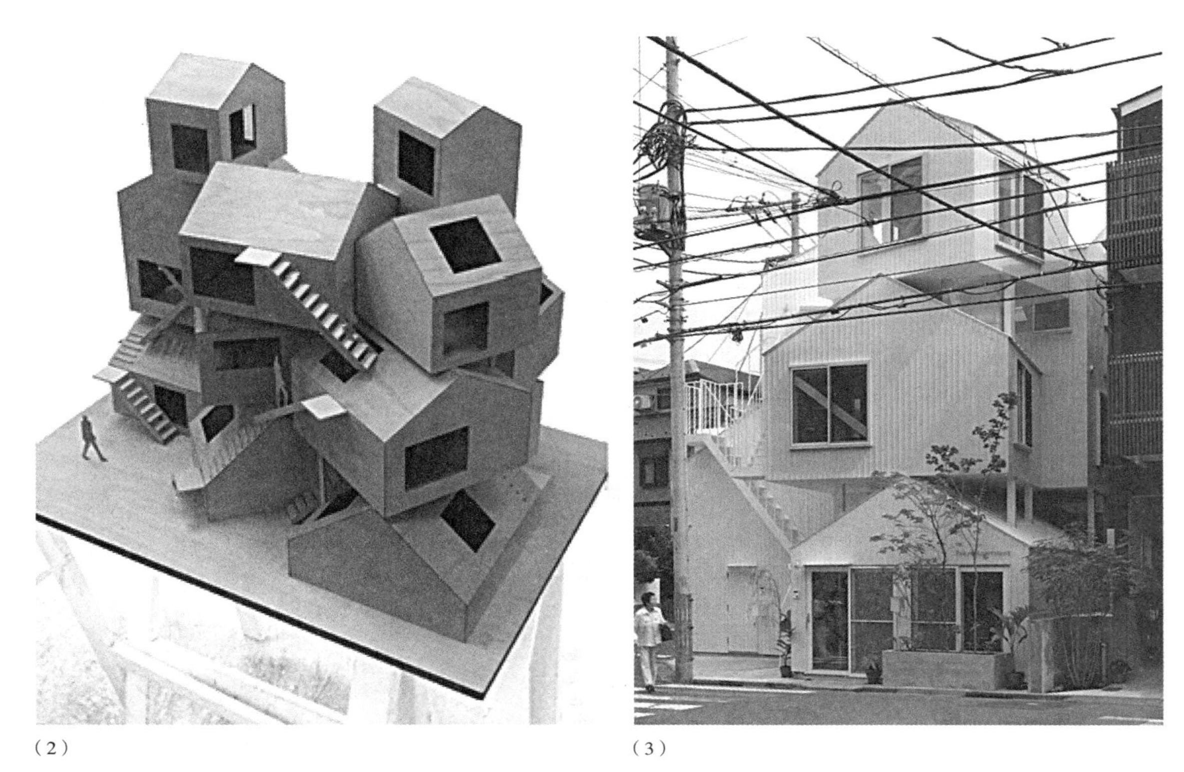

（2）　　（3）

图 4-9　藤本壮介（Sou Fujimoto）设计的东京公寓
（引自 http://www.dezeen.com/2010/10/05/tokyo-apartment-by-sou-fujimoto-architects/）

图 4-10　藤本壮介（Sou Fujimoto）设计的北海道儿童精神康复中心
（引自 http://www.archdaily.com/8028/children%e2%80%99s-center-for-psychiatric-rehabilitation-sou-fujimoto/163788315_first-floor-plan/）

图 4-11　2006 级学生陈倩的方案

图 4-12　2006 级学生王羽的方案
以聚落形态为特征的学生作业

## 格网控制的空间形态

柯布西耶的"多米诺"结构和范·杜斯堡的空间构成分别代表了现代主义建筑之初的两大基本空间原型。"多米诺"结构将基于钢筋混凝土结构框架的抽象性和普适性的空间形态，与建筑的社会学责任集合到一起，空间具有开放性和均质性，后者以新艺术与新哲学为背景，创造建筑形态与空间，构成新的设计手法，反映出"反立方体"、离心的、动态的、连续的、边界消融的空间特征。

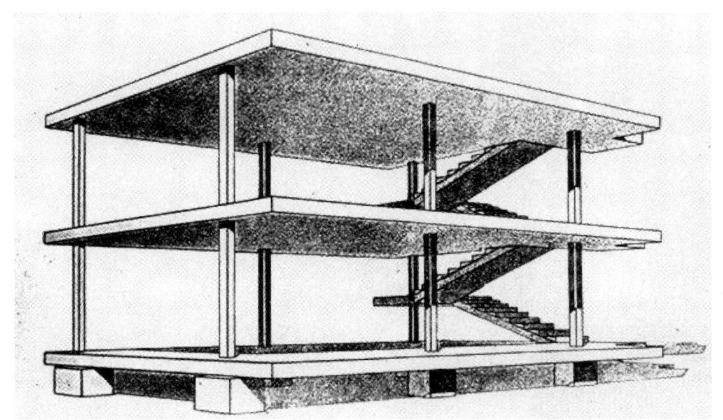

图 4-13 柯布西耶多米诺体系
（引自 http://calouette.com/wp-content/uploads/2010/11/Dom-ino-house-.jpg）

图 4-14 范·杜斯堡的空间构成图
（引自 http://arlando.net/img/vandoesburg.jpg）

早年的埃森曼以空间格网控制线作为建筑形态的生成器，在一系列如旋转、叠合、移位、变形、分解、倒置等操作动机之下，生成了空间形态的自主性程序。在他的"卡片住宅"系列设计实验中，极少使用体量、质感和色彩，采用对网格的叠合与扭转、压缩与伸展、对位与移位，从几何学出发创造了极其复杂的建筑空间，点、线、面成为了建筑语言的形式结构，对应的是梁、柱和檐口板等线形建筑构件和墙、楼板等面状建筑构件，结合了形式结构的几个系统（支柱系统、墙体系统、门窗开口系统等），形成了多重空间层次，是对现代主义建筑设计手法的补充和发展。

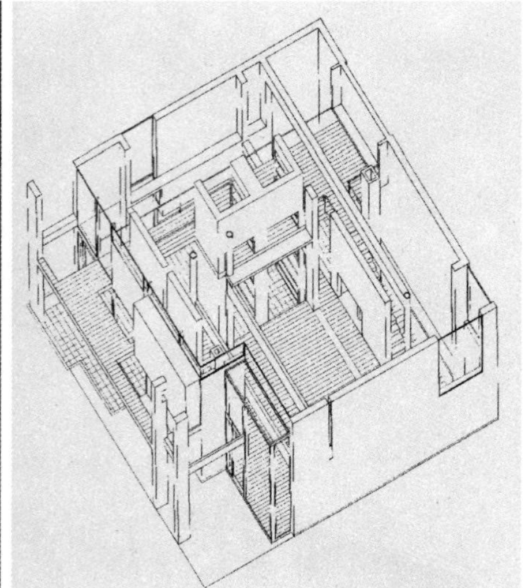

图 4-15　Peter Eisenman 设计的一号宅

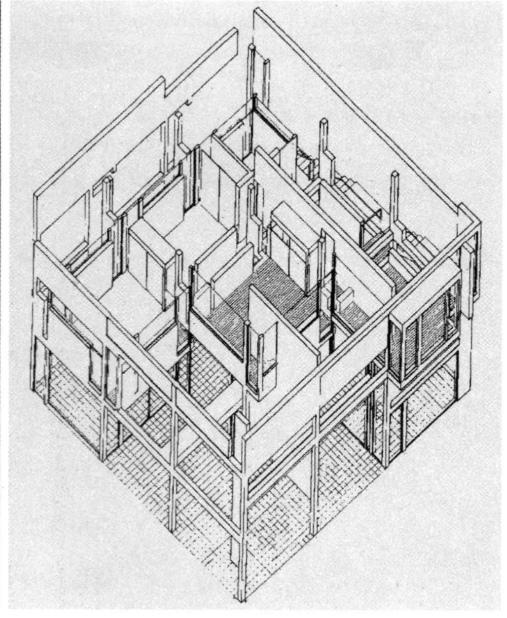

图 4-16　Peter Eisenman 设计的二号宅

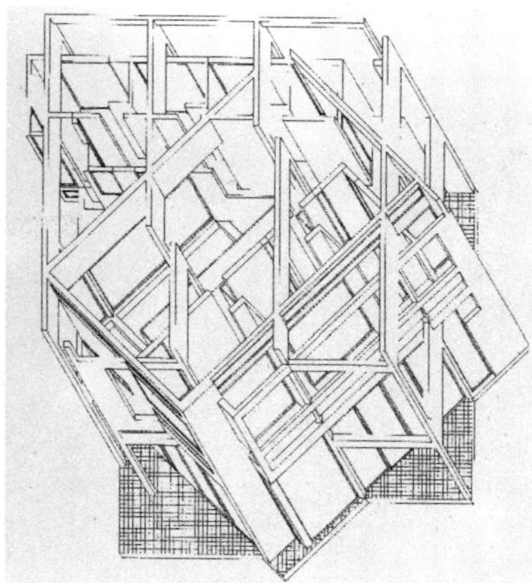

图 4-17　Peter Eisenman 设计的三号宅

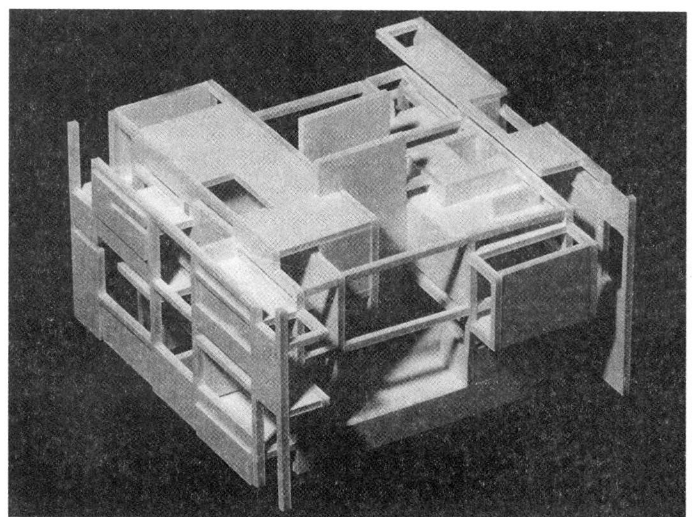
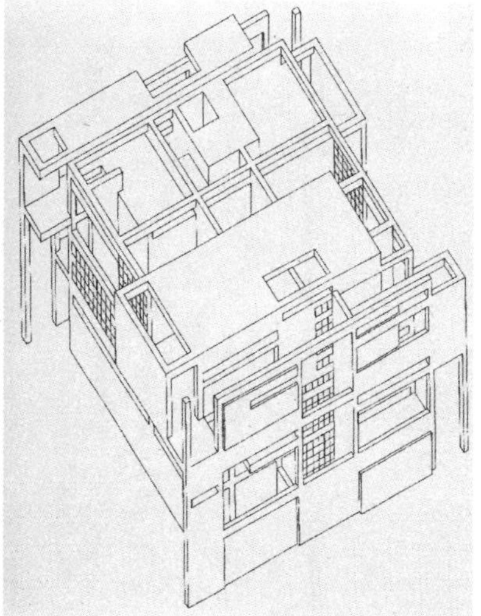

图 4-18　Peter Eisenman 设计的四号宅

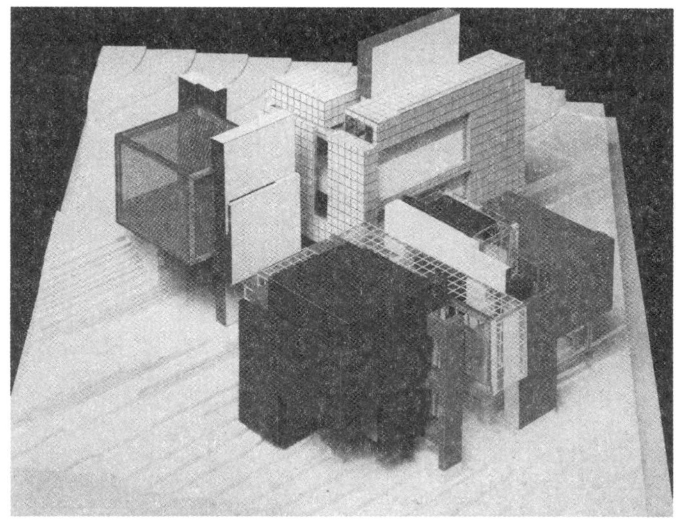
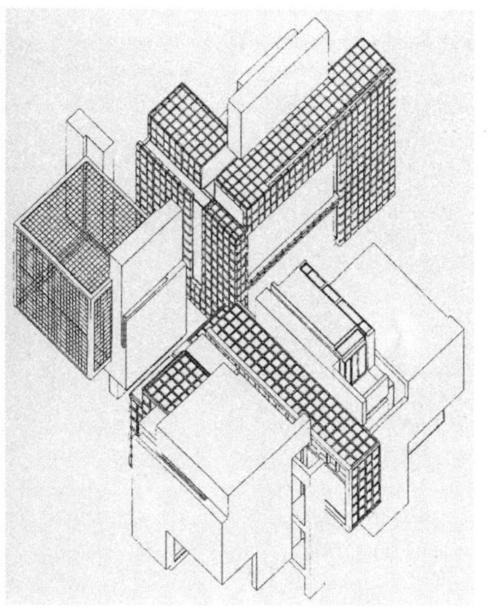

图 4-19　Peter Eisenman 设计的五号宅

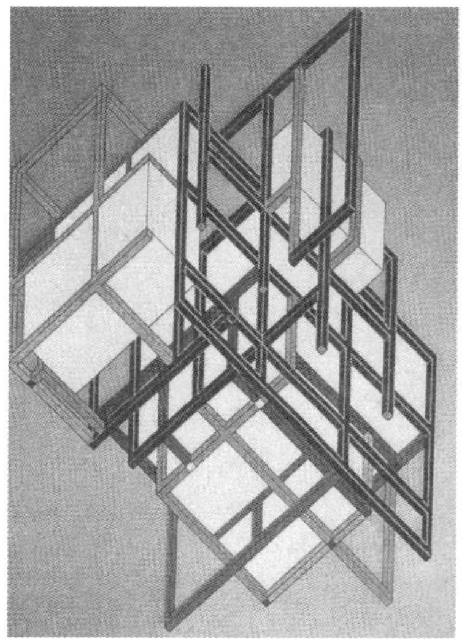

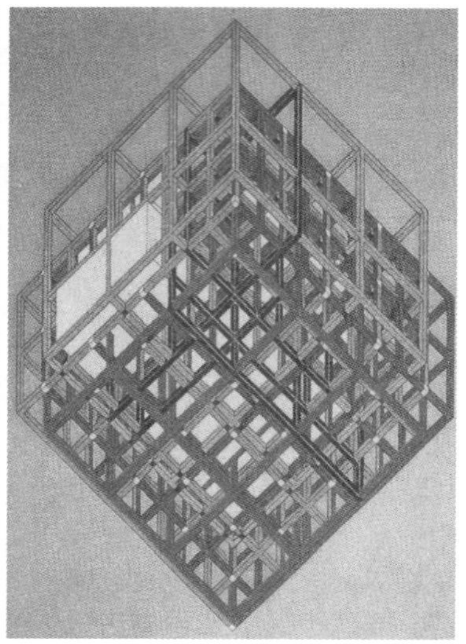

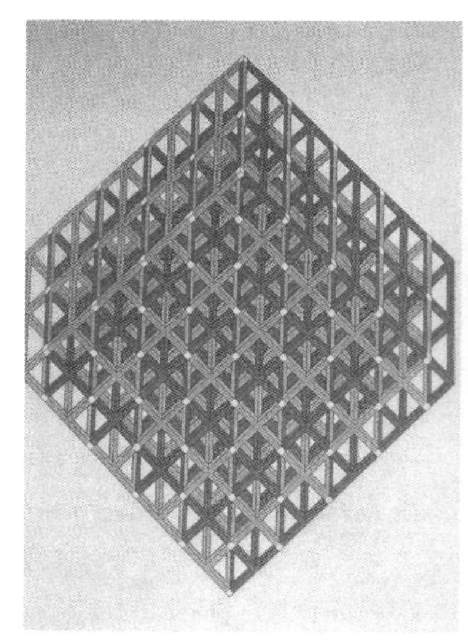

图 4-20　Peter Eisenman 设计的六号宅

图 4-15~ 图 4-20（引自韩国期刊“New World Architect——Peter Eisenman”）

图 4-21　2009 级王翰驰同学方案

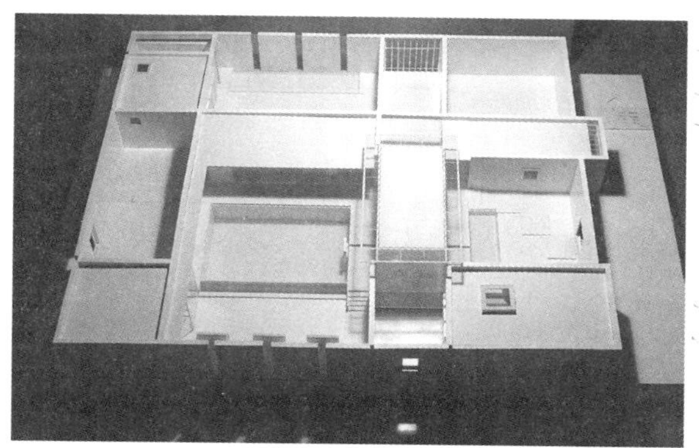
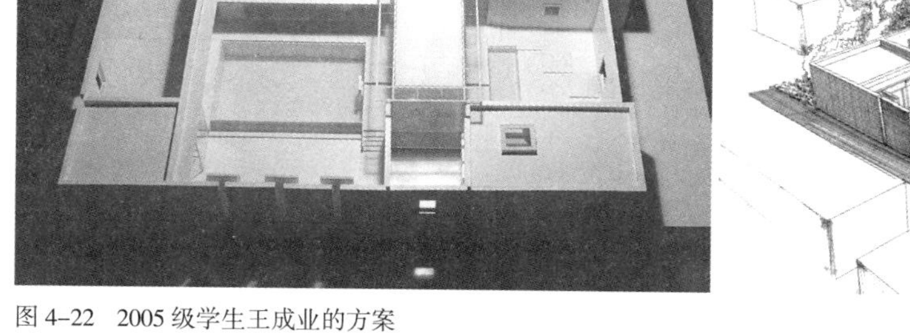
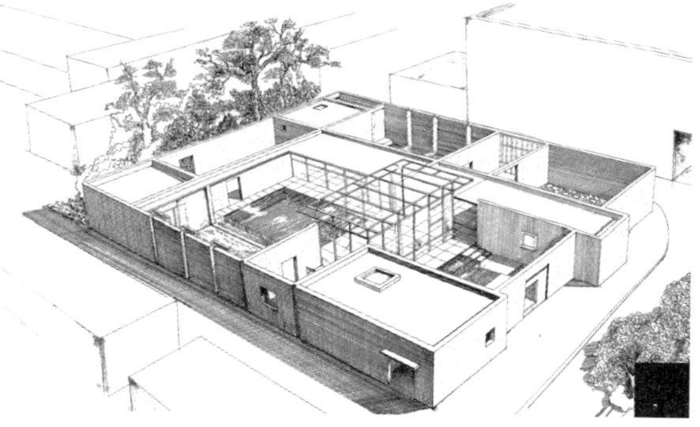

图 4-22　2005 级学生王成业的方案
以格网形态为特征的学生作业

## 线性连续的空间组织

在古典的“帕拉迪奥”建筑中，虽然建筑师试图以轴线为工具，融入时间因素来看待空间组合，但每一次的室内观察只能看到一个房间，每个房间是孤立的。现代的线性连续的空间组织则以动线为引导，获得了时空连续的视角，从内到外、从动到静、从公共到私密的功能安排随之一一铺陈。动线空间借助坡道、楼梯和倾斜的楼板获得一气呵成的内部空间，亦可以通过扭转、折叠、盘旋、交叠等手法直接在外部形体上获得特征。

图 4-23

图 4-24

图 4-23~ 图 4-25
OMA 设计的荷兰乌特勒克教育中心
现代建筑热衷于连续弯曲折叠和倾斜的平面，表达了空间的连续性、灵活性、不确定性和不稳定性。

“莫比乌斯”带是由一个数学概念形成的拓扑学结构，一个长方形扭转 180° 后，两端粘合，就形成了一种没有内外之分的空间划分，正面中有反面，反面中有正面，于是这个长方形变成了只有一个面、一条边的“莫比乌斯”带。这个结构被荷兰 UN Studio 建筑小组转译成了莫比乌斯宅，其空间结构契合了该家庭的全天生活与工作模式：一对年轻的现代夫妻，各自需要独立的工作空间，同时共享家庭时光，体验既相互独立又和谐统一的生活方式，试图追寻那一份遗失在独立工作中的家庭幸福。个人的工作空间与卧室呈直线排列，公用空间则位于通道的交叉点上，打破了楼板对于上下层结构的限制，形成了一种新形式的流动空间。

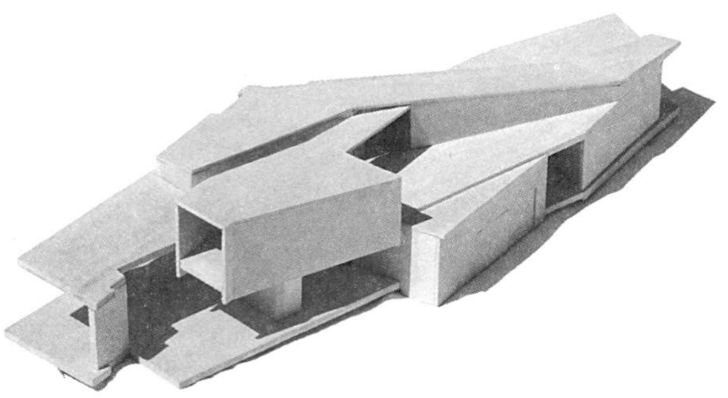

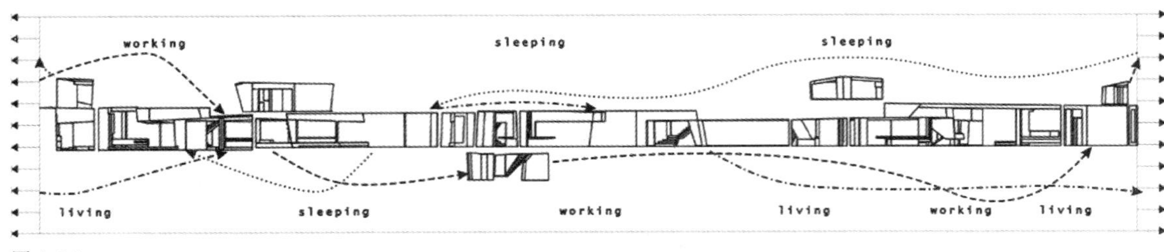


图 4-25

图 4-26　UN Studio 设计的莫比乌斯宅
（引自 http://s290.photobucket.com）

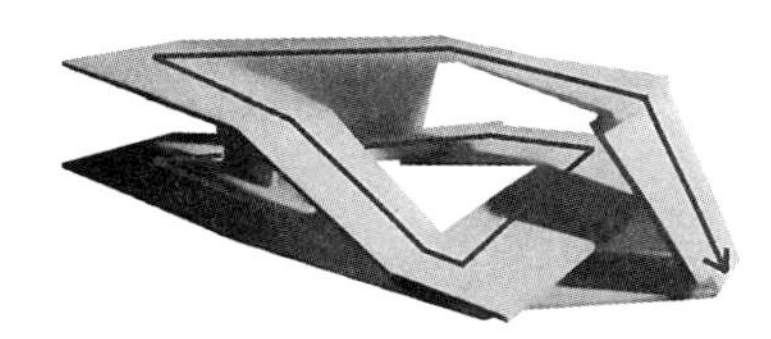
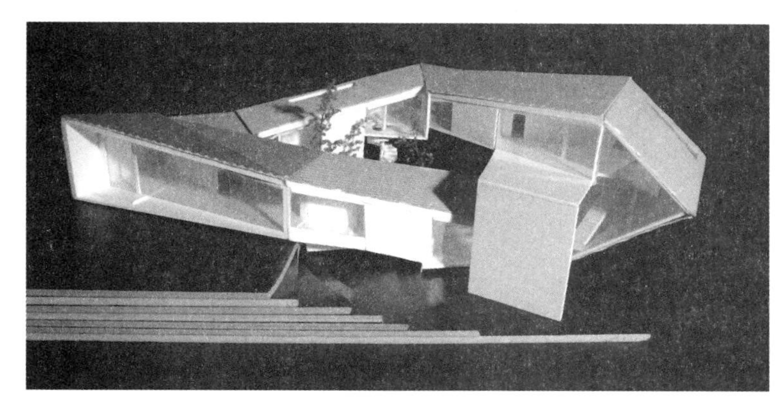

图 4-27　2008 级学生茹逸的方案

图 4-28　2009 级学生陆晴的方案
以线性空间形态为特征的学生作业

# 欧氏几何形态

欧几里得几何学研究的是矩形、三角形、圆形、长方形、椎体、球体等基本几何形体的性质和它们的相互关系。基于工业文明的直线与直角构图的建筑模式在 20 世纪占据主要的地位，欧氏几何成为建筑设计抽象操作的主要工具。建筑的平面被数学支配，建筑的各部分都来自合理的依据。建筑师接受这样的训练，以模数进行度量和统一，以基准线进行设计和建造。

要成功地组织建筑物的各个不同的部分，类似的形状、大小、特征可能是重要的条件。完全相同的形以特殊的方式组合，称之为模数化，因此，度量的时候就有了次序，同时以视力范围内的轴线维持建筑的秩序，以轴线分等级，把墙、光线和空间分出等级，将意图与感觉分类，获取有序的布局和建筑的整体性。模数可以用来控制建筑物，获得秩序感，建立建筑各部分之间的关系。模数化可以节省材料，提高设计、加工和施工的效率。

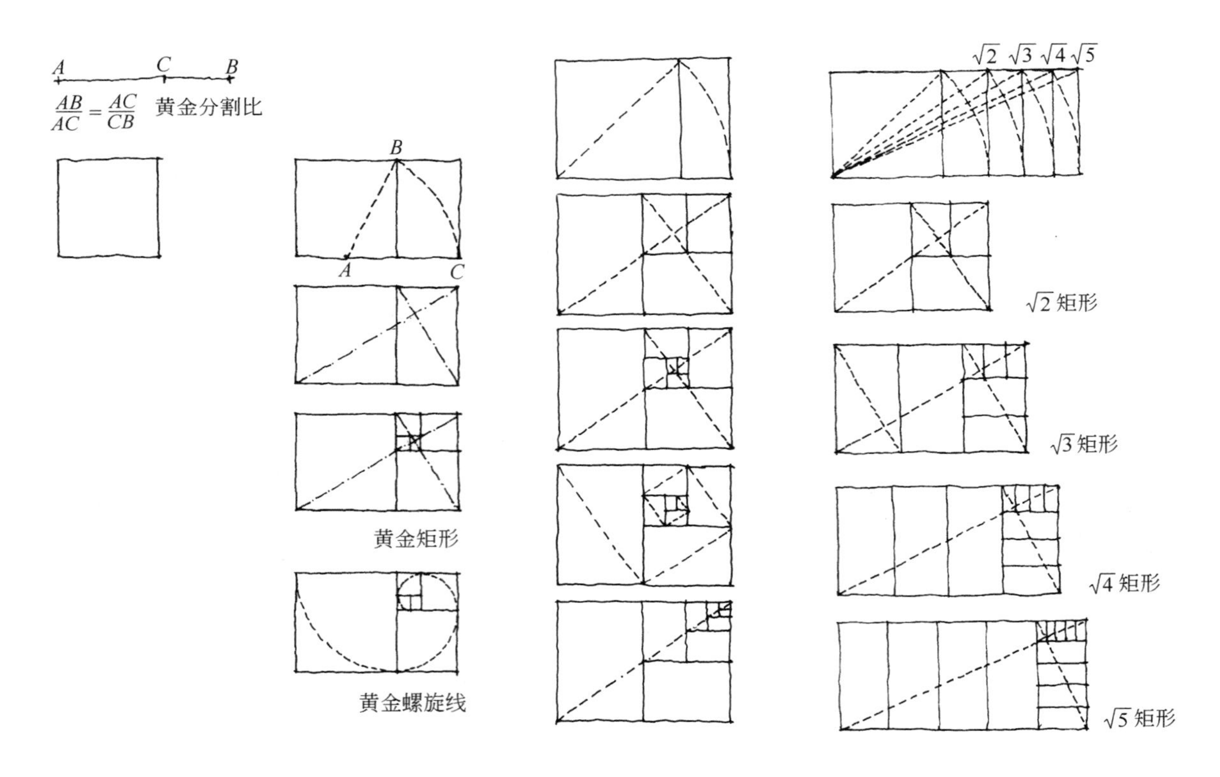


图 4–29　黄金分割比

与模数化一样，比例系统在传统上是建筑师整理形的重要工具。维特鲁威最先严正地视人体比例为建筑比例之源，人的步幅、上臂、脚和手是可采用的最简单、最常见、最不易丢失的量尺，以此为依据，建筑就合乎了人体的尺度。柯布西耶在其论著中强调辅助线是建筑的一种必要元素，他在形状的选择上以直角，轴线正方形，圆形等几何形为主，黄金分割成为柯布西耶对各种几何形体分割的方式，他把极简主义绘画上的"规则线条"的形式法则，运用到了建筑的立面设计当中，而黄金矩形、$\sqrt{2}$矩形、$\sqrt{3}$矩形、$\sqrt{4}$矩形、$\sqrt{5}$矩形……他们之间的数学关系启示了建筑师、设计师和艺术家的创作动机与推理。

现代主义建筑的另外一个特点就是要探求结构表达的逻辑性和真实性。框架结构为建筑师提供了生成平面类型的潜在自由，于是以暗合结构框架的网格为设计秩序的平面形态设计方法随之而来，已被很多建筑师所接受。框架网格形成的均质的建筑空间也适合当今快速变化的功能需求。

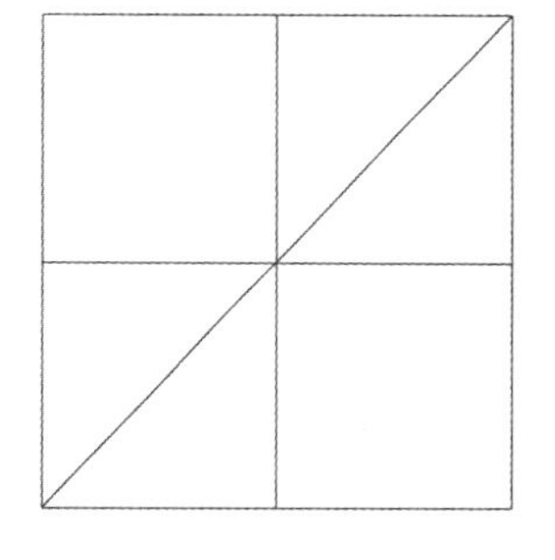

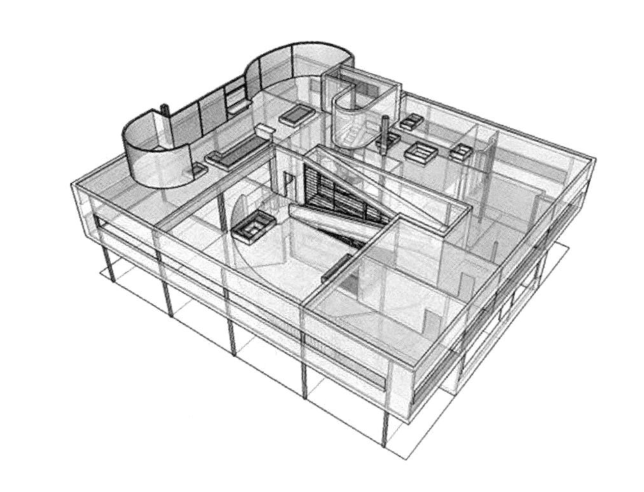

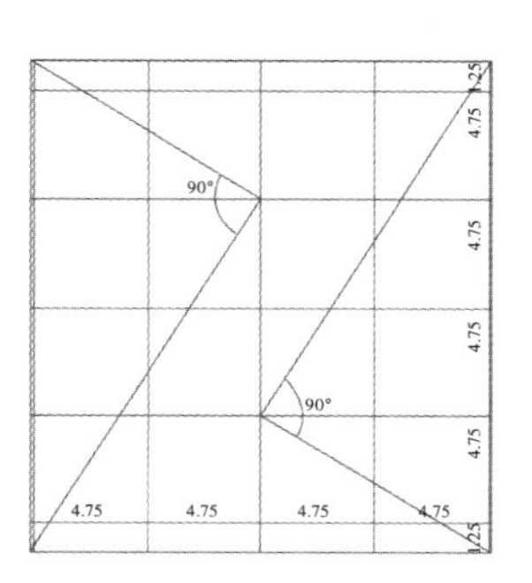


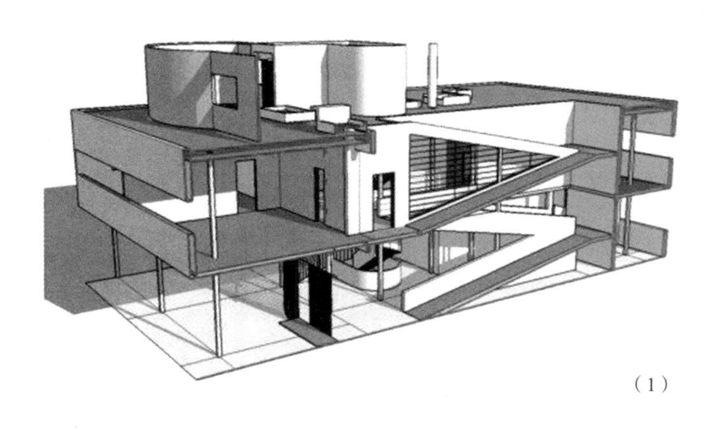

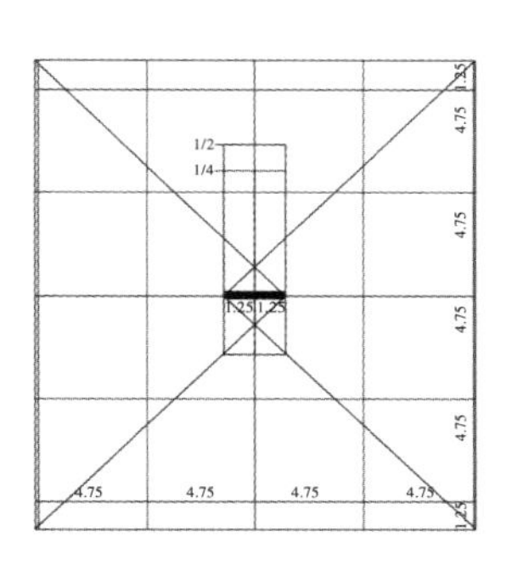


（1）

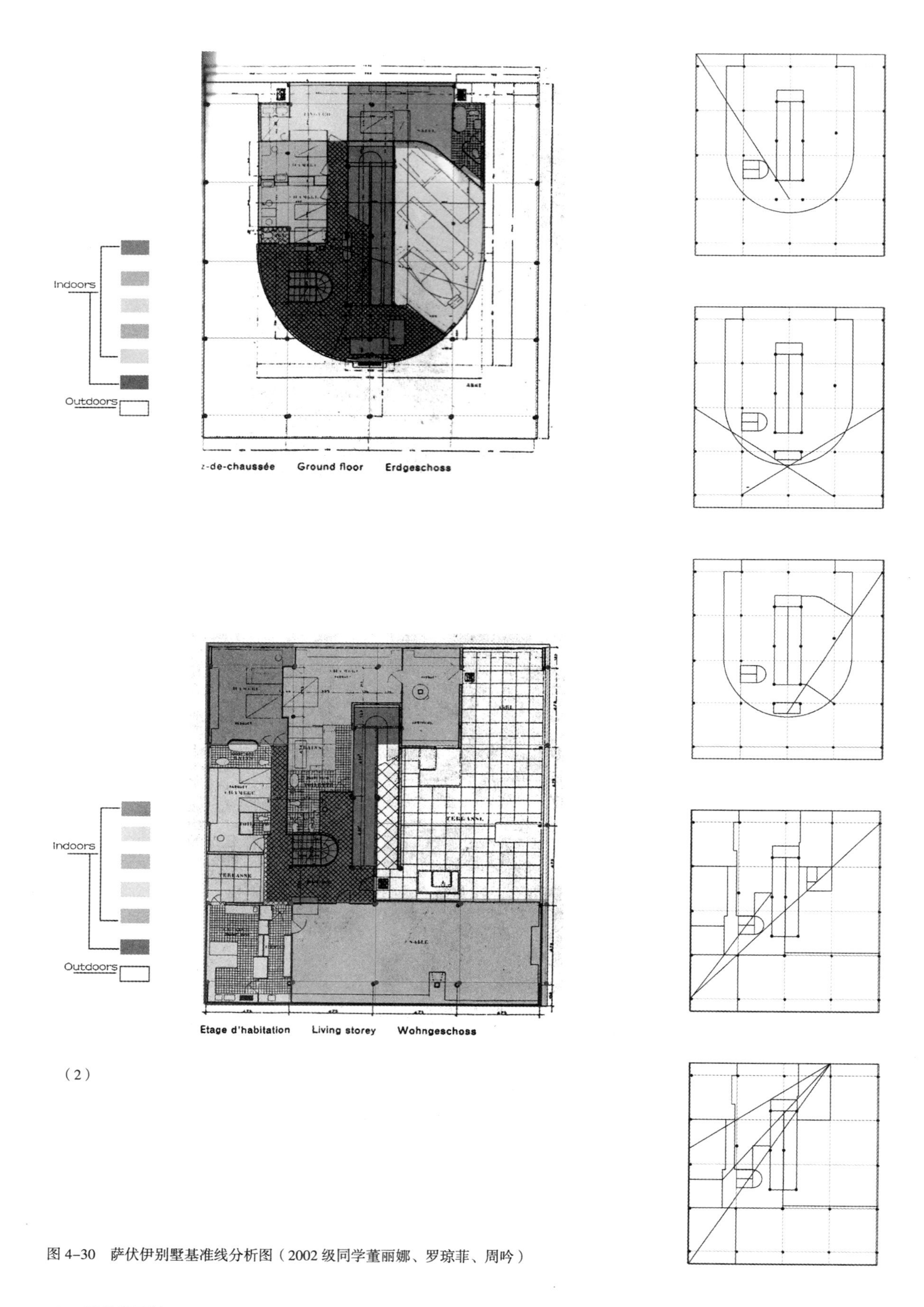


（2）

图 4–30 萨伏伊别墅基准线分析图（2002 级同学董丽娜、罗琼菲、周吟）

根据“形体体现力度的原则”，拱顶、穹隆和球体等曲线形式比相应的直线结构更有力、更高效、更经济。20世纪一些伟大的工程先驱如奈尔威、富勒等创造出了极为精巧的非直线几何形式，他们把新型几何知识和新材料如钢筋混凝土的特点发挥得淋漓尽致，因而设计出了大胆而优美的结构，表现出了轻巧飘逸的性格，达到了前所未有的跨度，这些建筑大多用薄壳，桁架和薄膜等大胆创新的三维结构，而组成这些结构的是双曲线、筒形拱、折叠板和网格穹顶。

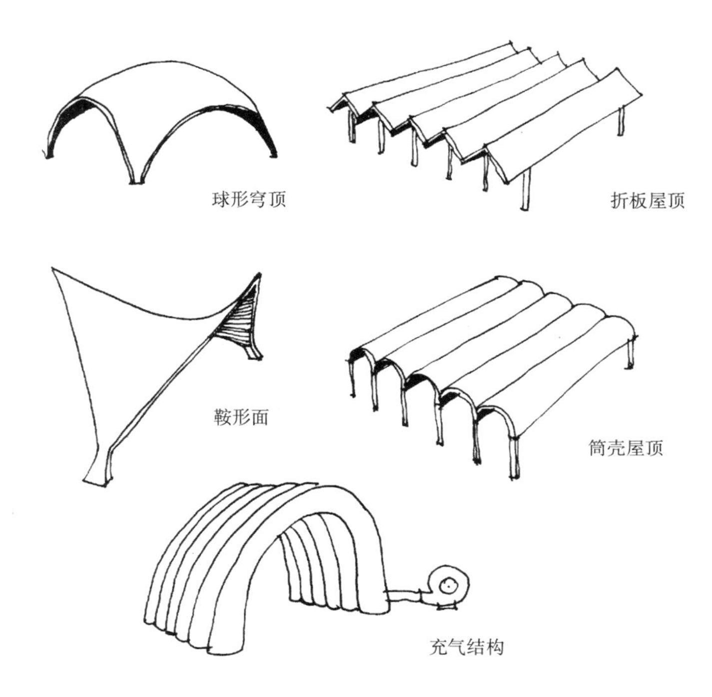


图4-31 非直线几何形式建筑

图4-32 富勒设计的加拿大蒙特利尔世博会美国馆——六角网架穹顶
（引自 http://www.sintu.com/mudidi/jianada/images/Biosphere_Montreal.jpg）

图4-33 奥托设计的加拿大蒙特利尔世博会德国馆——张力蒙皮结构
（引自 http://jianceren.cn/uploads/allimg/100501/0045422530-7.jpg）

图 4-34　柯布西耶设计的比利时布鲁塞尔世博会电子诗篇馆——圆锥曲线体（引自（英）丹尼斯 · 夏普 .20 世纪世界建筑——精彩的视觉建筑史 . 胡正凡，林玉莲译 . 中国建筑工业出版社）

图 4-35　卡拉特拉瓦设计的葡萄牙里斯本世博会车站（引自 http://nomad2007.blog.sohu.com）

## 有机与仿生形态

"在很长一段时间里，美看起来毫无意义。现在，美必须变得对我们的时代有意义，我相信这个时代的来临。在这个摩登的时代，艺术、科学、宗教将合为一体，而这种结合将以有机建筑为中心。"在现代主义盛行的建筑年代，赖特提出了有机主义建筑理论，给了有机建筑以极高的地位，他所阐述的有机建筑的根本就是一种从内而外的整体性：一座有机建筑或多或少地意味着一种有机的社会。整体化建筑中的有机思想拒绝立面唯美主义所强加的规则和品位，有机建筑拒绝那种对外表进行与其所有者本性和兴趣不相吻合的装饰。

有机建筑根植于对生活、自然和自然形态的感情之中，从自然界和其多种多样的生物形式与过程中汲取营养，有机建筑中自由流畅的曲线造型和富有表现力的形式强调美与和谐，与人的身体、心灵和精神融为一体。直线和直角构图的建筑模式与机器时代的生产方式，与唯物价值观紧密相连，而后工业时代正在催生一个新的世界，同时也是一种更为古老的智慧的重现。科学探索的疆域越来越宽广、越来越深入，电子显微镜带我们进入到了一个微生物的世界，天文望远镜带我们进入浩瀚的宇宙，这是一个自然形体、结构和纹样的全新世界，为设计带来全新的灵感。

现代信息技术与电脑辅助设计使设计者的创作获得更多的自由，最新的三维创作软件使得微妙复杂的形体的设计与建模更加容易，不再需要以直线、直角和立方体作为设计控制的要素。受到自然界和生物有机体的非线性特征和创造力的启示，有机建筑富有环境的意识，表达了场所、人和材料之间的和谐。有机建筑是多样的、自由的、令人吃惊的，它那无穷无尽的想象力、多变的形式都来自大自然。

图 4-36　Kendrick Bangs Kellogg 设计的美国加利福尼亚棕榈泉高地沙漠别墅（引自（英）戴维 · 皮尔逊 . 新有机建筑 . 江苏科学出版社）

图 4-37　奈尔维设计的意大利罗马小体育馆（引自（英）丹尼斯 · 夏普 .20 世纪世界建筑——精彩的视觉建筑史 . 胡正凡，林玉莲译 . 中国建筑工业出版社）

图 4-38　盖里设计的西班牙毕尔巴鄂古根海姆美术馆
（引自 http://pic4.nipic.com/20090912/1593169_234515095688_2.jpg）

图 4-39　高迪设计的西班牙
巴塞罗那圣家族教堂外观
（引自 http://a0.att.hudong.com）

图 4-40　高迪设计的西班牙巴塞罗那圣家族教堂内部
（引自 http://67bslq.blu.livefilestore.com）

图 4-41　2008 级学生李俊澎的作品
以有机形态为特征的学生作业

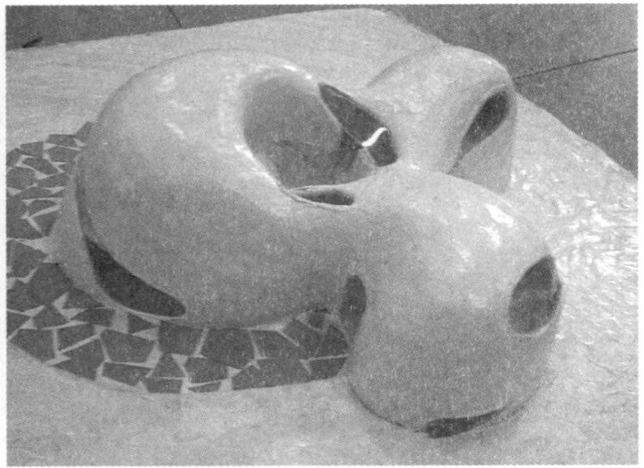

图 4-42　2006 级学生杜晓雨的作品

以希腊神话中的大地女神的名字命名的"盖亚宣言"，表明了有机建筑的设计原则：

- 应当从自然中得到灵感，它可持续、健康、环保并具有多样性。
- 像有机体那样，从种子内部发育直到开花结果。
- 存在于"现时连续"与"不断创新"之中。
- 跟随各种自然的力量，并且富有灵活性和适应性。
- 满足社会、身体和精神的需要。
- 强调"此时此地"和独一无二。
- 要像年轻人那样拥有朝气、欢乐和惊喜。
- 要表达音乐的韵律和舞蹈的力量。

## 符号化的建筑形态

后现代建筑是始于20世纪中期由媒体和广告所激发的大规模消费日益增长的产物，同时深受POP艺术的影响。后现代空间开始消融现代主义空间中的等级界限，教育背景和品位、观念，转而代表了一种基于消费的层次结构，这种被描述为没有层次结构的异质空间使人们对先前分门别类、划分界限的功能主义方盒子的信仰破灭了。以历史和乡土建筑的片段为建筑造型的符号，以拼贴为手法，借助文学的隐喻，揭示人们对文化的关注。

文丘里通过《向拉斯韦加斯学习》一书赞美日常生活世界的平庸和丑陋，揭示了由符号构成的建筑的象征主义，学习接纳别人的品位和价值观，从而具备设计时的谦逊态度，而非救世主的立场（现代主义），以此作为设计实践和理论研究的重要原则，开创了后现代主义设计之风。文丘里以此为理论进行设计实践，在为父母设计长岛住宅的南立面时，他借用古典建筑的构图，在大大的基座上，设了四个巨大而丰满，但不具备三维特征的多立克柱，夸张了古典建筑的符号。

图 4-43 文丘里设计的美国长岛父母住宅（引自邹颖，卞洪滨 . 别墅建筑设计 . 中国建筑工业出版社）

图 4-44 2003 级学生李楚智的作品
坡屋顶和模型材料构成作品语言，体现其追求乡土中国建筑风格的探索

图 4-45 莫弗西斯设计的美国圣巴巴拉的别墅（引自国外独立别墅 . 江西科学出版社）

图 4-46 Ashton Raggatt Mcdougall 设计的澳大利亚墨尔本的 Storey Hall（引自当代世界建筑 . 刘丛红等译 . 机械工业出版社）
19 世纪演讲厅的翻新，以数学理论为依据，采用模糊逻辑的处理方法，外表面有不规则的几何碎片，色彩令人震惊

# 软件生成的建筑形态

计算机给建筑带来的革命，是一场革命性社会剧变的一部分。我们已经看到，计算机对建筑设计的贡献已经从大规模的制图、计算发展到了帮助生成建筑方案。利用计算机日益完善、几乎无所不能的建模技术，对建筑形体进行扭转、折叠、穿插、剪切、弯曲，以曲面截割和曲面弯曲来处理建筑形体，以得到完美的受力结构。新的建筑造型的审美原则、新的设计理念和设计手法开始盛行，比如颠倒秩序、打破协调、改变等级、摆脱地球的引力、颠覆直角，摒弃垂直、整体的打碎，片段的组合——反转、叠置、错动、堆积，借助电脑，建筑造型设计形成的偶然可以成为必然。

解构主义建筑人物欧文 · 莫斯（Eric Owen Moss）的设计作品精确而粗糙，常常采用工业材料甚至是废旧材料，如旧铁链、旧钢架等，其建筑造型结构是一种解构的组织，倾斜、错位、直接的钢筋混凝土预制构件的拼合、未经处理的水泥表面，是颓废、衰落的工业化景象的呈现。他的设计被菲利普 · 约翰逊形容为〝垃圾中的珍珠〞，有着现代主义的平面空间，强烈的解构特征的建筑形态。他在加利福尼亚设计的洛森西屋别墅 Lawson Westen House，中心是混合了圆柱与圆锥体量的三层空间，圆柱空间顶部具有圆锥形的屋顶，但两个几何形体的体量中心并不重合，圆锥形的屋顶被抛物线形成的切面切开，成为一个观海景的平台，抛物线面向街道方向延伸构成拱形屋顶，一根肋骨状的杆件导向了别墅的入口。

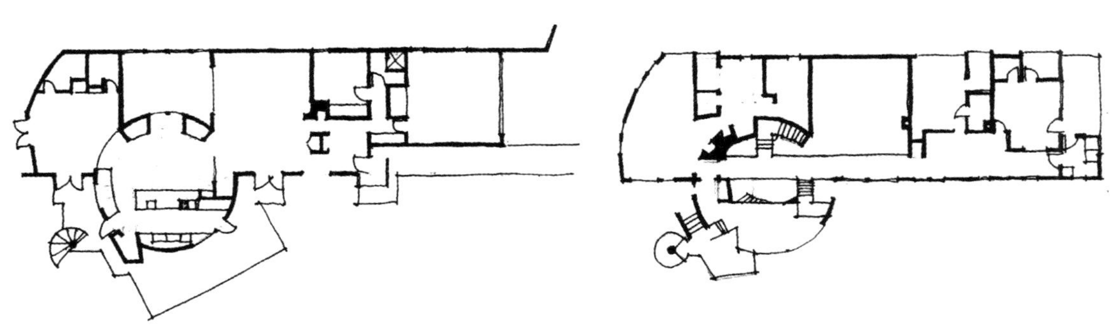

(1)

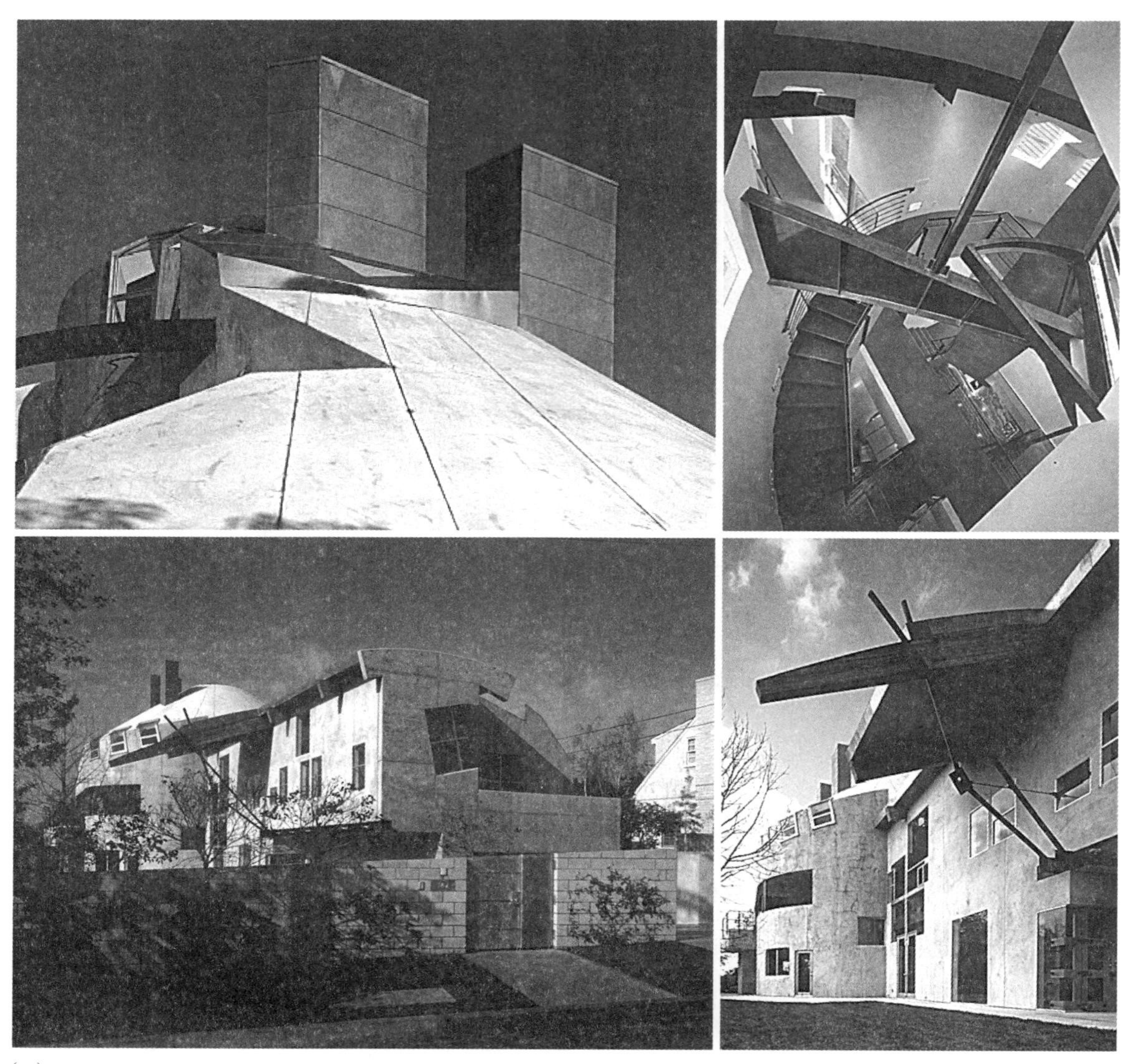

（2）

图 4–47　埃里克·欧文·莫斯设计的加利福尼亚设计的洛森西屋别墅（引自 http://www.architecturenewsplus.com/projects/1076）

在设计西班牙毕尔巴鄂美术馆项目时，盖里的设计和生产小组充分运用了曾经用于航空技术的 CATIA 系统，这个系统对于处理非传统式的建筑造型有着超出设计理念的活力。盖里不断地将无数按比例制作的手工模型撕开，并在上面切割、粘贴新层以做出新的模型，CATIA 的手持式扫描仪在扫描手工模型的每个曲面之后，将数据输入电脑，再现于屏幕，获得精确的图档记录，还能传输电子数据导引刀具截割制作。CATIA 系统所提供的用以形成建筑师在草图和模型中所塑造的形体并使之成为数据文件的能力和计算机对建筑进行的数字化处理从而得到精确的建设文件，在承包商和业主那里为盖里赢得了极高的专业声誉，古根海姆美术馆的建成，为盖里带来了世界性的声望。

电脑软件拓展了建筑形态，在建筑上几乎一切都有可能。但从结果来看，大师们对待软件介入设计的态度与立场是有所不同的。比较盖里、哈迪德和UN这三代非标准造型建筑师借助软件的设计语言：盖里的建筑如同雕塑，空间往往明显带有标准空间形态的特征，属于绘画和雕塑的时代；哈迪德的建筑更像一件时装或珠宝，有着内外一致的非线性空间体形，她的建筑属于电影和电视的时代；UN Studio则担心由于电脑技术的发展，建筑形式会变得越来越极端，建筑样式将面临更大的风险而丢失它本来的魅力，UN的建筑造型冷静地呈现客观的结果，如同一辆跑车或是一架飞机。

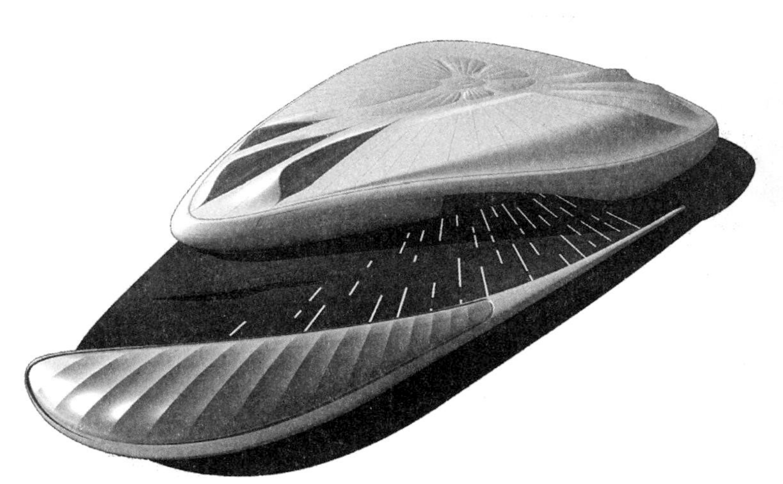

图4-48 扎哈·哈迪德设计的夏内尔展厅外观（引自 http://www.openbuildings.com）

图4-49 扎哈·哈迪德设计的夏内尔展厅内部（引自 http://www.rp-online.de）

图4-50 法兰克盖里设计的西班牙毕尔巴鄂古根海姆博物馆

图4-51 UN STUDIO 设计的德国奔驰博物馆

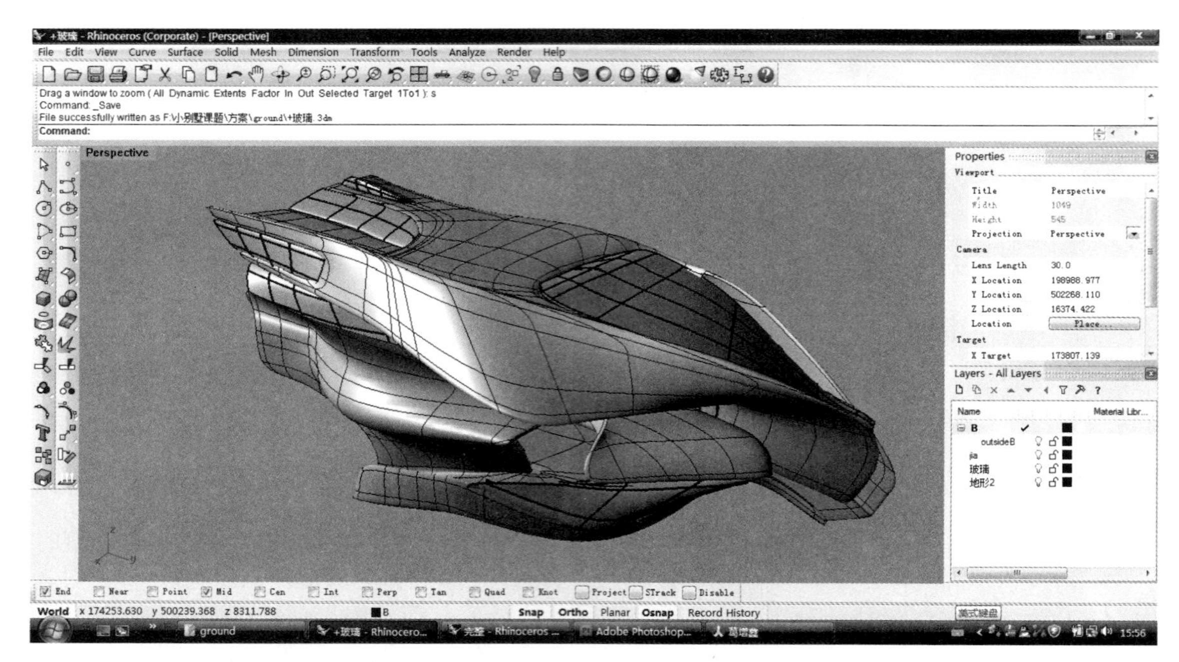


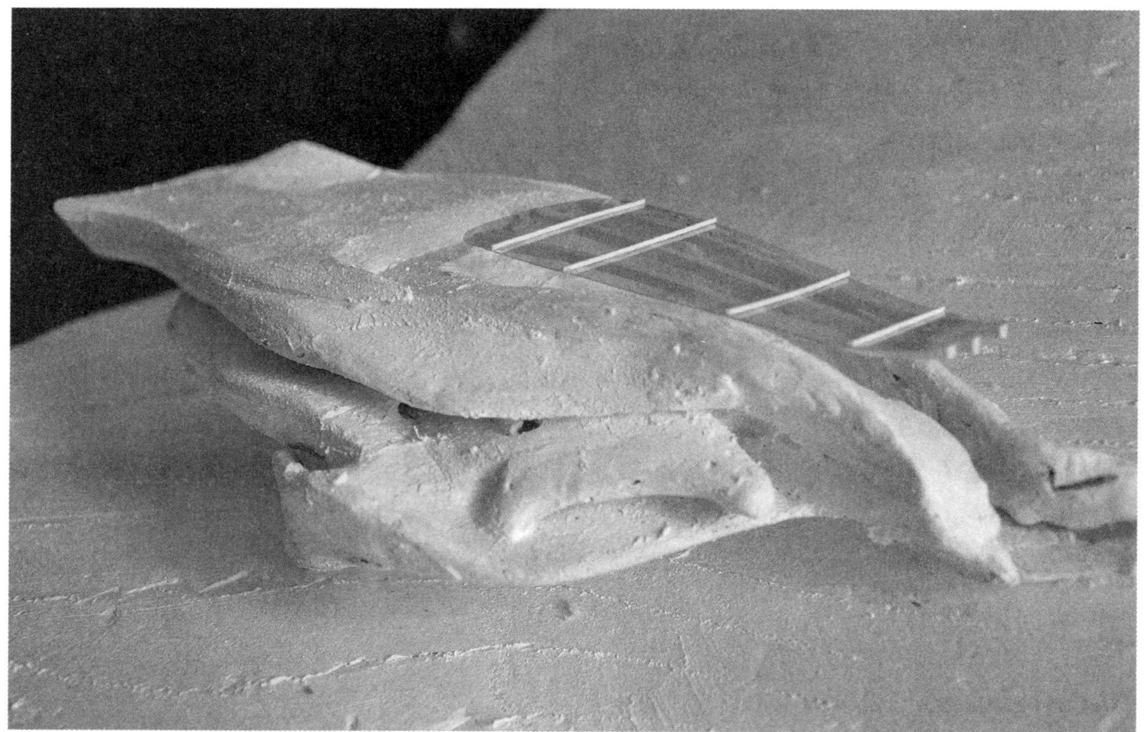

图 4-52　2009 级学生葛增鑫的作品利用软件生成电子模型，并以手工模型加以校正

# 第五章 “近入建筑”——方案的整体深入

在交了中期草模和草图之后，一些同学来问老师：“接下来我们该做什么？”是呀，在确定了建筑和基地的关系，确定了建筑的体量造型及其虚实关系，确定了建筑平面的功能布局，摆放上了楼梯，组织了房间与走廊等之后，方案的深化过程我们要做什么？

建筑形式的逻辑性与整体性是在第一个建筑设计课程中要向学生灌输的概念。在中期成果之前，学生从模型入手，凭直觉完成方案的雏形，提出了建筑形体和建筑空间的解决方案，建筑与环境关系的初步意向，以平面图入手来解决功能的布局和流线的组织，在这个阶段，教师要着重在上述的方面给予学生帮助。在方案整体深入的阶段，学生应该关注平面形式的几何性与结构系统的几何性之间的强烈关系，为了配合平面设计所需要的空间取向及墙面开口，要选取适当的结构体系，同时要反过来规整原有的平面布局。

两千多年前，中国的老子在《道德经》里谈及："凿户牖以为室，当其无，有室之用。故有之以为利，无之以为用。"它影响了后世现代主义建筑大师赖特的建筑创作。用现代汉语解释，其大体之意为：屋子有了门窗，因其里面的空间，被用作房间；利用建筑物质实体的围合，实质有用的却是建筑的空间。老子这段话揭示了建筑内部空间与建筑外部的物质构成的关系。

在获得了平面、结构和环境的合适形式的基本雏形之后，下一步要面临的首先是如何对待建筑外部的物质构成，即建筑外皮的处理，建筑看起来怎样，建筑表皮之内的部分是空间，表皮之外的就是体量。外观立面、屋顶、开口、表皮，建筑的视觉形象处理无论是对建筑师、政府官员、开发商，还是对普通百姓，都是主要的。

对于手绘草图来说，图纸比例放大时的平面图会让你发觉很多地方需要肯定，设想人从室外走进室内，从这间屋到那间屋，待在不同房间的不同感受，从窗户往外看的视野，体会空间内材料、机理与空间过渡的细微感受。透过模型走近或走入你的房子会很有意义，可以试着放大一些局部来处理细部的构造设计，体会走入建筑时的空间感受，同时借助一点透视或轴测图的办法，可以简单地解决室内空间设计的问题。

这一阶段，老师会尽量制止那些要将自己方案推翻重来的同学的想法。按比例确定了设计的图形和三维模型之后，按照更大比例的方案整体深入，立面的开窗方式、材质的选择等可以尽可能早地增加设计意图的丰富形象。每一个阶段有每一个阶段要解决的问题，对于设计时间的管理有助于控制方案的完成度与整体性。

图 5-1　中央美术学院建筑学院学生方案深入设计的细部表达

## 结构初步

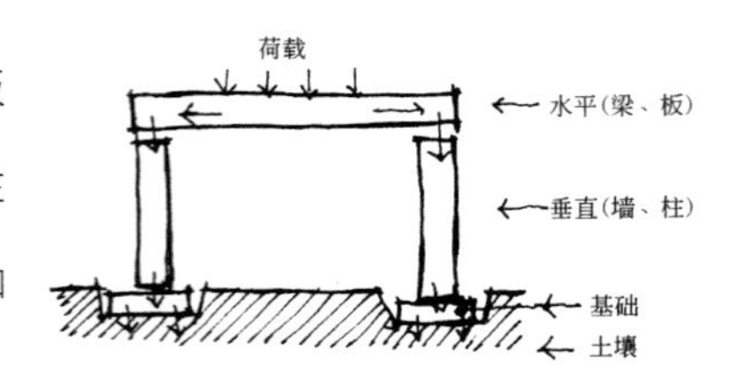

图 5–2　建筑的结构简图

建筑的结构创造了构成建筑空间的外围实质，它基本上由水平的板（屋面板、楼板），格栅和梁，垂直的墙与柱以及开口（门、窗）和埋在地下的基础构成。结构受垂直的荷载（建筑构件的自重，设备、家具和人的重量，风雪、温差等外力的因素）和水平的跨距彼此间的关系的影响，所有垂直的荷载都由墙柱通过建筑的基础转移到较大面积的土壤上。

空间跨度的大小变化影响着结构形式的选择和建筑构件，特别是水平构件的形式变化。一个关键点是理解尺度（对于梁而言就是跨度）的变化。例如，蚂蚁这样的小尺度上，简单的外壳作为主体结构包在肌肉与内脏外面，像是一个砌体结构的小房子；而大象的身躯可以说是形式上较为复杂的框架结构，框架上附着肌肉和皮肤，并提供容纳内脏的空间。如果大象只是把蚂蚁的外壳简单放大，其结果将是极其笨重、严重缺乏灵活性的。建筑结构构件也同样不能随着尺度、跨度的增加而简单放大，比如在 4 ～ 8m 的跨度内使用矩形实心截面梁是经济合理的，而跨度为 8 ～ 50m 时，则应该考虑采用组合梁、桁架、拱等形式，跨度更大时，斜拉索、悬索结构将有用武之地。当然，也要避免大材小用，在小跨度上不应使用过于复杂的构件形式与结构体系。

对于面积不大的小型建筑，通常的结构形式有承重墙结构和框架结构，结构系统常以模数的概念来获得效率与经济性。此外，可塑性结构在非几何形态的建筑里也常用到。

承重墙结构由墙体来承担梁或楼板传递的荷载，建筑的层数不是很高，最适宜在四层以下，此结构体系具有方向性，提供了单一方向的空间穿透性，相对的两侧封闭，另外两侧开放，封闭两侧的跨距尺寸会在一定的范围内，一般来说，梁下的承重墙不应开洞，相对来说，承重墙的结构墙体看起来很厚重，过梁是洞口存在的直接方式。构成承重墙的材料可以是砖、混凝土、夯土和石头，不同的材料构成的墙厚不同。承重墙承担围护和承重的双重功能。

框架结构由柱来承担梁的荷载，由于其线性和骨架式的特性，可以根据空间方向弹性变化，结构的四侧都具开放性。框架结构建筑的层数适宜在十层以下。框架结构同时解放了建筑的平面与立面，在框架体系里，墙体只是作为围护结构，也就具备了自由，自由地开洞，自由地弯曲或倾斜，甚而成为独立的建筑表皮。过去，一堵墙只用一种材料（砖、石）来建造，今天，人们会用不同功用的材料，以层的次序安排在一起，合拼成一块镶板来达到理想的效果。立面镶板成为了建筑幕墙的基本构件。作为凸出在结构以外的重复性的面板，它们之间的连接要符合结构网格，表皮的虚与实，透明与不透明，材料的轻与重，整体或是由不同部分组成，表皮对于结构的填充或者覆盖以及在这种情况下可以只有开口的面板的设计就决定了建筑的表达。柱子可以是木头的、混凝土的、钢的，也可以是砖砌的，柱子的截面一般是圆的和方的，钢柱的话，也有工字形或十字形的截面。

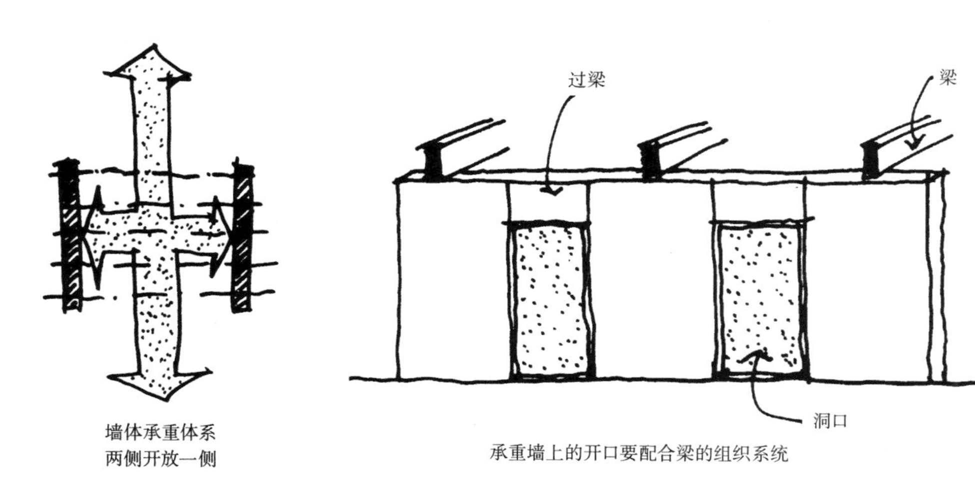


墙体承重体系
两侧开放一侧

承重墙上的开口要配合梁的组织系统

图 5-3　承重墙体系　　图 5-4　承重墙体系开洞方式

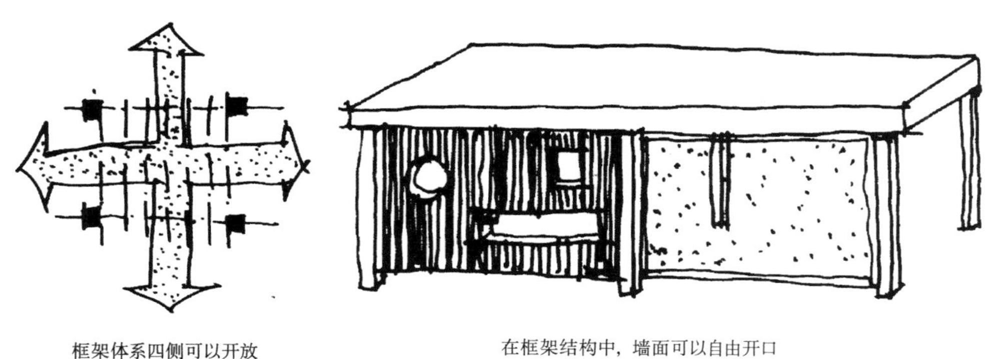

框架体系四侧可以开放
空间取向可以弹性变化

在框架结构中，墙面可以自由开口
柱列也可以用来分割墙面

图 5-5　框架结构　　图 5-6　框架结构开洞方式

楼板可以有承受跨度和封闭上下楼层的两重功能，主要材料为混凝土和木头，混凝土楼板有预制和现浇两种。梁可以是木造的，也可以是混凝土和钢制的，梁的断面一般是长方形、"T" 形和工字形。为了施工的方便与效率和经济的原因，梁的尺寸、跨度方向以及与墙或柱的连接方式必须系统化。梁及格栅，可能的话，要置于空间的短向上。使用不同的材料制作梁之类的水平构件，构造形式会有差异，比如使用小型木桁架的跨度上（如 8 ～ 10m）如果换用钢材，则可以使用截面较为简单的工字形梁，因为钢的强度和刚度更大。同样的道理，如果钢筋混凝土框架中的一个矩形截面的梁换成工字钢，则不需要那么大的截面面积，或者保持外形不变，内部可以是空心的。

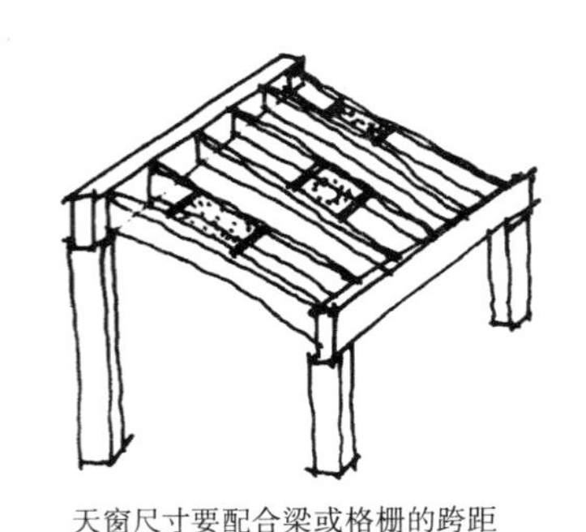

天窗尺寸要配合梁或格栅的跨距

图 5–7　天窗与结构

建筑物的开口：门、窗、天窗、楼梯井、上下贯通空间。开口必须尽可能地纳入建筑物的几何体系，结构墙上的开口必须配合梁的承重。门的位置与空间流线有关，与空间有效利用区域的数量有关，一般内门往里开，外门往外开。窗的位置与景观、采光和隐私有关，冬日的阳光令人愉快，可以增加室内的色彩；夏日，人们不需要直接射入室内的阳光；对视觉要求高的工作不能在直射日光下完成，有时候，散射和反射的光线更有利；室内空间的形状及墙面处理对采光有重要的作用，房间的较高的高度、较浅的进深和较大的窗户面积可以获得更多的光线，较平的墙面会产生更强的反射，使房间更亮堂。对于采光量来说，窗户离顶棚越近，采光越多。天窗自然是最有效的自然采光的手法。因配置门窗而产生的墙面要配合室内的家具和地面分割形成统一的几何系统。

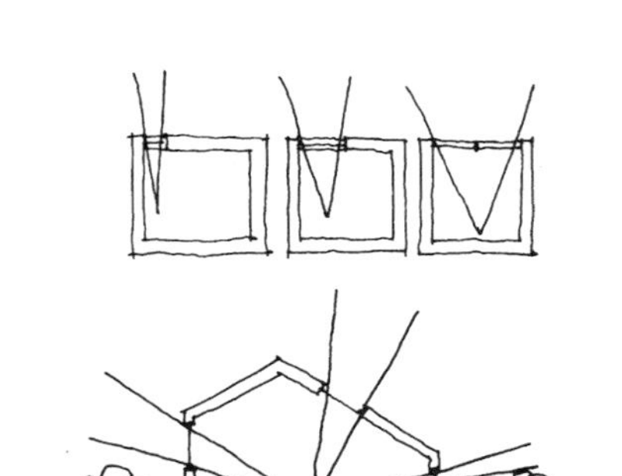

洞口的位置与大小决定了进光量大小

图 5–8　开洞与几何体系

一些建筑构件的基本尺寸（经验数据）
门窗尺寸：单扇门的宽度一般在 750 ～ 1000mm 之间，高度为 2100 ～ 2400mm，并且与模数有关。单扇窗的宽度一般在 600 ～ 1500mm 之间，高度在 1200 ～ 1800mm 之间，窗棂的分割应配合建筑的其他尺度系统。
墙 / 柱尺寸：砖墙厚 240 ～ 480mm，混凝土墙厚 200 ～ 400mm。
钢柱截面 150/150 ～ 300/300mm 或 100/200 ～ 200/400mm，木柱截面 120/120 ～ 240/240mm，混凝土柱截面 300/300 ～ 500/500mm（四层以下），柱子高度一般是柱子截面边长的 15 ～ 20 倍
梁 / 板尺寸：梁高是跨度的 1/10 ～ 1/15，适用木、钢、混凝土。钢筋混凝土主梁跨度为 6 ～ 8 m，次梁为 4 ～ 6m，钢梁的跨度可以在 10 ～ 20m 之间。
混凝土楼板厚 160 ～ 200，无梁双向板（双向配筋）跨度可以达到 6 ～ 9m，板厚大于跨度的 1/40，在板中嵌入梁，成为梁板结构，跨度就以梁的跨度经验为参考。木板跨度 1m，"T" 形钢板和混凝土板跨 3 ～ 4m（这就产生了梁的间距，大于这样的尺寸就有了次梁系统），密肋楼板跨度 0.9 ～ 1.5m。

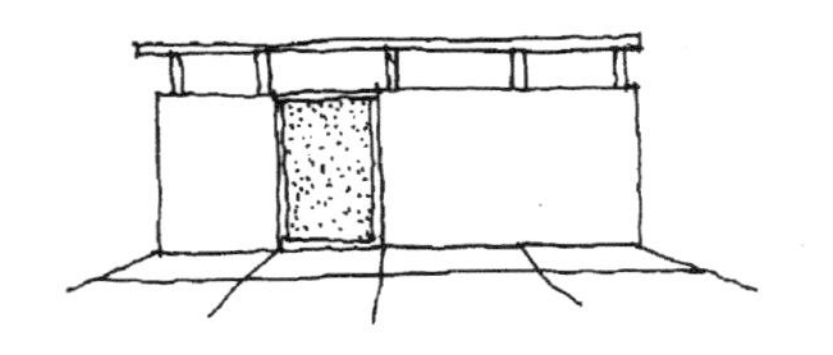

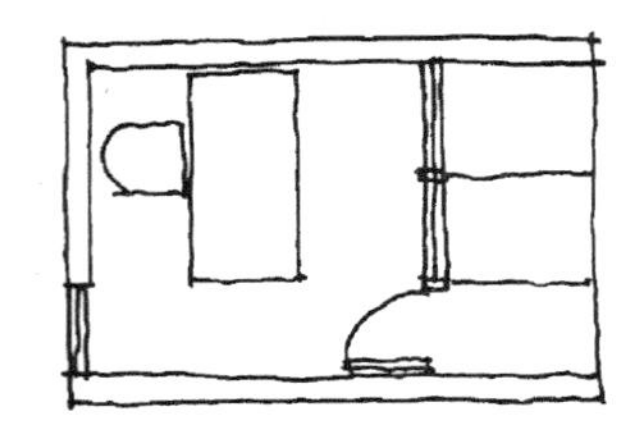

开口、家具、封闭面之间尽可能地纳入建筑的几何系统

图 5–9　开洞与进光量

在这里提供建筑结构技术的简介，目的是把一系列观点与选择的自由告诉大家，在未来的职业生涯里，同学们会学习和更多地关注结构构件之间的连接点的处理问题，最基本的是墙与屋面的连接、墙与楼板的连接、围护外墙与结构体的连接、外表皮虚实之间的连接。

## 立面设计

关于建筑的外形，卢贝特金注意到了建筑师所面对的最困难的任务之一是给建筑"一顶帽子和一双靴子"，为此，以三段式的构图为主的建筑的古典语言已经提供了一整套的处理手法：底部的基座由凸出的基础、柱式的基部和台阶构成；中间部分以柱式或者装饰过的窗户构图为主；上面就是檐口部和女儿墙或者是各式各样的斜屋顶。同样，中国古代单体建筑的外观由砖石砌筑的阶基、木制柱额做骨架的屋身和木结构屋架构成的屋盖组成。古典式建筑在环境之间建立了良好的过渡关系，建筑如同长在地面上，看起来稳定均衡。

一个整体的斜屋顶在建筑的视觉形式里能占有主导地位，不同的屋顶样式和不同的坡度构成了世界各地建筑的地方风格和不同的设计特点。斜屋顶的转折，相同或不同坡度间屋披的连接与穿插，穿出屋顶的老虎窗的样式与屋顶的关系，屋檐和墙体的连接处理，一直都是建筑师花力气处理的地方。赖特的带有平缓屋顶的草原住宅，在深远挑檐下的阴影里，常用连续的高窗作为屋顶与墙体的过渡，在中国传统建筑中，处理这样的阴影采用的是彩画装饰。

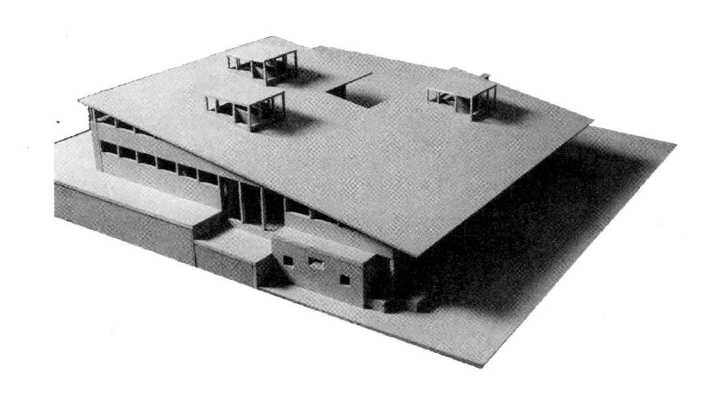

图 5-10　张永和设计的北京怀柔"山语间"别墅（中央美院建筑学院 2002 级建筑班迟橙橙，张红梅 / 制）
顺梯田山势的单坡屋顶在概念上形成与被改造为梯田的山坡的呼应，除挡土石墙外，用玻璃围合，水平长窗以中国画的构图强调窗外景色的中国性。

现代建筑以反重力的面貌出现，建筑漂浮或悬挑在地面之上，柯布西耶在其萨伏伊别墅和马赛公寓的设计中，用独立支柱使建筑停留在基地上空，从而在建筑物和基地之间创造了一种过渡性的空白，在屋顶层上，构图比例严谨的立面被突然的自由曲线墙面与其他可塑形式所终止，使建筑物具有了近似抽象雕塑的轮廓。

现代主义建筑立面构图中的开口必须尽可能地纳入建筑物的几何体系。柯布西耶在"现代建筑五要点"中提到了自由立面和带形长窗的特点，在他早年的代表作"萨伏伊别墅"中，他严格地遵循黄金比例分割的几何原则，以12度的基准线控制立面划分和条形窗的位置、窗格子的大小。晚年的他在朗香教堂的立面处理上却以表达可塑性为主，在厚重的墙体上，自由开启大小不同、位置不同的窗户，尽显光线的表现能力。

里特维尔德是荷兰风格画派（de Stijl）的一员，作为建筑师，里特维尔德设计的荷兰乌特勒克的施罗德别墅是用眼睛设计的，符合荷兰风格派美学原则：新建筑移动许多不同功能的空间单位（连同凸出的平面和阳台）从立方体的中心向外甩，借着这种方法，高度、宽度和深度加之时间（及四维空间的整合）才能在开放的空间里有完全不同于过去的展现。施罗德别墅打破了箱形体，是具有二维特点的建筑，它并不是模数体系下的建筑，建筑的体量被减至最低限度，外部空间是内部空间的延伸，整栋建筑的各组成部分都具有视觉的独立性，这些部分重叠又分离，并通过色彩使之加强。

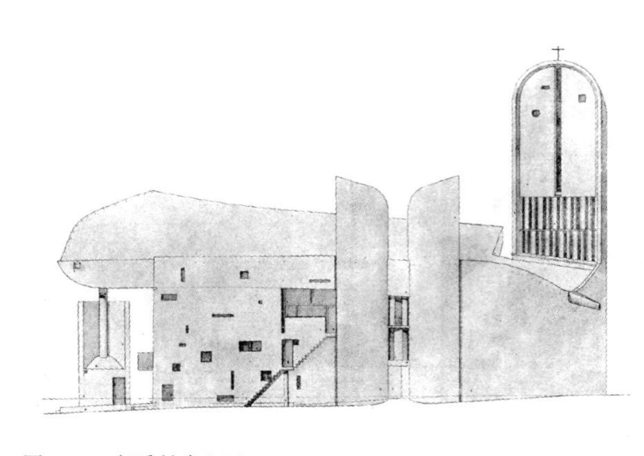

图 5-11　朗香教堂立面

图 5-12　里特维尔德设计的荷兰乌特勒克的施罗德别墅

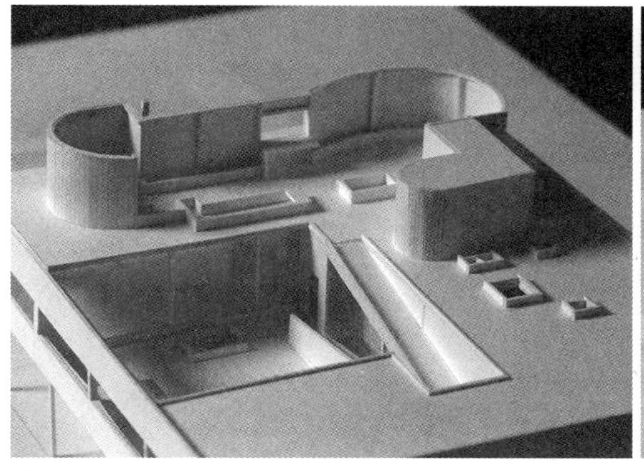
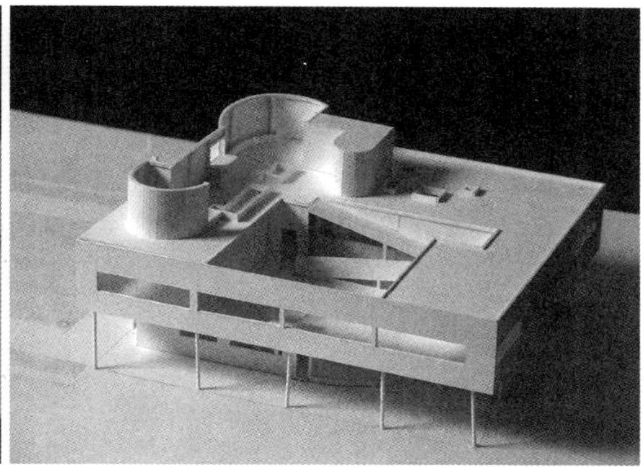

图 5-13

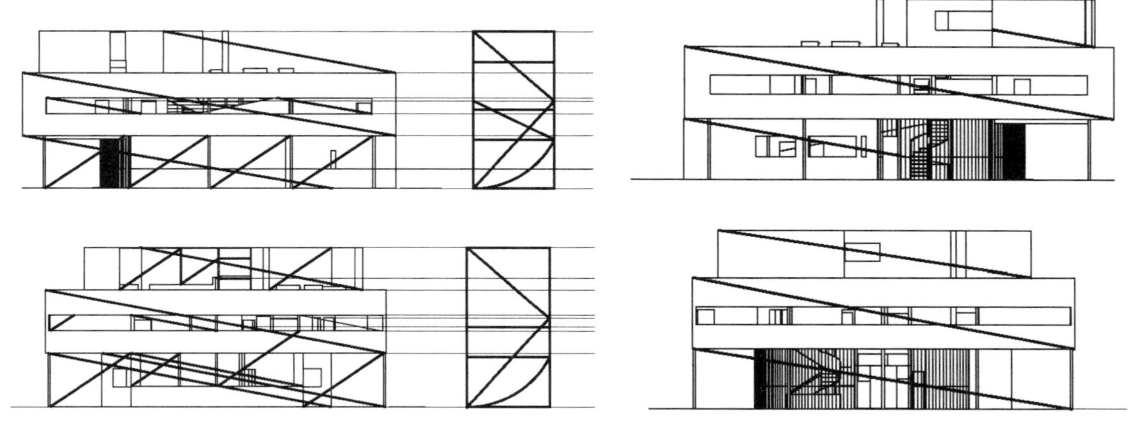

图 5-14

图 5-13　萨伏伊别墅模型
图 5-14　萨伏伊别墅立面设计基准线分析
（中央美院建筑学院 2002 级建筑班　董丽娜，罗琼菲 / 制）

门德尔松在 1919 年设计的爱因斯坦天文馆被认为是 20 世纪最杰出的原创建筑之一，一座完全的可塑性建筑，没有转角，表面平滑并带有圆角，发挥了混凝土的可塑性，如同模子铸造而成。尽管当时物资短缺，爱因斯坦天文馆部分还是用了砖砌的结构，通过表面的粉刷使之看起来是连续而完整的。八十多年后，牛田英作与凯瑟琳 · 芬德莱在东京设计的富有雕塑感的架构墙住宅，其建造方式是先以弯曲的预应力钢筋构成基本形状，附上钢丝网，然后浇入混凝土浆。这种方式可以将各种不同的形式和谐地融为一体，建筑的内部空间与外部形态充满了流动感。

图 5-15　门德尔松设计的波斯特顿的爱因斯坦天文馆（引自伯纳德 · 卢本等 . 设计与分析 . 天津大学出版社）

图 5-16　牛天英作设计的日本东京的住宅（引自当代世界建筑 . 刘丛红等译 . 机械工业出版社）

解构主义大师扎哈 · 哈迪德的设计看似纷乱、无序、破碎和尖锐，通过玩弄造型元素，在建筑空间与构成上挑战现代主义的观念，打破了现代主义方正、工整、井然有序的建筑盒子。维特消防站有着优雅柔和的外表和与地面若即若离的关系，充满了交错感与流动感。严格来讲，这个建筑并没有什么立面，形体本身的穿插和墙体自身的开合构成了立面的虚实，每一片混凝土墙都是倾斜的，没有复制，没有正交，以顽抗地心引力的姿态，漂浮、倾倒或撞击地交织在一起。体量确定后，最外面的墙就成为了立面，明显地保留了建筑生成的过程，从而有着强烈的视觉冲击。

图 5-17　哈迪德设计的维特消防站

图 5-18　库哈斯设计法国巴黎的达尔亚瓦别墅（共 2 张）（引自当代世界建筑．刘丛红等译，机械工业出版社）（分析图引自王维、周吟的“大师作品分析”报告）
库哈斯以拼贴的手法，在设计中融合了建筑史上各种著名建筑构件、元素和概念

图 5-19　Jean Nouvel 设计的德国科隆的媒体公园项目（引自当代世界建筑．刘丛红等译．机械工业出版社）
建筑表皮的处理表现了建筑对广告和消费形成的城市形象的适度尊重

建筑表皮在古典时代可以理解为建筑的立面，柯布西耶把表皮理解为建筑体量的表面处理，建筑表皮成为了当代建筑学的概念，开始了独立、自治和成为事件主角的阶段。玻璃作为表皮的材料给空间创造带来了极大的自由，透明或半透明成为了建筑表皮创作的领域，建筑立面不再只有大开大合、虚实对比这样的处理手法。此外，用拼贴的手法将不同的材料拼接到一起形成立面构图，以遮阳设施如百叶窗作为立面装饰构件，以平面视觉传达设计元素等进行玻璃的印刷处理等，都成为了表皮抽象形式语言。在细节处理上，窗户与墙的关系也是要在这一阶段考虑的：窗户与外墙面平齐形成紧绷的表面，还是与内墙面找齐，凸出结构的构件；用开洞表现墙体的厚度，还是以玻璃表现轻盈。

框架结构使墙体摆脱了承重的功能，建筑表皮的围合与交流两个功能获得了平等的构形地位。框架结构重新定义了墙体，去除了装饰和承重的功能，墙体成为了填充物，像包装纸似的被悬挂在框架体之前、之间和之后，同时模糊了墙窗之间的界限，墙体可以作为建筑的表皮，获得了前所未有的自由，获得了精神与表现的地位。于是，表皮可以是围绕建筑的自由而连续的外皮；透明的表皮表述出了空间的深度，使建筑的剖面成为立面；媒体时代，建筑的表皮成为媒介的载体，表皮系统的探索借力于视觉传达设计的文字和符号，具备了媒体功能。

图 5-20　从市区到汉诺威博览会轻轨专线的沿途各车站，以统一的造型形成标识符号，又用各这种表面材料区别设计

# 建筑入口

赫曼·赫兹伯格在《建筑学教程：设计原理》一书中提到：在设计每一个空间和每一个局部时，当你意识到领域主张的适度程度以及相应的相邻空间的“可进入性”的程度时，你就能在材料的连接处、形式、亮度和色彩等方面表达这些区别，因而就能创造出某种次序，而这又能使居住者和来访者更加清楚建筑物所创造的不同空间层次的氛围。场所和空间的可进入性的程度，为设计提供了良好的标准。

建筑的入口具有“非内非外”、“亦内亦外”的空间性质，正是由于其中介空间的特质，使得“外空间—入口—内空间”三者渐近的层次得以顺理成章，使得自然环境、城市环境与建筑空间得以交融渗透。建筑不再孤立地存在，入口空间作为划分室内外空间的活动界面，是两种环境间的过渡空间。室内外是两个不同的环境体系，领域不同，人在其中的心理感受自然也是不同的，人们从室外到室内或由室内到室外，从生理上、心理上及行为上需要一个过渡的过程，这种由紧张到轻松，由自在到拘谨等心情的微妙变化，需要一个过渡空间来完成和调整，入口空间为这种心理转换提供了空间和时间。

门是转换和联系不同领域主张的关键，它是不同秩序之间的交换与对话的空间条件；入口是室内外空间相互渗透的节点，是不同领域间的连接点与边界点，是室内外空间的相互延伸；交通是建筑入口的首先功能，入口作为一种建筑设施，它对于外部的接触就像厚厚的墙对于私密性一样重要。建筑的入口具备开放性、归属感和标识性等特征，设计时要考虑人在入口处等候、迎送、整装、理容、遮雨、赏景等活动。入口的构成要素包括门、门廊、雨篷、台阶、坡道、铺砌，可能还有桌椅、灯具、植栽、水景、艺术品等。

图 5-21　2003 年的教师活动中心设计课程中，学生们设计制作的 1 : 20 的建筑的入口模型

人在空间中的运动是具有先后次序经验的，空间序列的准则就是以此为依据的，而入口就是空间序列的开始。别墅的入口对于一个家庭的私有空间和外部公共空间会合与融合的关系是我们应该关心的问题。首先是要创造一个欢迎与温馨的场所，进而转化为建筑的好客。作为过渡空间，也被称为"灰空间"，"两者之间"的概念是消除不同领域要求的空间之间的鲜明划分的关键所在。阿尔托在设计玛丽亚别墅的主入口时，在形式上采用了自由曲面的雨篷，与肾形泳池和画室地面景观形成了呼应，材料用的是当地的木材，竖向的线条与室内的自由立柱形式相呼应，门厅与室外的高差既产生了节奏，也使空间关系被处理得自由活泼且有动势与连贯性。结构构件巧妙地化为精致的装饰，于是在近人的尺度上体现了建筑一贯的对人性的关怀。

(2)

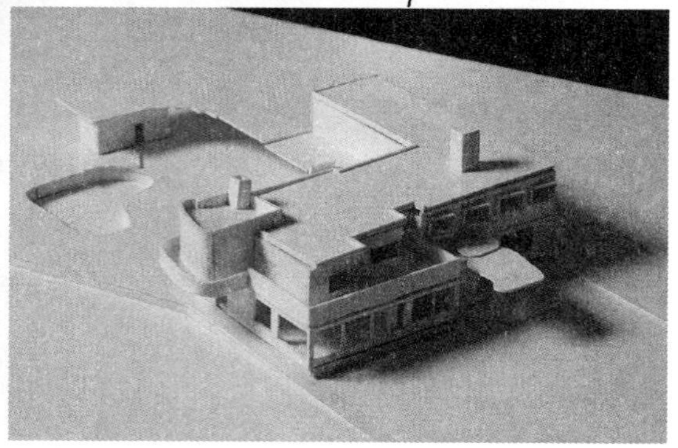

(1)

(3)

图 5-22　阿尔瓦·阿尔托设计的芬兰努马库的玛丽亚别墅
(1) 主入口
(2) 外观
(引自"a+u"1998 年 6 月临时增刊"Alvar Aito Houses——Timeless Expressions")
(3) 模型（中央美院建筑学院 2002 级建筑班　李国进，罗宇杰 / 制）

# 第六章　最终成果——学生作品与教师评语

## 1．学生：张玉婷（2003 级）　指导教师：韩光煦

最初的构思就是要使别墅与地形形成对话。设计是由基地开始的，沿用张永和在〝长城脚下的公社〞项目中〝二分宅〞的基地——一块向阳的坡地。我关注景观的方向，房屋与坡地的关系，还有植物的围合。我的最初的设计是个直接与地段发生关系的模型设计过程，由于考虑到基地上下坡进入房屋的可能，形成了五边形的造型元素，五边形到菱形的演变过程以及对由此形成的空间组合的研究，是设计过程、图纸表达、模型制作的主要内容。

张玉婷

在一个复杂地形上做一个复杂体形的设计是非常有难度的，尤其是对一个二年级学生来讲，但张玉婷同学表现了相当成熟的驾驭能力，作品造型独特，内外空间布局合理，突破了常规。其设计中的多面体组合和异形室内空间，给图纸表达和模型制作都带来了难度，但她做到了，而且达到了一定的深度，难能可贵。

教师评语

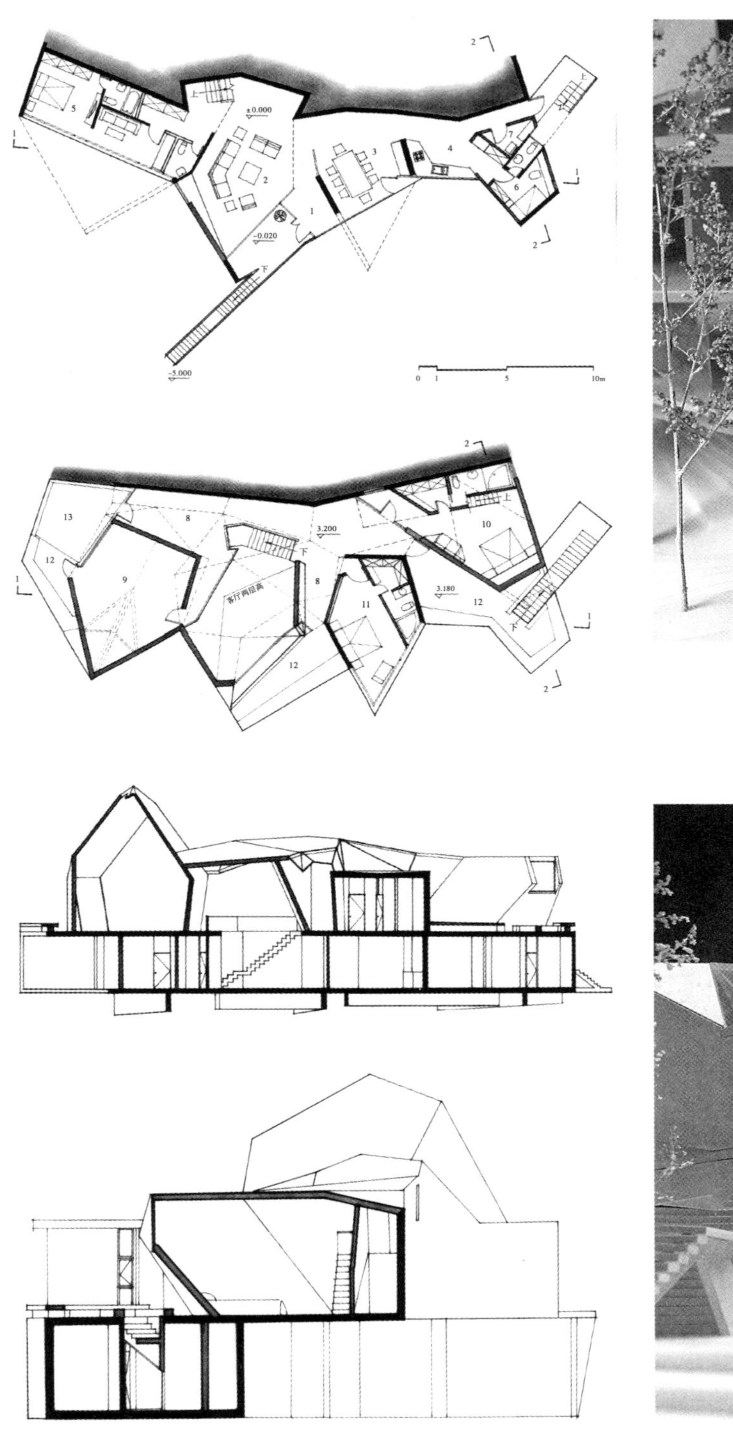
±0.000
−0.020
−5.000
上
下
0 1 5 10m
3.200
3.180
客厅两层高

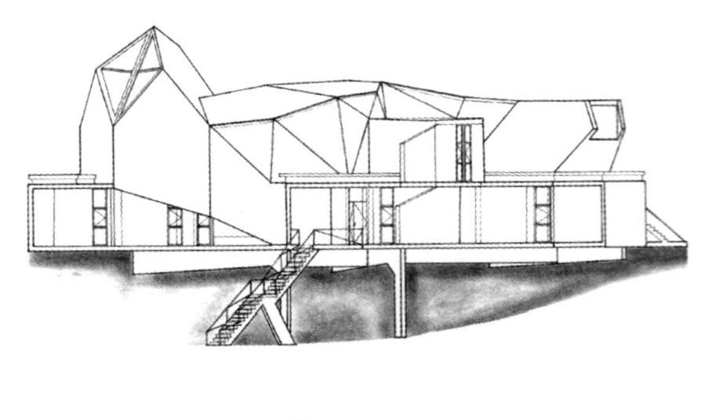

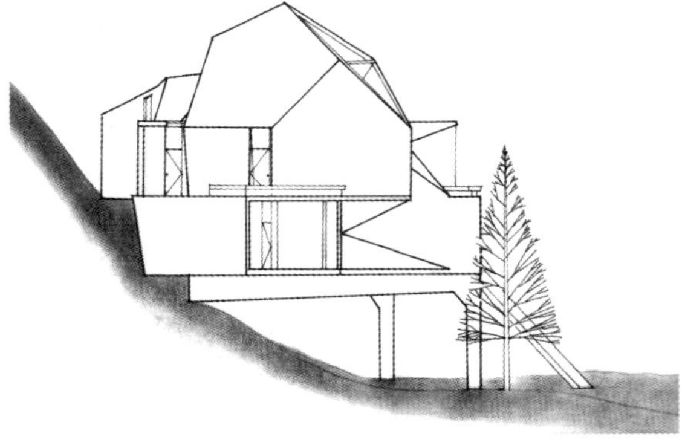

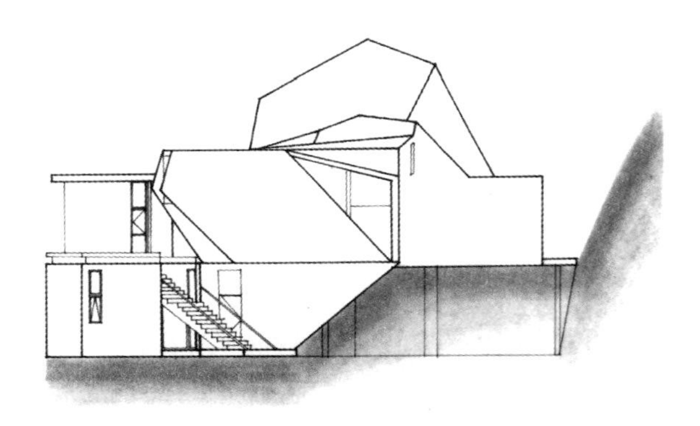

## 2．学生：郑娜（2003 级）　指导教师：傅祎

……地下的埃乌萨皮亚也进行改革，并且这些改革都是深思熟虑的……听人说，死人的埃乌萨皮亚能在一年之间变得让人认不出来，而活着的人，为了赶上潮流……也要做一做。于是，地上的埃乌萨皮亚就模仿地下的姊妹城。人们说，这不是现在才发生的事：事实上，是那些死人按照地下城市的样子建造了地上埃乌萨皮亚。还有人说，在这两座姊妹城里，没办法知道谁是生者，谁是死者。

——卡尔维诺《看不见的城市 · 城市与死者　之三》

阿尔吉亚与别的城市的不同之处在于她用泥土代替了空气。街道完全被垃圾充满，泥土在房间中被填到了顶棚，每一个梯级上另有一个楼梯相反地放置着……总之，她是黑暗的。

——卡尔维诺《看不见的城市 · 城市与死者　之四》

一束光暗示了一个世界

你只看到了有光的地方

却无法判断黑暗的边际在哪

业主要求：

（1）空间要能引发思考，而并非功能的堆叠。

（2）大阳台：最大限度地感受自然之大、之无法掌控。

（3）卧房：要求相对安稳，是对于“不稳定”的平衡。

（4）基地：位于悬崖或视野开阔之地。

这是一个人居住的房子，是用于工作与思考的地方。

业主对于物质条件要求较少，这促使我们去讨论别墅在精神方面的要求：业主对于“不稳定”有强烈的心理要求。对于不稳定的事物充满了好奇、恐惧和想象力，希望能最大可能地感受“未发生”但“即将发生”的事物。“不稳定”具有无限潜能。

“已知光线”　代表可见事物，结束的。

“黑暗”　代表未知的未可见事物，继续的。

“黑暗”是创造的源点……

感受“黑暗”，感受“黑暗”的“未知”与“不稳定”，

令人联想到“死亡”与“墓地”。

墓地是负向的城市，是一个对不存在加以赞美的疆域。

死者既存在又已消失。

正如墓地作为城市的“阴灵”，它寄居在不同的地层里，

标志着城市的持续存在。

陵墓的气氛，在我看来，最能表述这个别墅的精神气质。

设计的是光（可见的形式），

然而，

它所要表达的却是黑暗，

是继续与思考。

光是线索，黑暗是主题。

由空间的对应性（实体与虚体）以及碎片，

去完成可见的形式，

将其不可见的“黑暗”留给使用者。

黑暗，是创造的源点……

长而幽暗的通道来带了陵墓的气氛，它正在编织着整个故事，成为空间发展的线索。在这所别墅中，逐渐向下的通道编织起了关于“光明”与“黑暗”、“生活”与“死亡”的故事。沿着台阶的通道向下逐个进入生活空间、工作空间、思索空间，越来越暗，也越难把握。这使得房屋的主人逐渐走向自己的内心世界，从看不到世界的地方思索世界。

郑娜

郑娜的设计表现了一个完整的设计过程，从开始的功能设定，到摘自卡尔维诺的《看不见的城市 · 城市与死者》中的文学表达，贯彻到了设计的过程中以及最终的成果。一个意在笔先的作品，尽管观念有些怪诞，但又很有哲理，最终的纯粹而极端的结果所体现的一贯性就是她作品的成功。

教师评语

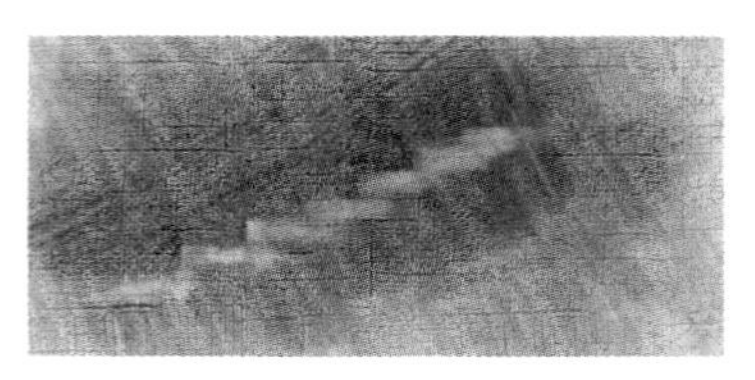

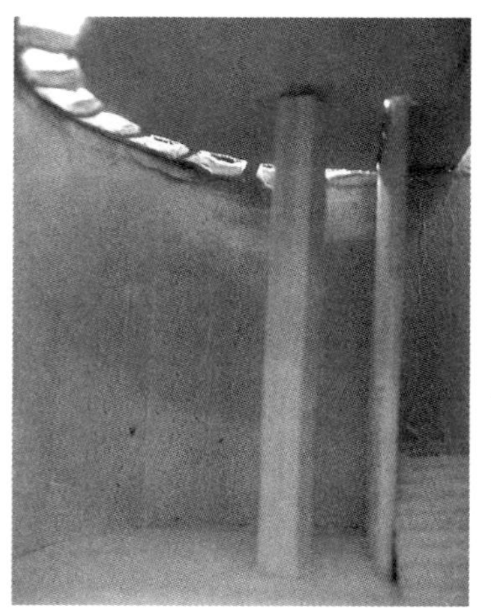

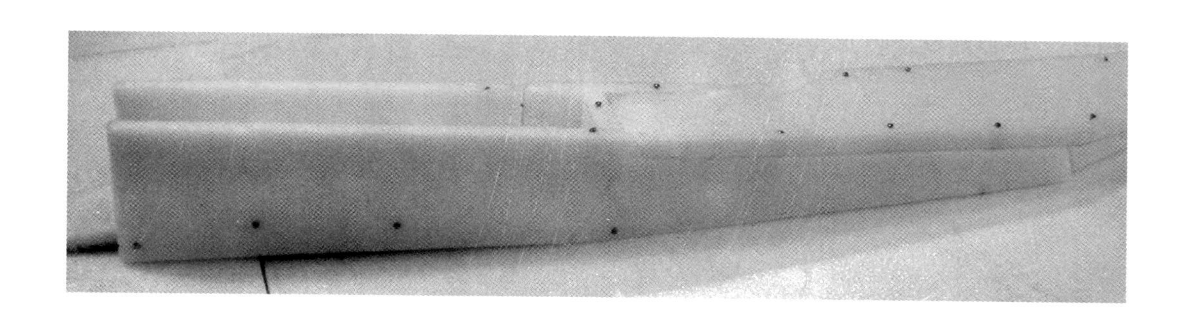

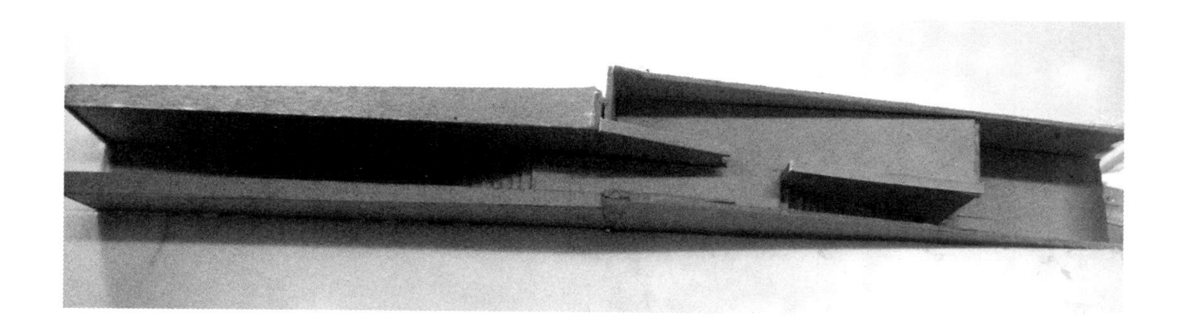

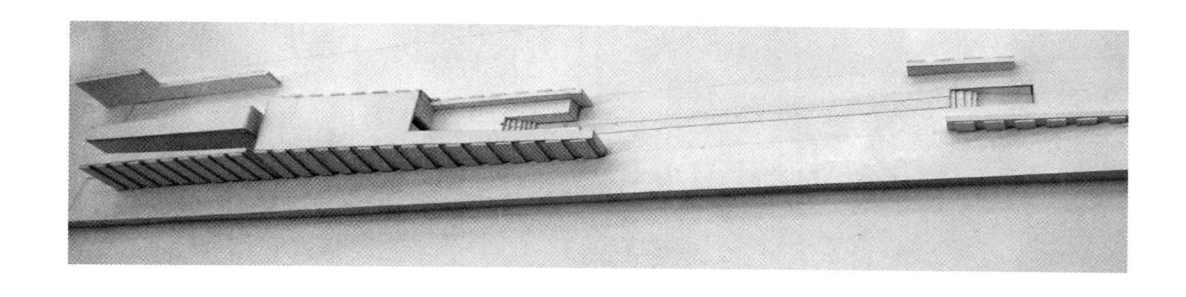

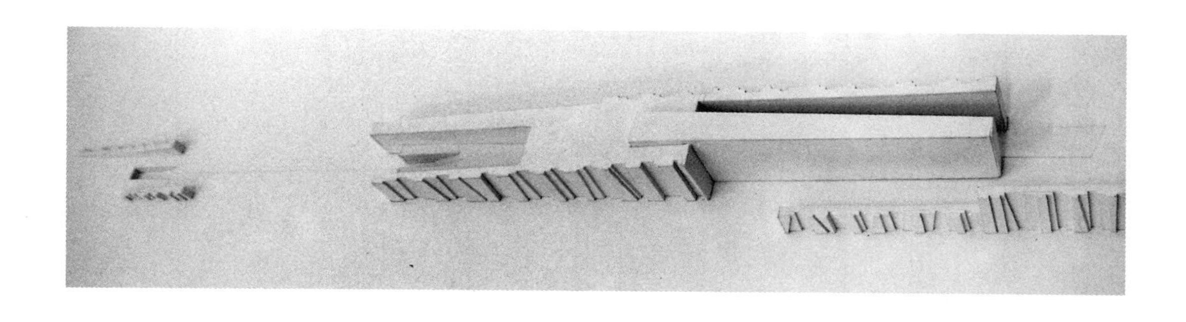

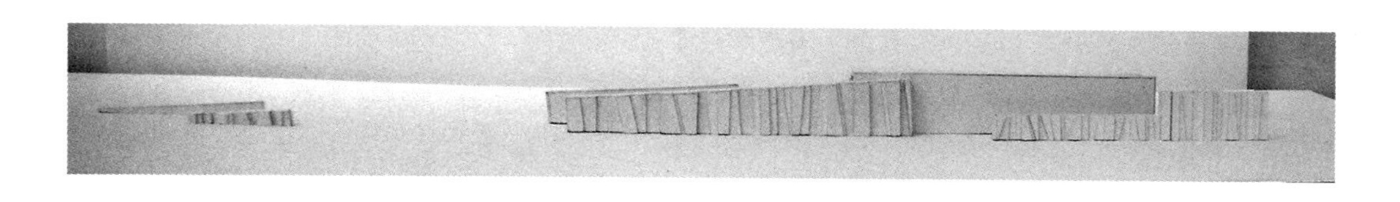

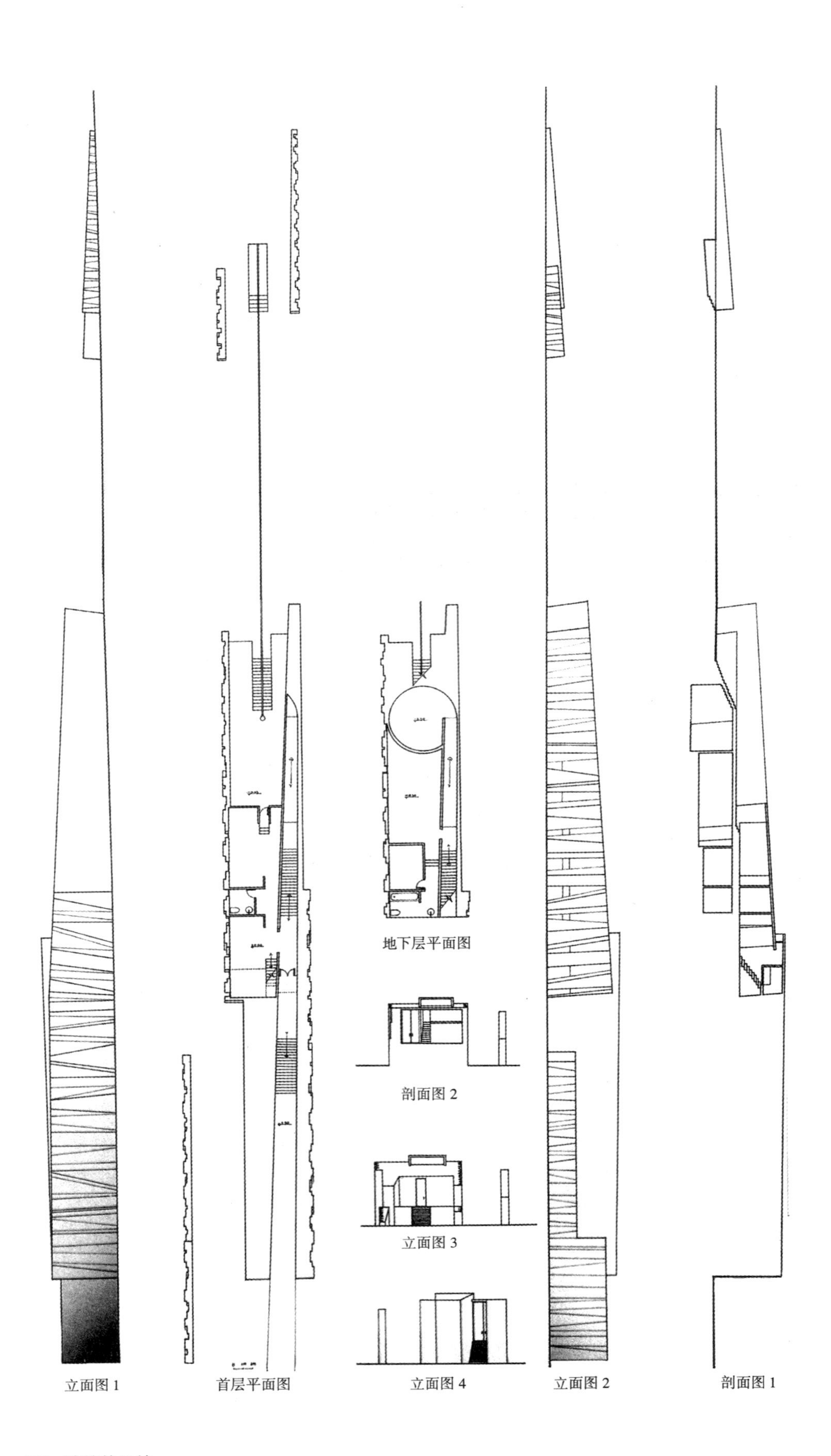


立面图 1　首层平面图　立面图 4　立面图 2　剖面图 1

## 3. 学生：孔祥栋（2003 级） 指导教师：黄源

温文尔雅的书生面相，古色古香的仪表气态，我之所以叫她幼菊，不仅仅是因为她处在一个乍暖还寒的山野环境里，青山绿水的环绕只是增添了淡而脱俗的气氛，却说明不了她内心的细腻、温和与开朗。她很腼腆，是悠闲的智慧，她很顽皮，是热烈的太阳，她静静地等待星星的眼睛与凉凉的月上枝头，挺胸回望，侧目微笑。

我的别墅要是一个有院子的围合，是内向的，以家庭为中心的，在外面看来是坚不可摧的，所以做了第一个异心套圆的方案。这个方案有很好的空间变化，但却有难以弥补的不完整感，于是我改变了形式，但保留了核心内容。别墅的体量是根据地形和地势的客观条件得出的，有意地避免了对当地的自然资源的破坏，保护了周围的树木。别墅根据功能分区分为两个翼，左侧是休息与工作、娱乐区，右侧为餐饮区。别墅相对内向，与山势形成互补关系，其中几个垂直的角是别墅的构架起点，解决了别墅定位的不确定性。所有的功能分区都是严格按照建筑外形进行划分的，中间的交叉部分是公共娱乐和休息的场所，它是别墅的核心部分，贯通餐饮和休息、工作场所的同时，二楼的处理使一楼和二楼有了一个相对独立又紧密联系的关系。主卧室小楼阁的出挑大玻璃窗和一楼酒吧的出挑小窗是看风景的眼睛。

孔祥栋

规定基地就是要有一个真实的环境，可能不完美，但学习的就是处理这种不完美的能力，孔祥栋同学表现了这样的能力。他的方案经过了四五轮的修改，每次都能在短时间里做出明确而有力的调整，所表现的深度甚至超过有些同学的最终成果，最终的成果体现了家的气氛，一些地方特点，简洁而明确。

教师评语

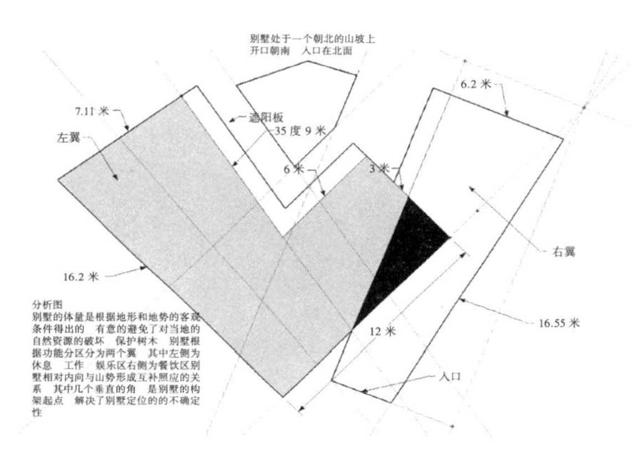
别墅处于一个朝北的山坡上
开口朝南　入口在北面
6.2 米
7.11 米
遮阳板
35 度 9 米
左翼
6 米
3 米
右翼
16.2 米
分析图
别墅的体量是根据地形和地势的客观条件得出的　有意的避免了对当地的自然资源的破坏　保护树木　别墅根据功能分区分为两个翼　其中左侧为休息　工作　娱乐区右侧为餐饮区别墅相对内向与山势形成互补照应的关系　其中几个垂直的角　是别墅的构架起点　解决了别墅定位的的不确定性
12 米
16.55 米
入口

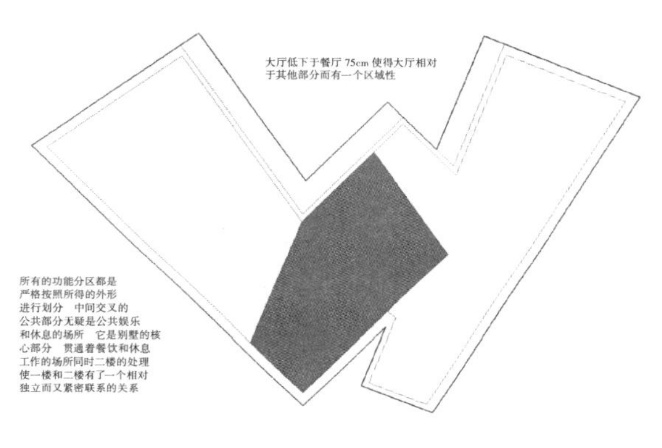
大厅低下于餐厅 75cm 使得大厅相对
于其他部分而有一个区域性
所有的功能分区都是
严格按照所得的外形
进行划分　中间交叉的
公共部分无疑是公共娱乐
和休息的场所　它是别墅的核
心部分　贯通着餐饮和休息
工作的场所同时二楼的处理
使一楼和二楼有了一个相对
独立而又紧密联系的关系

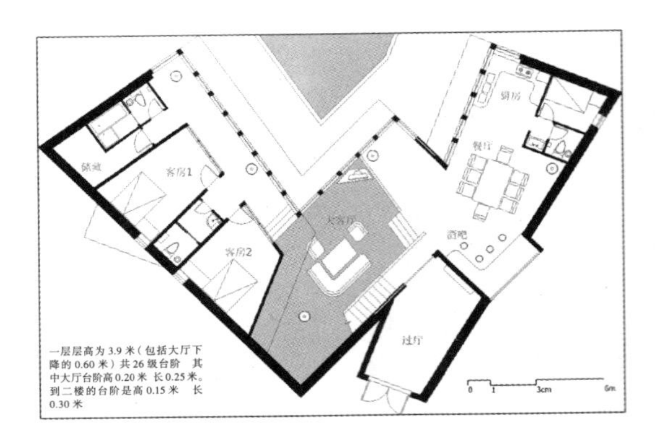


一层层高为 3.9 米（包括大厅下降的 0.60 米）共 26 级台阶　其中大厅台阶高 0.20 米 长 0.25 米。到二楼的台阶是高 0.15 米　长 0.30 米

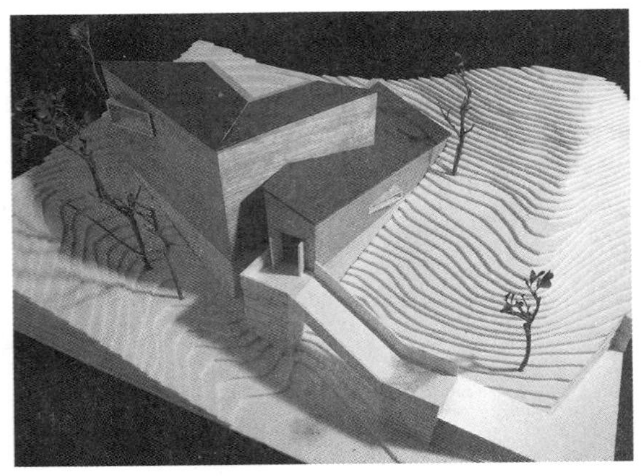

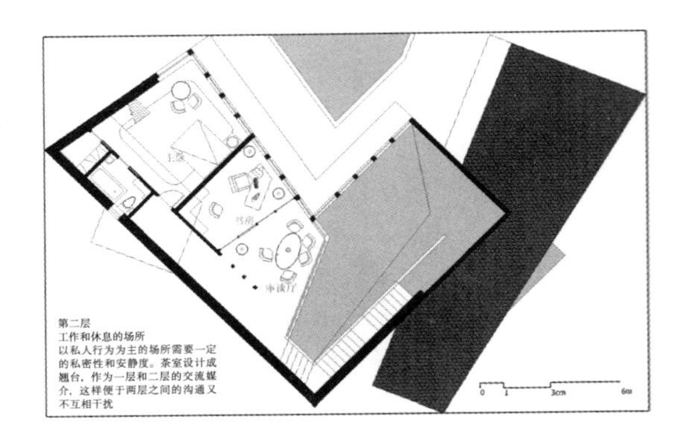


第二层
工作和休息的场所
以私人行为为主的场所需要一定的私密性和安静度。茶室设计成翘台，作为一层和二层的交流媒介，这样便于两层之间的沟通又不互相干扰

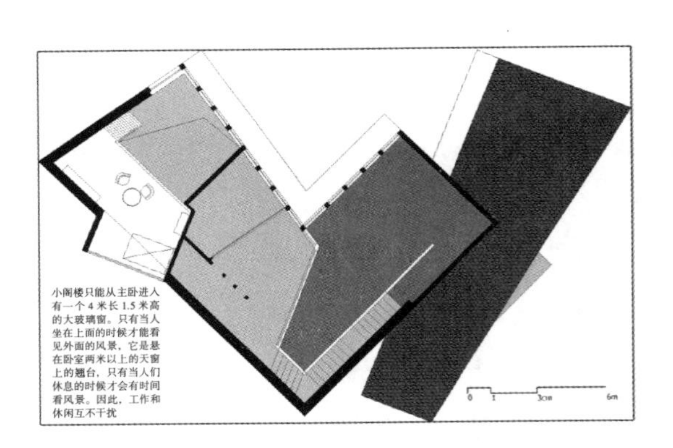


小阁楼只能从主卧进入有一个 4 米长 1.5 米高的大玻璃窗。只有当人坐在上面的时候才能看见外面的风景，它是悬在卧室两米以上的天窗上的翘台，只有当人们休息的时候才会有时间看风景。因此，工作和休闲互不干扰

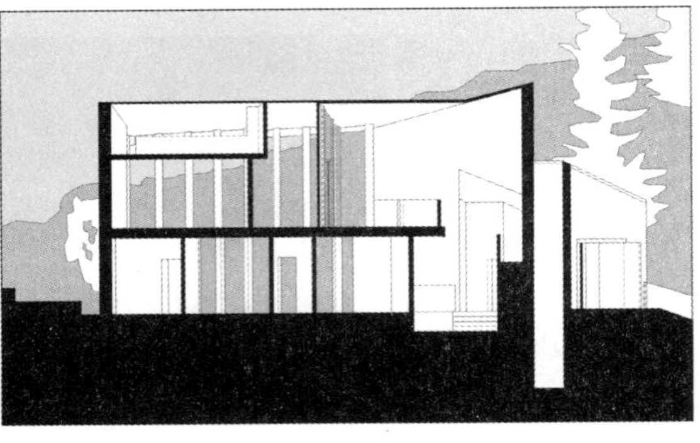

## 4. 学生：张磊（2003 级） 指导教师：傅祎

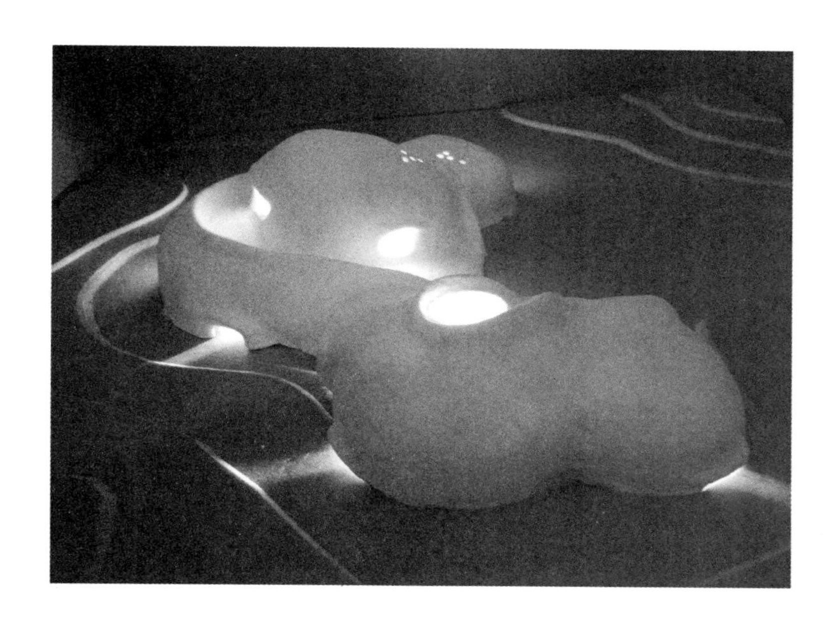

业主的要求

(1) 没有棱角。

(2) 没有楼梯。

(3) 一层是娱乐场所，顶层是画室，还要有一个游泳池（别人看不到）。

(4) 要有一个家庭电影院（要有电影院的气氛）。

(5) 房子中间要有一个小型花园（最好可以养鱼）。

(6) 晚上在室内要可直接看到星空。

(7) 最好不要让人直接找到门。

(8) 厕所平面要是扇形的。

业主对房子的感觉：

- 要尽量适合业主，最大限度地融入自然。
- 应该像她的情侣，安静、舒适、温馨，一生陪伴、保护。

第一次做有业主参与的设计，而且业主提出了没有棱角、适合自己等特殊要求。我为这些设计要求带来的挑战而兴奋，由圆滑想到曲线，一开始着迷于圆、椭圆、弧线偶然构成的有趣的组合形式，功能适应的分布，然而这种筒状的空间不能令任何人满意。

在老师的提示下，我开始试着让建筑更纯粹，抛弃了可以复制的墙的概念，连续的洞穴或穹顶一样不规则的空间掩饰了自己的锋芒，房子像是从大地上生长出来的，这是符合业主性格的内敛，又是一种原始的回归。

然而，有机空间形式的随机性和不确定性令我感到不安。在整体功能的前提下，我作了几次修改，甚至试图用黄金比例加以规范，然而，诗一样的空间是自然和直觉创造的，它的唯一性本身拒绝理性。

使概念明晰的过程是曲折反复的，甚至有过倒退。我承认，有时需要舍弃自己的喜好，给房子作适应业主的改变。在此，我反对柯布西耶"住宅是居住的机器"的言论，这是对使用者的"大建筑师"主义。我们称房子为"别墅"，而业主是称之为"家"的。它应该是独一无二的，完全自然的，亲切温暖的，有生命力的。这时，"现代主义"、"后现代主义"都已无足轻重，甚至有机的思想也是基于"以人为本"的社会理想之上而绝非形式理论之上。

希望我的努力能换来使用者的兴奋。只可惜方案到最后还不够完善。

张磊

张磊完全按照业主（他的女朋友）的要求设计形体与空间，她要求别墅没有棱角，没有楼梯，可以看到星星的屋顶，要求很具有画面感，于是，他选择了以曲面为主的有机形态，这在制图和模型制作上对张磊构成一个考验，他花了几天时间尝试用电脑软件来表达他的模型和图纸，因为觉得效果太粗糙，最终，他用雕塑泥做了模型，还在内里安置了灯具，效果很不错。课程开始的时候，张磊和他的女朋友互赠了诗画，表达了彼此对别墅方案和未来生活的感悟，听起来和看起来像是彼此爱情的记录，很让一些同学羡慕。我想，这样的课题会让张磊记一辈子的。

教师评语

• Lover
• 为什么
• 翱翔天空，没有空气阻挡
• 潜游海底，亦无水流羁绊
• 为什么
• 在你怀里 可以轻轻地依靠
• 你安静的肩膀，令我忘记疲劳
• 是阳光般温柔的目光吗
• 抑或是抚摸时柔软的双手
• 是没有生命的寂静港湾吗
• 还是贴身的舒服的衣裳
• 我放松地去触碰
• 原来
• 她 是体贴我一生的情人
• 带我永远地远离
• 烦恼和忧伤
（注：张磊的诗）

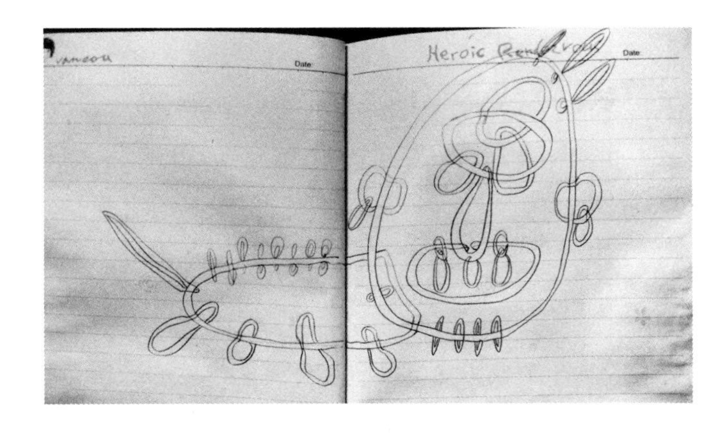


- 几何时
- 你
- 在飘缈的天空中
- 飘 坠落
- 那片蓝色的土地上
- 你让我抚摩
- 感觉没有伤痕
- 你让我自由地穿梭
- 我看见
- 晶莹剔透的露珠轻轻地
- 在你脸旁滑落
- 你笑了
- 你说 你是太阳的化身
- 我冰冷的心慢慢融化
- 你说 你将永远地陪伴我
- 不再让我哭泣
- 永远守护着我 不再让我孤单
- 为什么
- 我问
- 你轻轻地在我耳边轻吟
- 你是我一生的恋人
- 我抱着你
- 吻你温暖的唇

（注，张磊女友的诗）

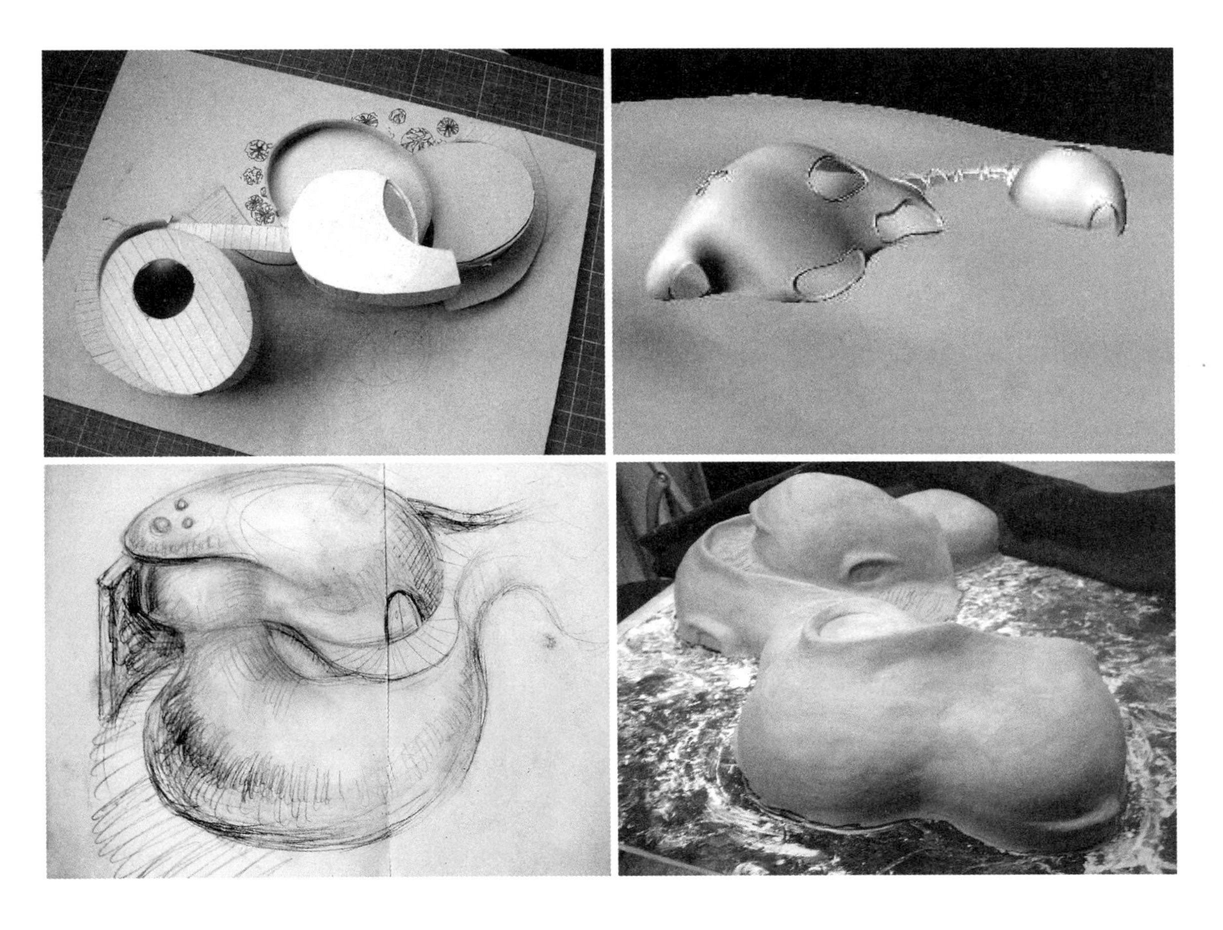

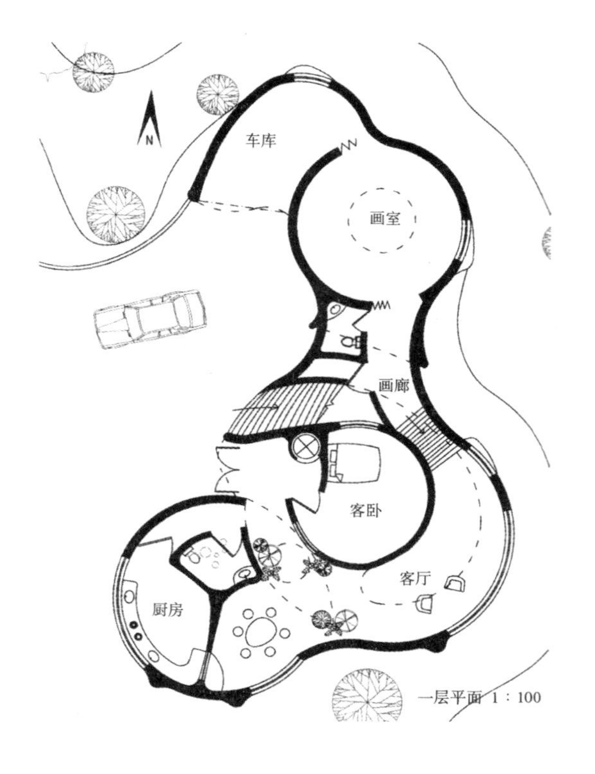
车库
画室
画廊
客卧
客厅
厨房
N
一层平面 1：100

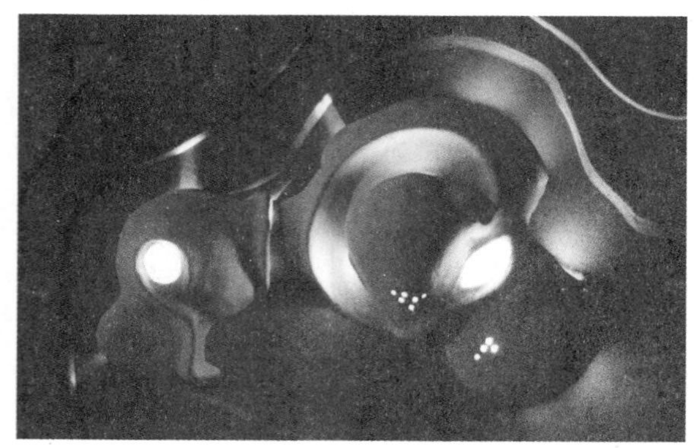

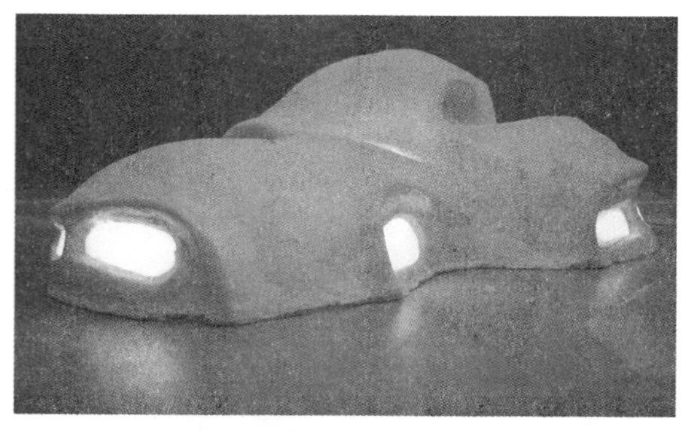

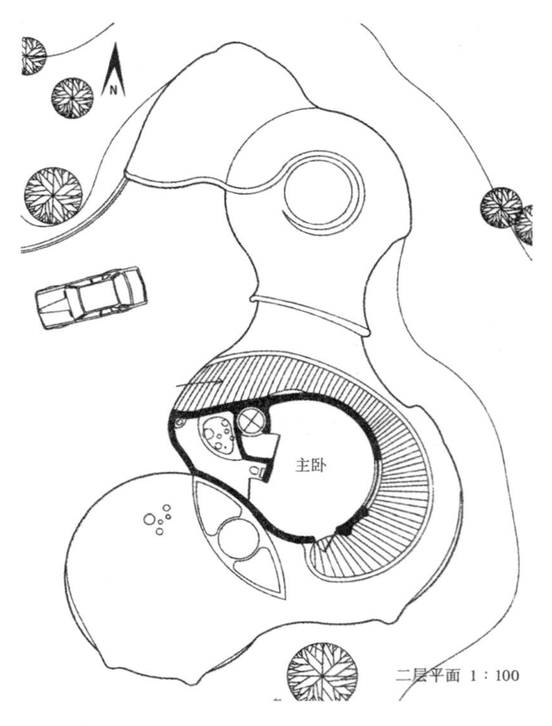
主卧
N
二层平面 1：100

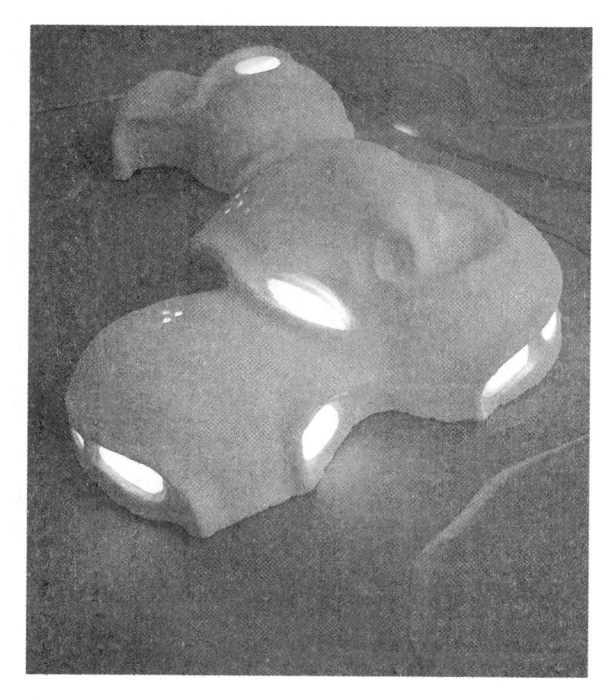

## 5．学生：封帅（2003级）　指导教师：傅祎

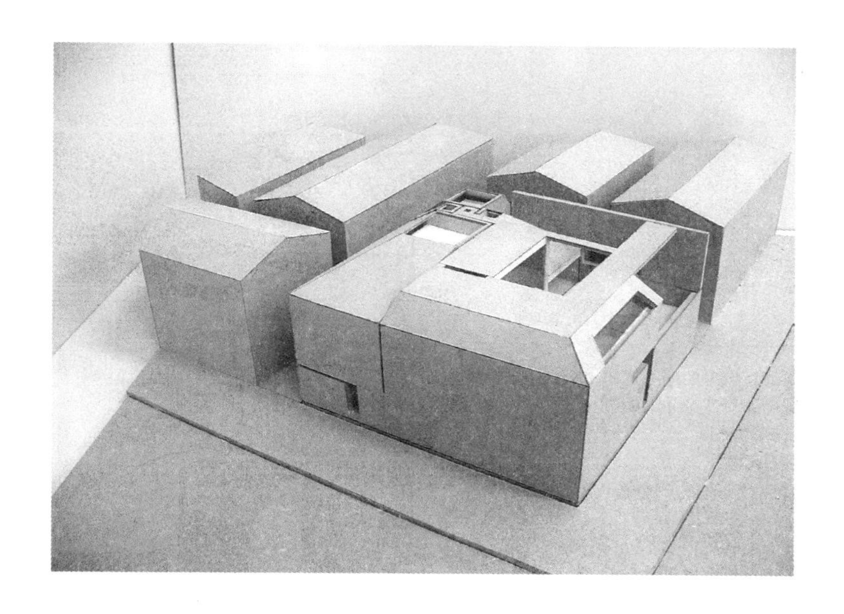

城市：

宜昌是一个平淡而阴郁的城市。天空的主色调是灰色，人们的视野被束缚在柔软而狭小的丘陵中，只有在长江之滨才能远眺对岸的群山。

雨，是这城市重要的元素，它是该城的泪水，泪水也淡而无味。

人：

江滨别墅为业主与他的父母共有。业主习惯的生活方式为常常自省，相对封闭，外表粗糙，但是内心细致。

黑暗朦胧的一层大厅充满过去的记忆，父母的卧室处于停滞的半层，室内的天窗隐喻特殊的希望，二层业主的画室用面向雨水的天窗作为终点，也与父母的卧室相呼应。

形式：

完美正方的外表单纯，而内部却不断丰富，这是设计者的生活态度——用追求完美的过程回复无法脱身的环境。

封帅

封帅以同班同学为业主，基地选择在同学的家乡武汉市内长江边上，"雨，是这个城市重要的元素，是这个城市的眼泪，却淡而无味。"这是他对环境的认识。"不敢面对自己，却也找不到出口"，这是他对别墅室内气氛的定位。敏感和执著的封帅，以完美正方形作为设计的图形发端，执著于其功能平面布局与完美正方形的契合，执著于立面开窗、留缝的方式、屋顶的细节，执著于建筑内部空间的完美与激情，坚持外

观的朴素和不张扬，配合他对基地状况和城市感受的分析，他要使他的建筑混迹于市。在第一个课程设计里，封帅所表现出的对细节设计的着迷，对环境条件的响应，追求原创的激情与能力，不盲从教师的建议，着实非常地难能可贵。

教师评语

在雨、水和雨水的纸张上
我写下不朽的诗行

雨，这个城市唯一的元素
雨，在城市的内心连绵
这是我对这个元素的唯一概念
没有北方，
没有北方的老实、空旷、从容和大方
只是对这个城市最脆弱的证明

水，在这里
水，在这个城市的心脏
托起水，到处是水
到处是流动的细腻，水的细腻
到处流动着软弱和矮小

雨水，是泪水，这个城市的感情
在兴奋与兴奋之间
在痛苦与痛苦之间
在雨与水之间，在水与雨之间

雨，水和雨水
这个城市的全部
我的解释
我的设计说明

64 33 35 2 43 8 31 29 51 30 55 39 4 16 9 14 3 18 20 5 81 56 1 38

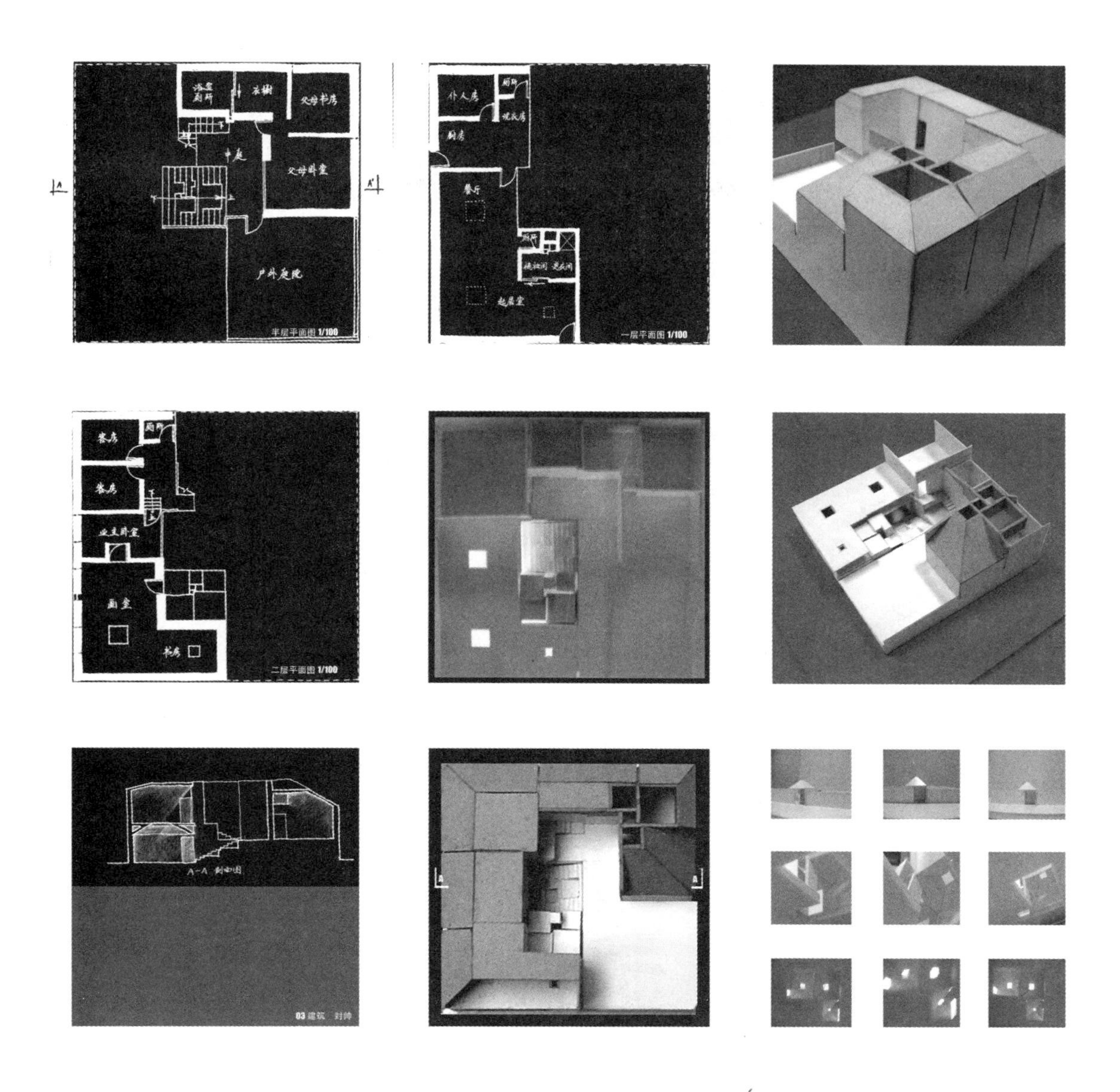

中庭
父母书房
父母卧室
户外庭院
半层平面图 1/100
餐厅
起居室
一层平面图 1/100
客房
客房
画室
书房
二层平面图 1/100
A-A 剖面图
03 建筑　封帅


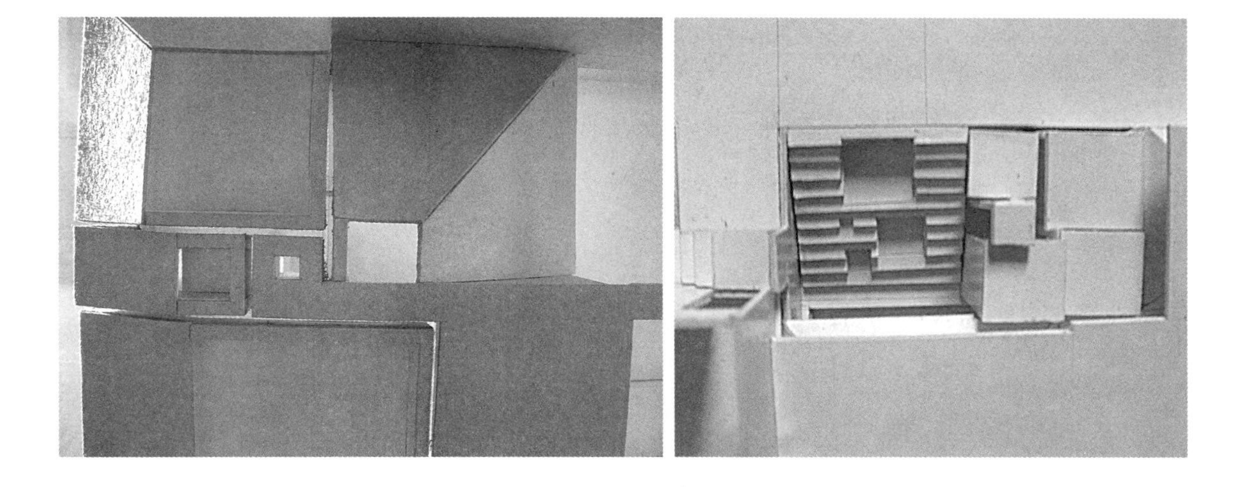

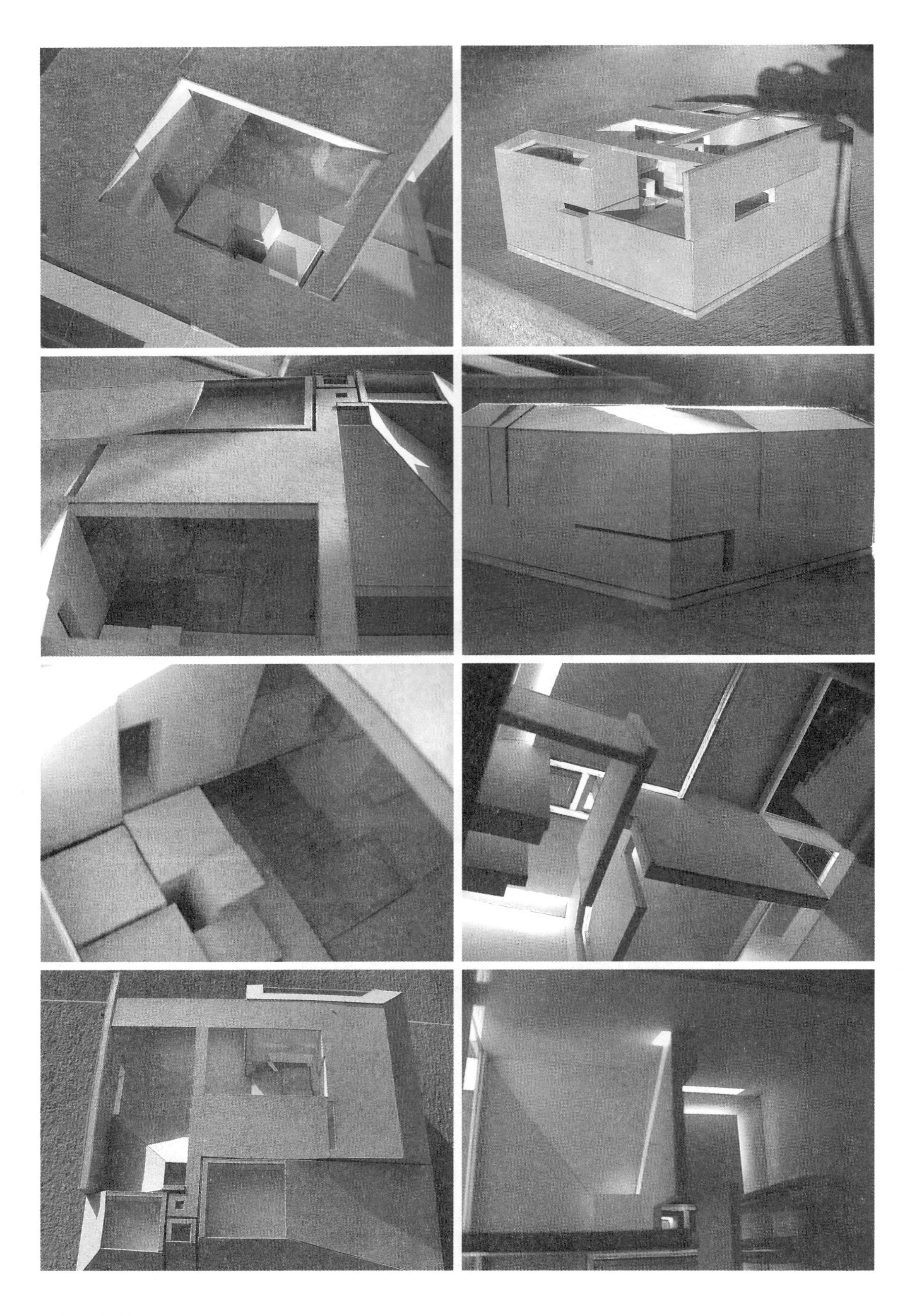

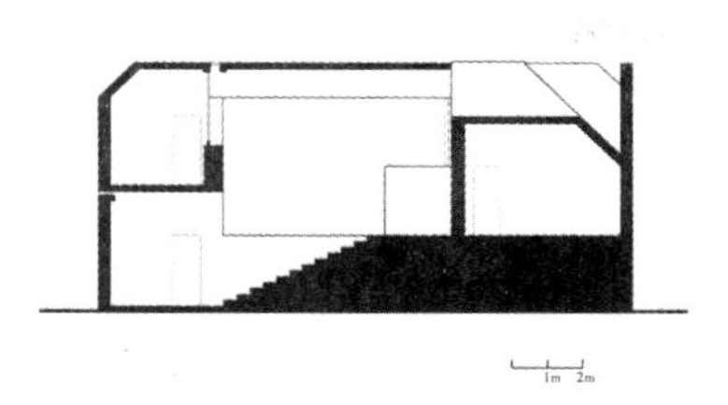

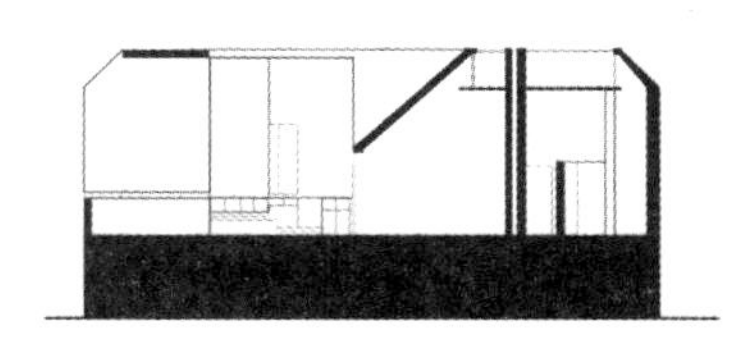

客房
起居室
浴室
书房
2.40
上
上
卧室
父母卧室
上
庭院
2.30
画室 3.30
书房 3.80
晾台

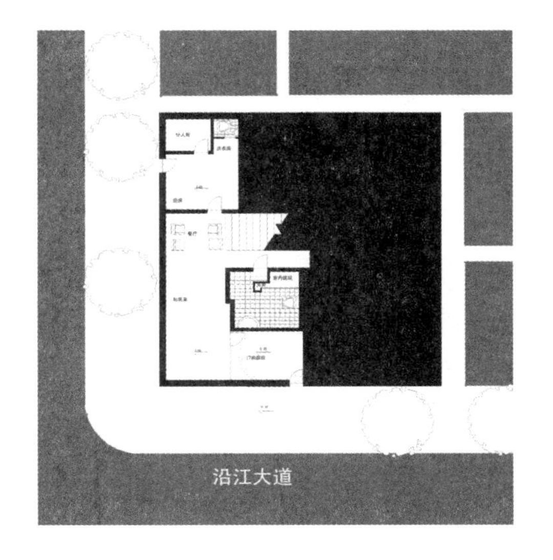
沿江大道

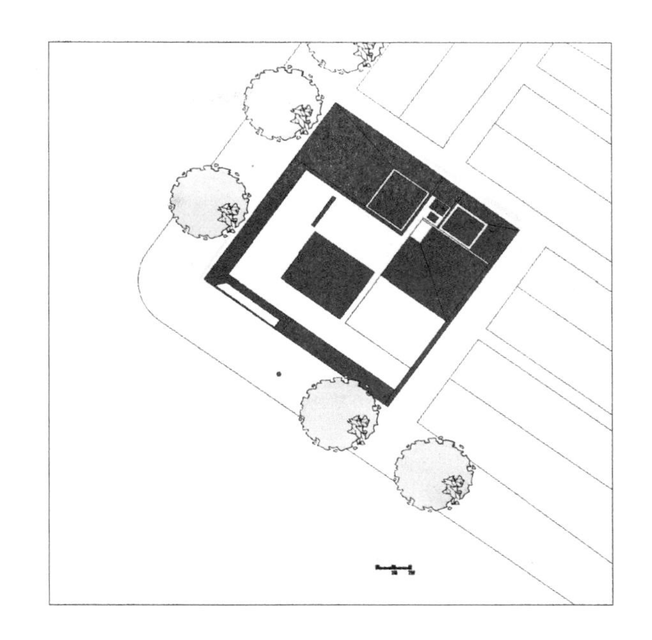

## 6．学生：苏迪（2003级）　指导教师；傅祎

一个可以自由组合的房子

一个可以随时带走的房子

一个可以体验大自然的房子

一个有着五颜六色的房子

一个住着五个孩子的房子

随着孩子们的成长，所需要的空间不断地变化，相同大小、可以拆卸、随意组合的房间，既适合群体居住，又适合独自居住，对于不同年龄的五个孩子来说可以随时调换，房间内的鲜艳颜色有助于孩子们智力的发展。全透明的围合空间和全开放的方式给人以一种空间若有若无的虚幻感，而且可以更好地体会大自然。

苏迪

苏迪坚持要做一个与众不同的设计，在一个大空间里，可以自由移动小空间模块，而大空间本身的地面又可以滑动，这一点他做到了。苏迪力争使自己的方案合理而完美，也感到了所学知识还不够应付这样的局面，这样的情况在学生中每年都会出现，无论是技术手段还是基础知识的传授，跟不上学生想要的，这在另一方面倒是好事，对于一些能力强的同学，激发了他学习的能力。苏迪请教了北京市设计院在我们这儿教结构的郑工，又自学了一些结构方面的基本知识。在最终的图纸和模型的表达中，这是其中一个重要的方面。我们还讨论到了外墙的构造问题，木结构外墙与玻璃窗的连接问题，苏迪追求完美，力求做到最好的那份坚持，让我感动。

教师评语

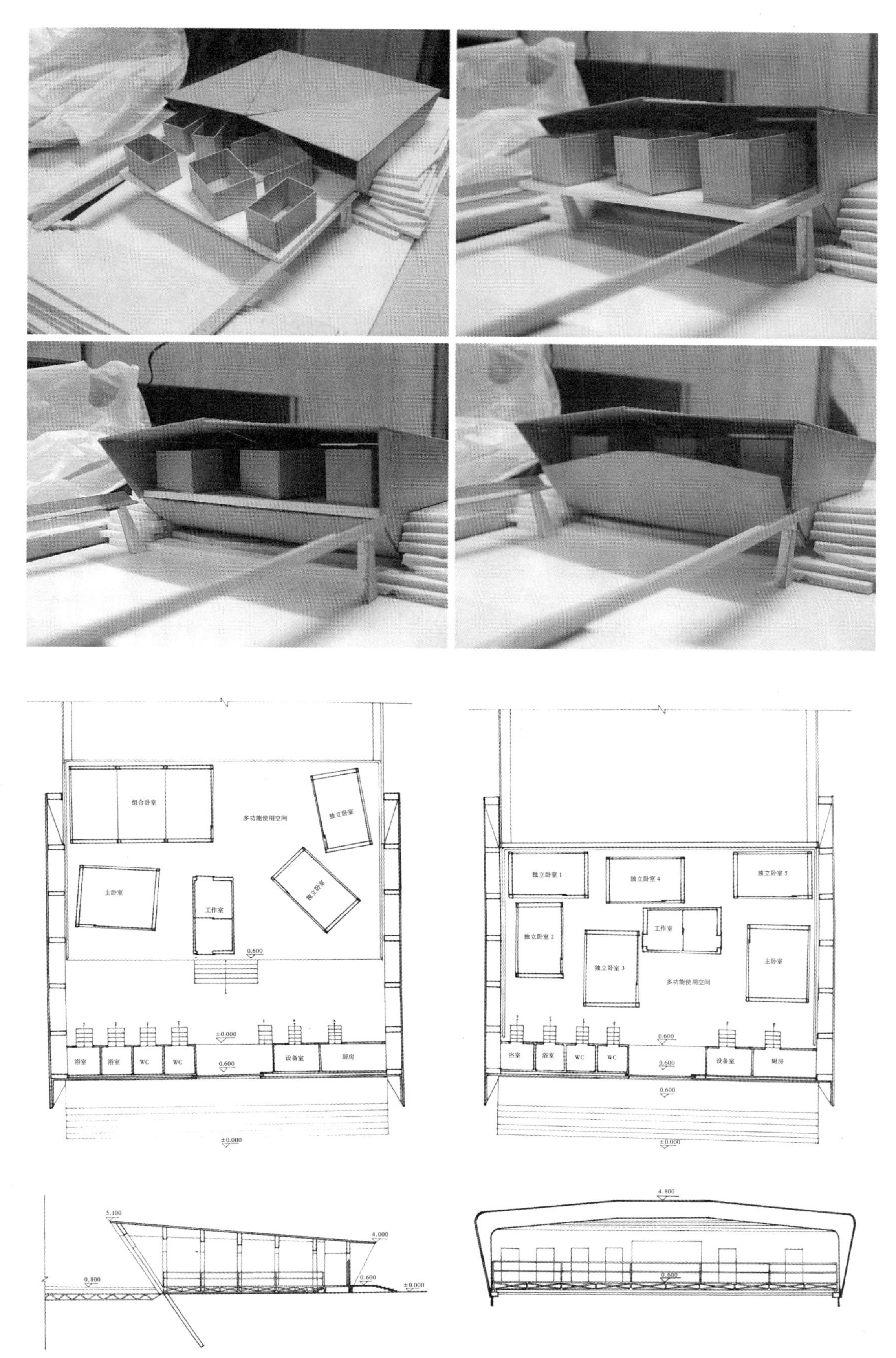
组合卧室
多功能使用空间
独立卧室
主卧室
工作室
独立卧室
0.600
±0.000
浴室
浴室
WC
WC
0.600
设备室
厨房
±0.000
独立卧室 1
独立卧室 4
独立卧室 5
独立卧室 2
工作室
独立卧室 3
主卧室
多功能使用空间
0.600
浴室
浴室
WC
WC
0.600
设备室
厨房
0.600
±0.000
5.100
4.000
0.800
0.600
±0.000
4.800
0.600

# 7. 学生：李楚智（2003 级） 指导教师：张宝玮

此别墅以业主旧有的湘西情怀为出发点，高山、溪水、林间、竹木、石板、吊脚楼无一不散发出乡村浓浓的纯朴气息，自然朴实但又除却民间的俗味。别墅一层为主要活动区域，二层为休息场所，地下室为娱乐休闲区，有溪水从一层空间流过，并在地下室形成瀑布。地下茶室可以听水声，品茗香。其中作有《陋室铭》曰：

屋不在大，吊脚则灵。
饰不在贵，自然则行。
斯是别墅，可以静心。
屋旁野草绿，溪水侧耳听。
陪伴有山水，且无吵闹声。
可以赏花香，闻鸟鸣。
无都市之喧嚣，无压力之劳形。
渊明南山屋，右军之兰亭。
住者云：岂不静幽？

经过两个月的浴血奋战，别墅设计终于落下了帷幕。也许因为是首次设计，也可能正因为是首次，我们都非常投入，非常卖力，也非常辛苦。

在这次设计的过程中，最要感谢的是我的指导老师张宝玮教授，有了他对我的循循善诱和细心教诲才有了此别墅的面目。还要感谢的是傅老师对整个课程的精心安排和老师们对别墅的基本知识的详细讲解。通过这么一次系统的别墅设计，老师们把我引进了建筑设计的大门，使我全方位地了解了做建筑的基本内容、形式、流程和设计思考的方式，也让我深深地体会到了建筑这一学科系统的复杂性、艰难性。这次设计给了我一次预演的机会，使我对走设计这条艰辛的路有了心理准备。

正是有了这次设计，长沙一位老板看了我的作业后，对我信任有加，让我在寒假期间给他设计别墅。这是我在建筑设计方面走进社会实践的第一步，很显然，也是我进一步学习的好机会。我将向相关领域的专业人士虚心求教，细致深入地进行实践，在实践中运用所学知识，同时补充新知识。不管这次设计建成与否，我想，定会使我的专业又上一个台阶。

李楚智

在众多的学生作品中，李楚智的作品几乎是唯一的比较完整地表现传统民居特征的别墅设计作品，建筑风格植根于他的家乡背景，并且内部空间处理得非常丰富，建筑与基地条件也非常契合。

教师评语

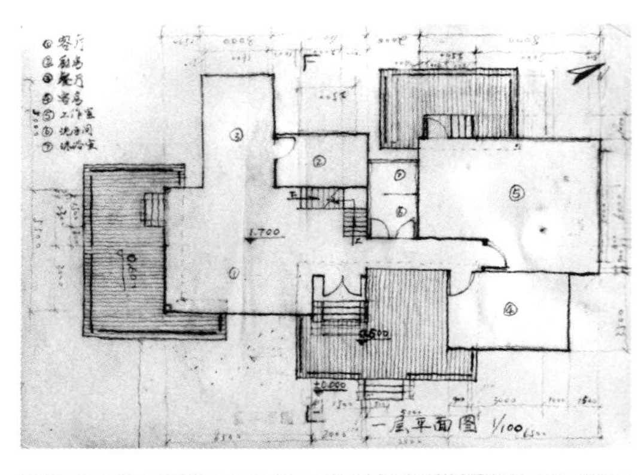
①客厅
②厨房
③餐厅
④客房
⑤工作室
⑥洗手间
⑦洗浴室
一层平面图 1/100

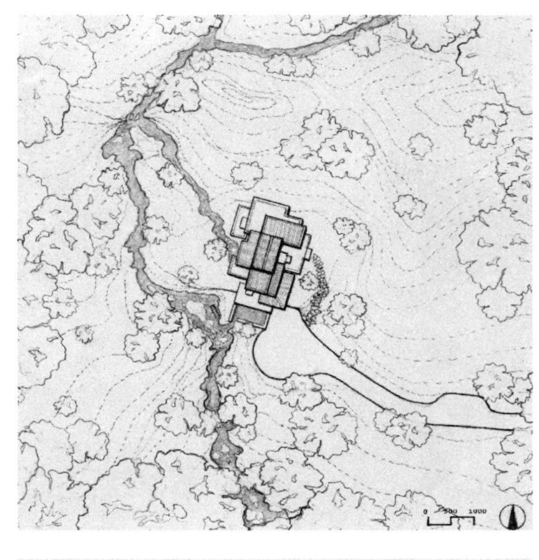

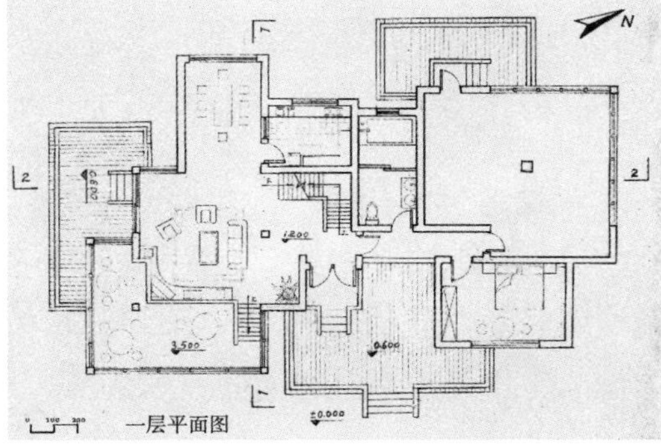

一层平面图

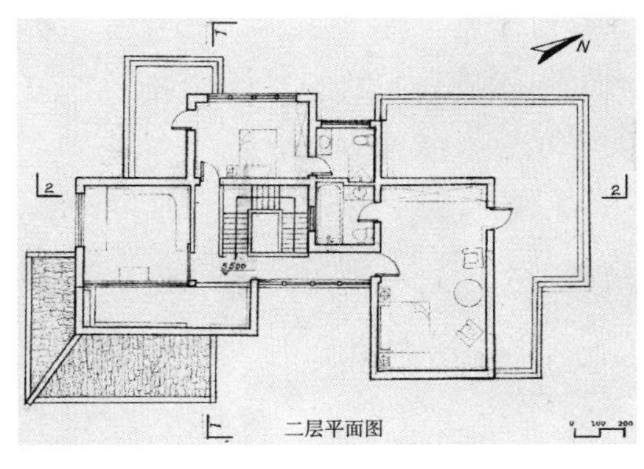

二层平面图

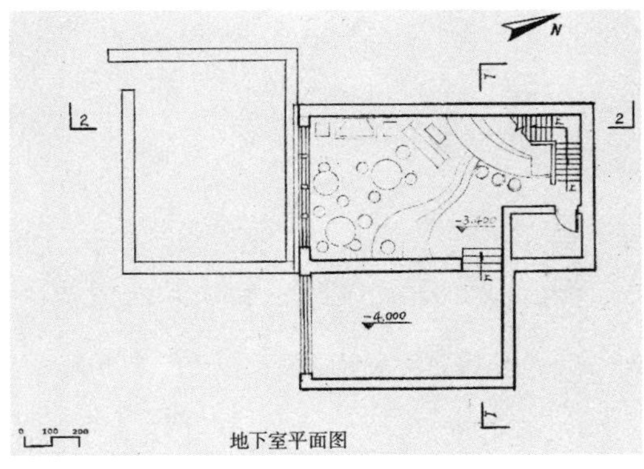

地下室平面图

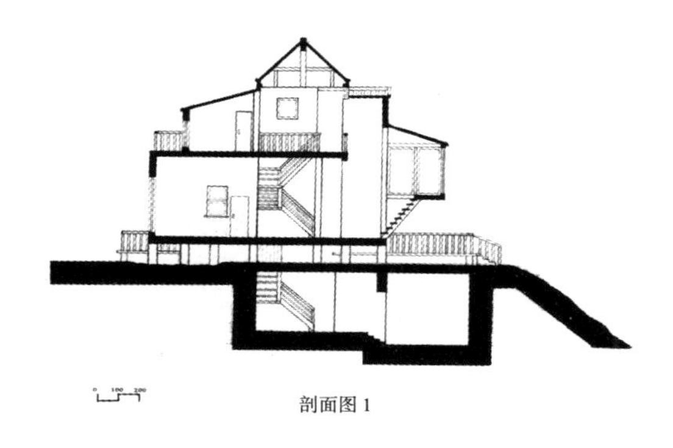

剖面图 1

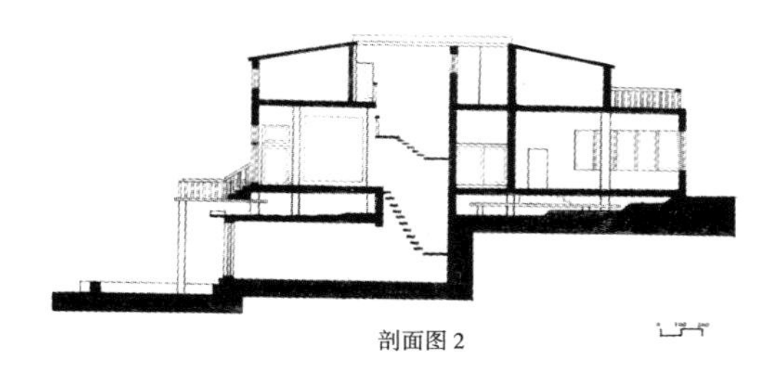

剖面图 2

## 8. 学生：王铮（2003 级） 指导教师：张宝玮

我的业主是一个单身男性青年教师，我给他讲了没有脚的鸟的故事，他说故事很符合他的现状：一种迷茫，一种孤独，一种疲倦，一种欲罢不能。我们也乐观地分析道：没有脚的鸟可以有不错的视野，流畅的飞行路线以及鸟儿天性的自由。还有，虽然生命短暂又不可逆，但是，与其行尸般地苟活，不如做一回没有脚的鸟，无忌地飞翔直到死去。

业主意见：

（1）别墅最好两层或两层以上，有一个游泳池。

（2）房子一定要有不错的视野。

（3）要安静，有一定的私密性。

（4）房间要有良好的采光。

（5）喜欢浅颜色。

基地描述：

基地位于小镇边的一个小山岗上，小山岗相对高度在 30m 左右，坐北朝南，站在上面可以看到全镇的风景。小山岗顶部有两块比较宽阔的平地（A、B），高差为 3 ～ 4m，其相互关系呈梯田状，周围是小树林，成年树高 9 ～ 10m。

“没有脚的鸟，一生中唯一一次着地就是死亡。在时间的瞬间，空中定格的是鸟张开怀抱的姿态。”于是，以这样的形态开始方案的设计，设计没有用围合的手法，这会让人联想到“圈地”、“割据”这样粗鲁的词汇。完成中期成果之后，发现“没有脚的鸟”一定程度上束缚了设计，于是在方案造型上作了调整，选用方形，人们习惯的一种形态，但会有单调的感觉，于是在细节上进行设计，这是个反复推敲的过程。

王铮

王铮的造型能力很强，方案构思也不错，但是对自己的方案缺少自信，终是希望得到老师的肯定。他曾经在过程中看到其他同学的中心围合式的布局可以获得便捷的交通和内部空间的交流而质疑自己的方案，殊不知长长的走廊串起不同的空间正是他的方案的特点。本来建筑问题的解决方案就不是唯一的，不能以己之短与人之长相比较。提高眼界，加强专业的自信，可能比会做设计更重要。

教师评语

没有脚的鸟
我今生仅做一件事，那就是飞翔
因为
我是一只没有脚的鸟，我可以飞得很高
直到天空模糊了我的翅膀
我也可以擦过你的肩头
而不去在意你的迷茫
我可以用身体的轨迹
分割整个天空
我也可以在你飘忽的眼神中
保持我的从容
但是我却不能停下
倒不是因为我的坚强
生命中仅有的一次着地
就是死亡
风中的砂石剥离我的发肤
山脊的云雾湿润我的眼睑
大雨洗尽了我翅膀的颜色
闪电使我坚定的目光开始闪烁
注定我要像太阳一样
随着黑夜死去活来
要像天空一样
消亡在地平线以外
我是一只没有脚的鸟
所以
我今生唯一的事就是飞翔

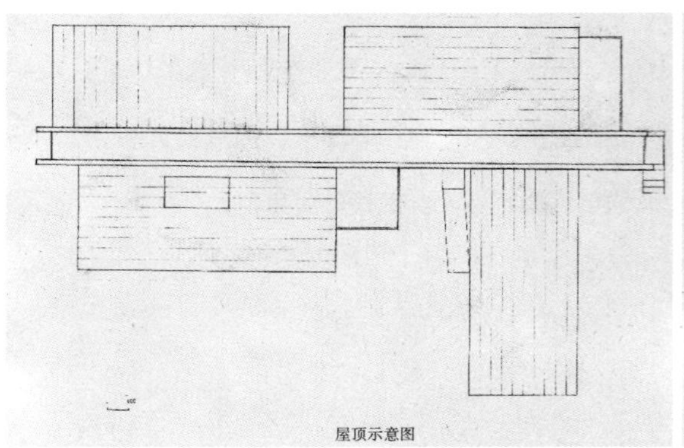

屋顶示意图

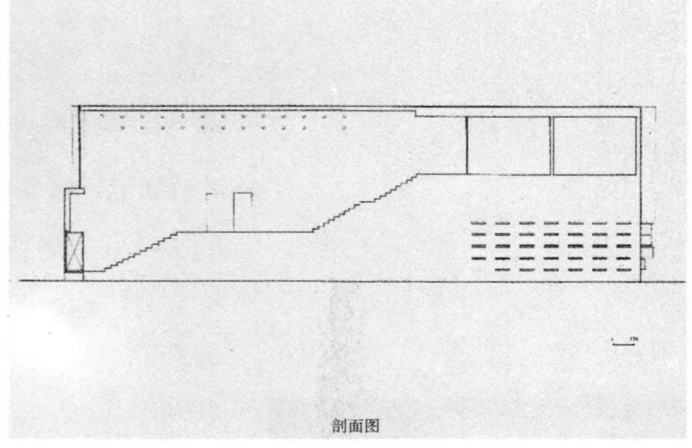

剖面图

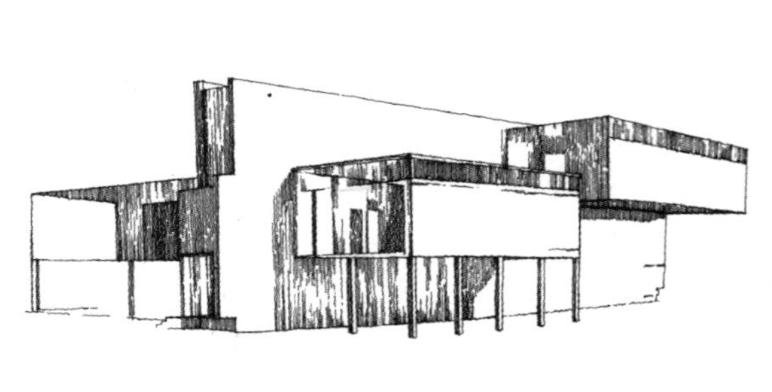

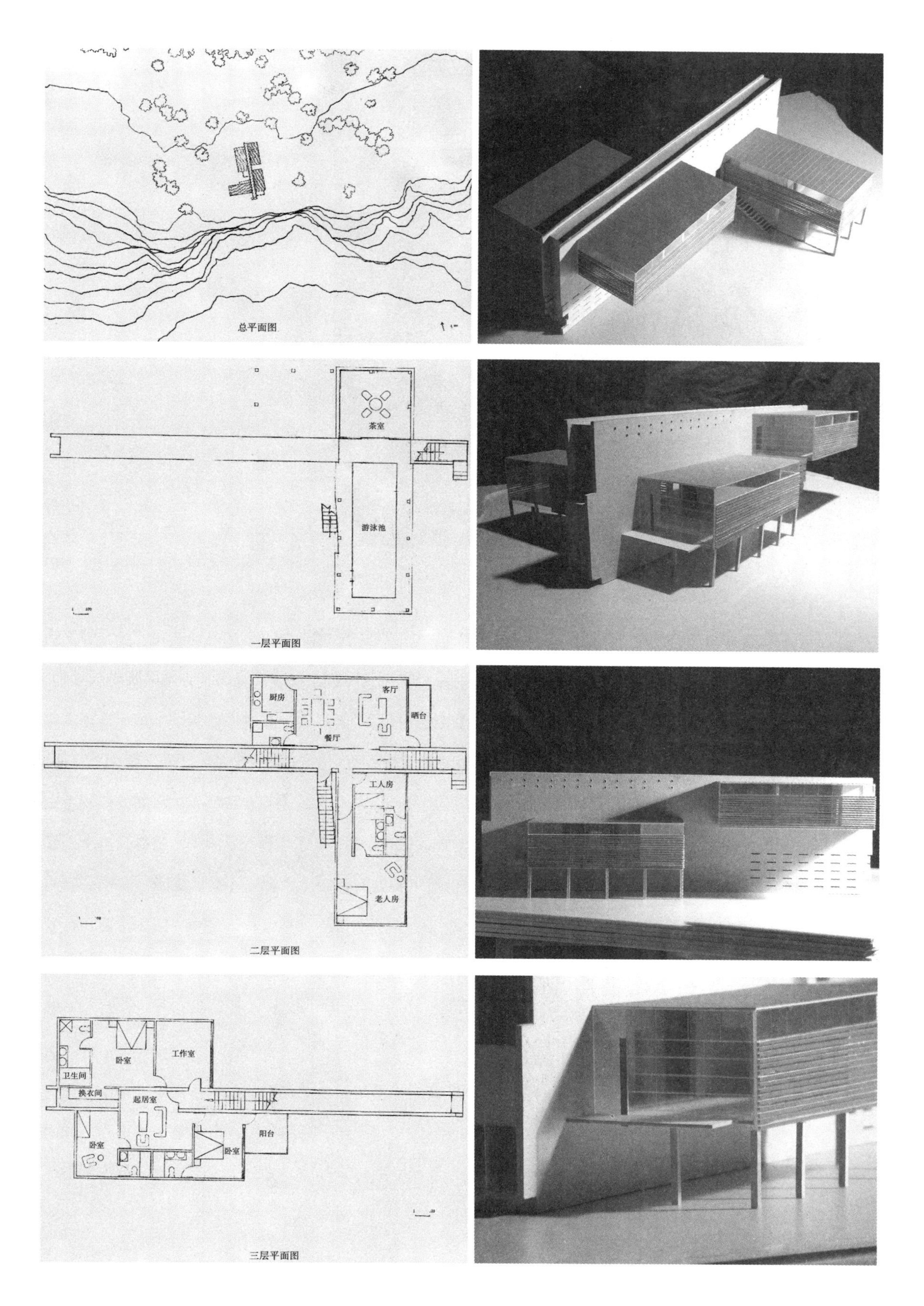
总平面图
茶室
游泳池
一层平面图
厨房
客厅
晒台
餐厅
工人房
老人房
二层平面图
卧室
工作室
卫生间
换衣间
起居室
卧室
卧室
阳台
三层平面图

## 9. 学生：孙敏（2003级）　指导教师：黄源

初次看到题目就想为自己做一个家，就像最后的标题一样。自己就是业主，我的基地选在〝长城脚下的公社〞中张永和的〝二分宅〞基地上。它背靠燕山山脉，地势略带斜坡，我想让我的家与地面既形成对比，又有依附的关系。我的初步设想是：用一个〝X〞形的楼梯连接两个长方体，在水平方向平行、在垂直方向交叉的两个长方体，一个依附于地形，一个与地形背离。别墅被分为两个主体，而两个主体之间又是相互穿插、相互连接的。我的餐厅和主卧室是面向山外的，在绿树丛林中吃饭、休息，别有一种回归大自然的感觉。由于与地面的关系，使得别墅的墙都是垂直于地面的。地面是有斜度的，所以墙也都是斜的。楼梯是整个别墅的灵魂，贯穿着两个不同的主体。站在工作室的眺望台上可以看见所有的公共空间（餐厅、厨房、客厅、花房、后院等）。卧室设在最顶端，要经过一段很长的楼梯才能到达，因为卧室处于绿树环绕中，所以正面和背面都是通透的、透明的。从卧室的东面墙上开有一扇小窗，早上太阳出来照在床上，有种紫气东来的味道。

孙敏

方案的过程比较，在方法上，从开始的体量关系及建筑体量与环境的关系的研究，到设计中期处理穿插体量间内部空间的关系，再到进一步的立面和细节设计，一步一步，稳扎稳打。方案对于体量和空间的穿插处理得比较好，可惜的是，最后在细节设计上，主要是立面开洞和窗户划分上没有加强，反而削弱了体量原有的关系。

教师评语

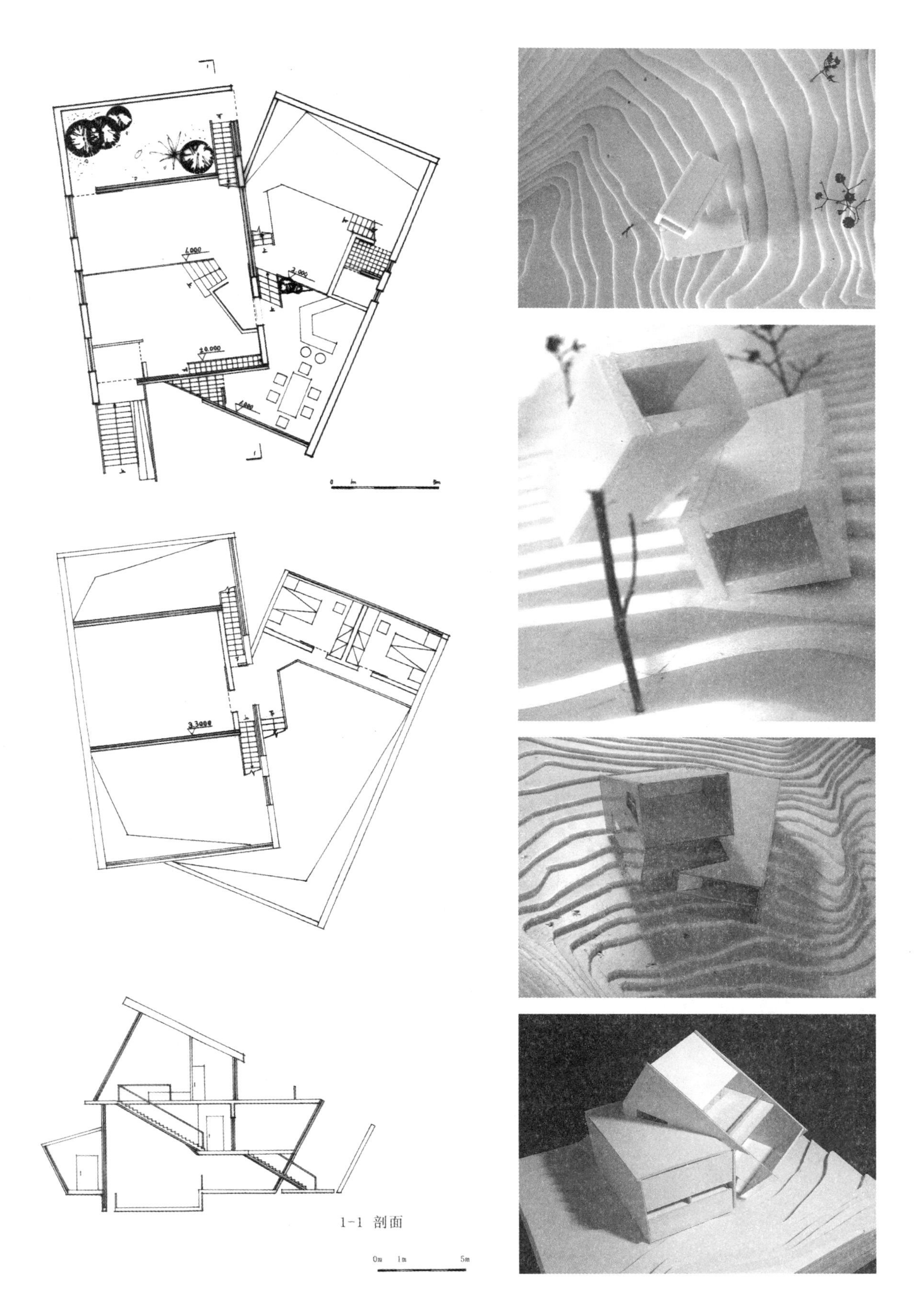
1-1 剖面
0m 1m 5m

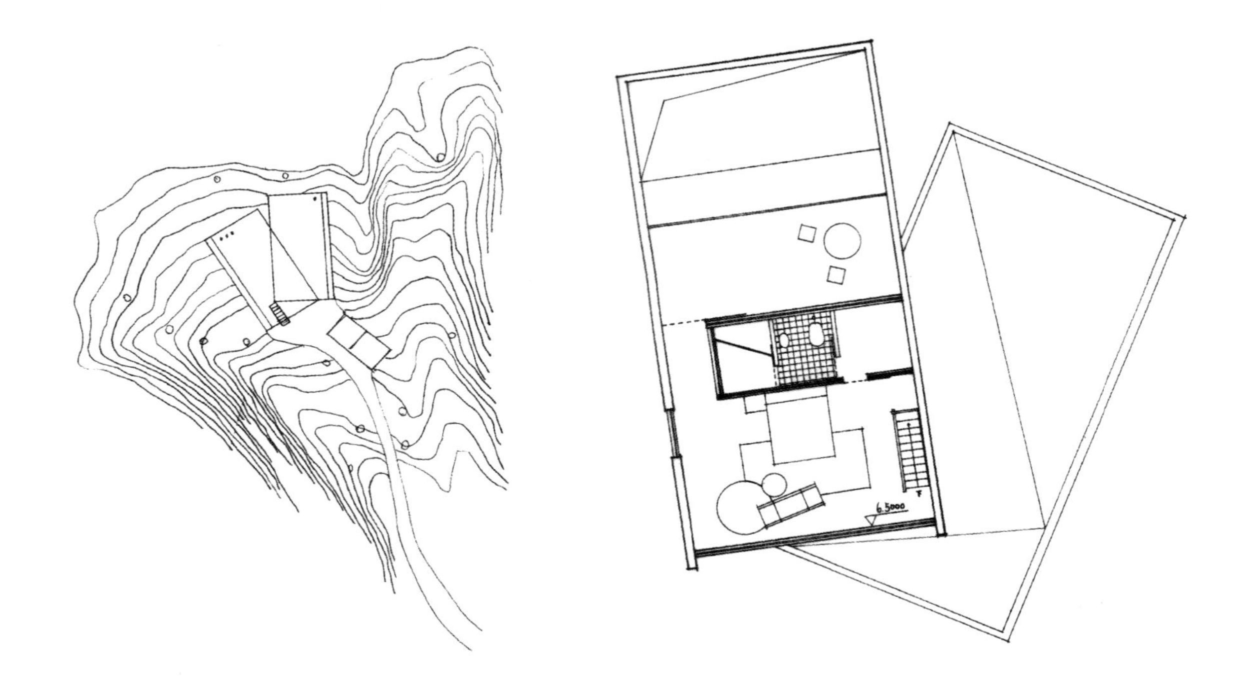
6.5000

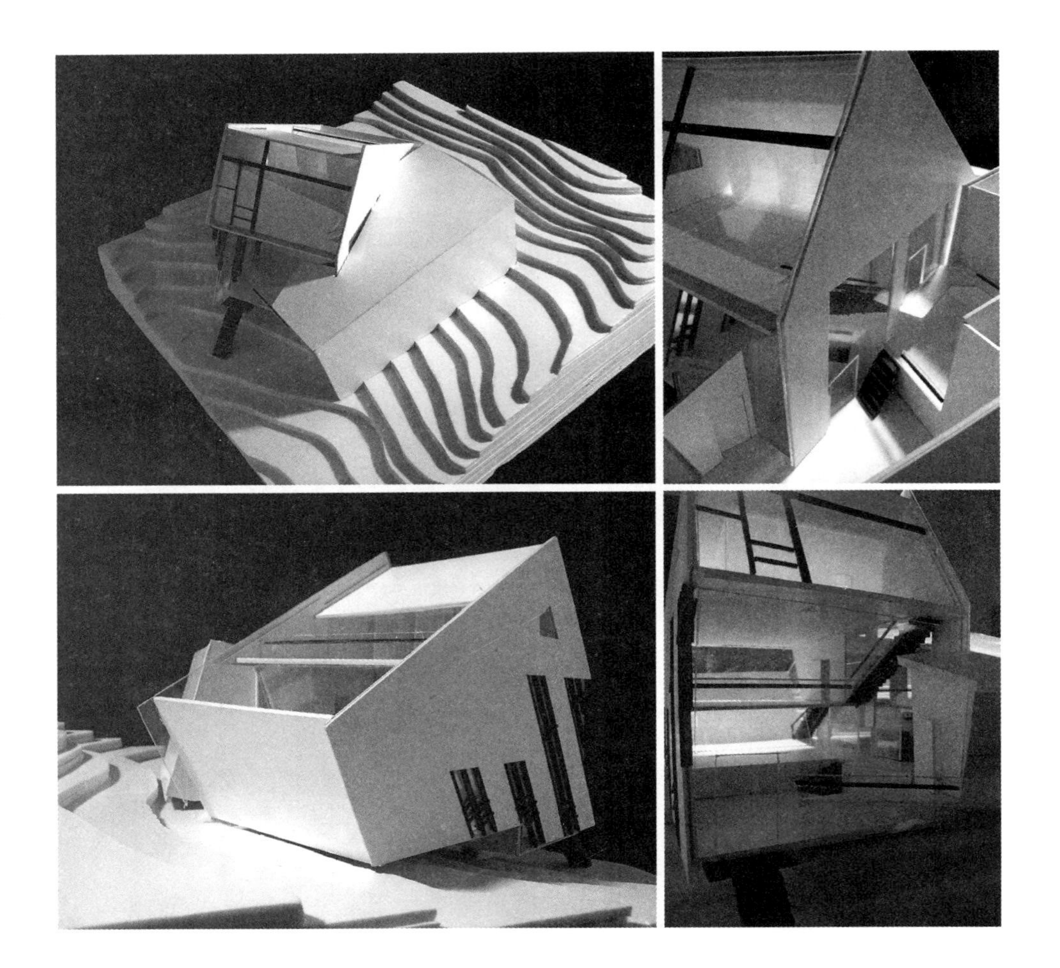

# 10. 学生：唐璐（2003级）　指导教师：张宝玮

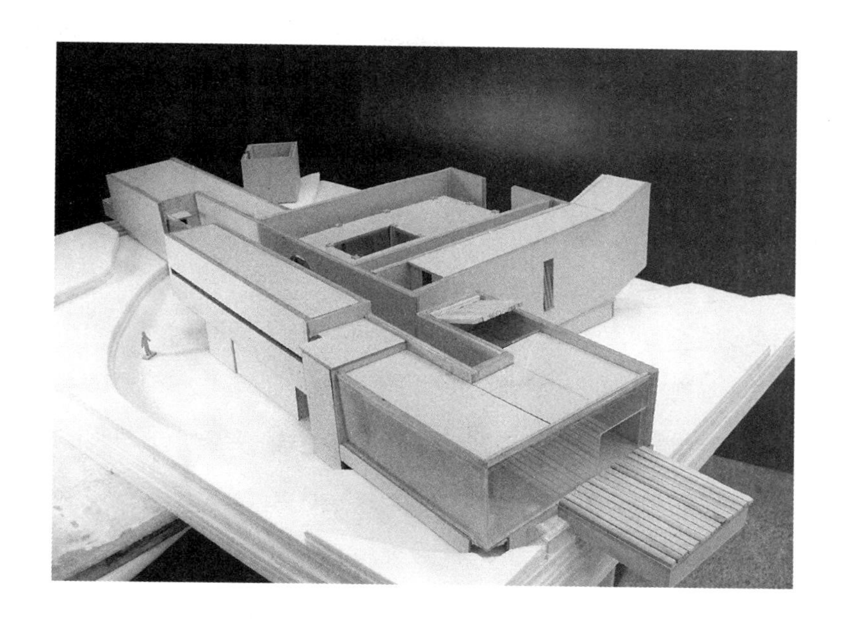

这幢别墅位于四川蜀南竹海的密林当中，背山面水，依山势而建。山上有水，别墅中开一条水渠将山上的水向下引入湖中。这幢别墅是主人闲暇时单独息居山林时用的，所以尽量远离人群。别墅没有设停车场，车停在远处，需步行入林进入别墅，从山下的湖边仰望，可隐约看见山腰上掩藏在竹间的别墅。

材料：别墅用的是清水混凝土，南方天气潮湿多雨，清水混凝土有良好的保温防渗功能和可塑性，配合别墅中规中矩的形象和宁静至远的感觉，符合此建筑本身所需的一种清幽姿态。

功能： 卧室、书房、厨房、室外浴室、中庭、冥想室、午休室。

别墅平面整体呈不规则的"T"形，中庭和卧室在前方，中庭和卧室之间隔了一个通道。中庭面积很大，功能不一定，可以即兴发挥。它占了建筑1/3的面积，是用来给人感受这座建筑的地方。人从入口处一进来，首先看到的就是中庭，它是整个建筑的感情基调。中庭有顶棚，是混凝土平顶，并留出了一块天井，平顶与四周的墙之间留出了50cm的缝隙，可以让光直接照射到墙面。卧室呈上升趋势，床在卧室的最高处，卧室包括了私人的活动室和洗手间。卧室后面还有个很小的院子，南方的园林当中有很多这种小院子。卧室与中庭间隔了一条很窄很长的巷道，巷道尽头有一个种莲花的小池子。过了中庭，就是横在眼前的厨房和餐厅，它把后院的道路挤成了长条形，厨房、餐厅共有两道门，厨房的窗户开在后部，呈细长条状，可以看见外面连续的景色。厨房下部有个地下储藏室，由于别墅在山林中，与外界交通不频繁，因此需要储藏一定量的食物。厨房和餐厅一头连接着书房的厕所和浴室，另一头是落地观景窗。

书房呈“凹”字形，在别墅的左端，有一个夹层和一个露台。书房一反建筑其他部分的封闭风格，采用了大的落地窗，便于采光。书房对面即建筑的最右面，是冥想室和午休室以及室外浴室，这边是一个完全修身养性的活动场所，所以离其他区域较远。长条的禅室空间试图营造出特殊的气氛，午休的房间与冥想室仅隔了一道折叠门，午休室一半对外界开放着，有一个露台和混凝土盒子般的金鱼池，中午在这里小憩该是件很惬意的事。室外浴室是露天的温泉，用混凝土盒子包裹的空间里，有一个石制的方形浴池，在这里沐浴会有非常特别的感觉。另外，别墅有很多地方是用高墙围起来的，有拒绝外界事物打扰的意思。

这幢别墅，原本想按照中式的园林去布局，比如苏州园林，非常漂亮，但做出来后才发现不中不西的：没有中式的完全封闭，却出现了西式向外开放的样式（比如卧室和后院）。尺度方面，因为是给个人设计的，所以比较奇怪，甚至有些过火。

我想，这个私人住宅总也该有些特别的东西。

唐璐

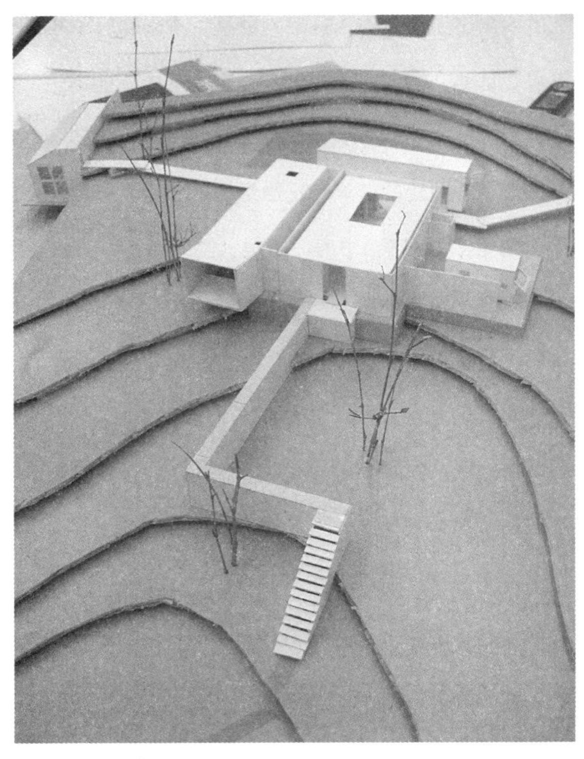

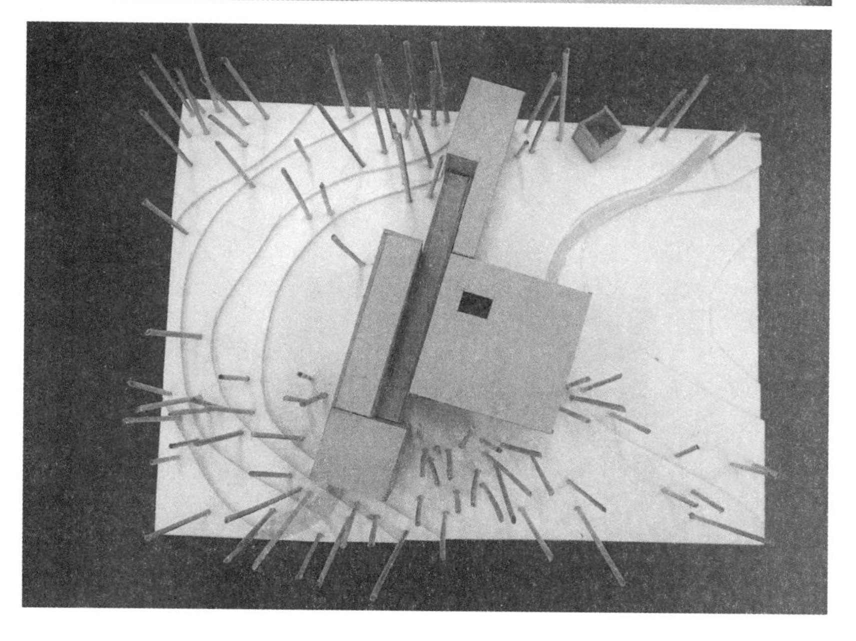

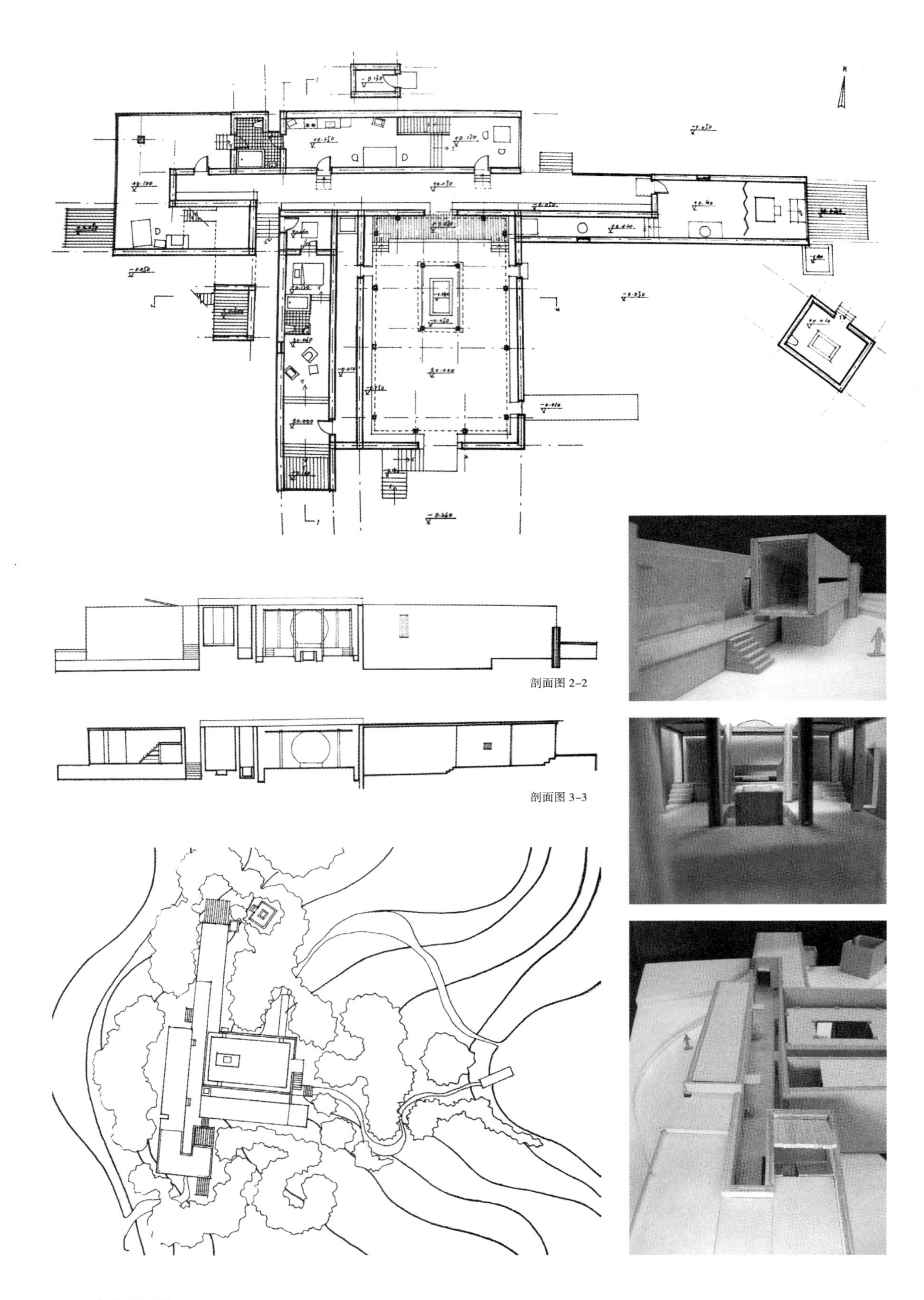

剖面图 2–2

剖面图 3–3

## 11．学生：崔晓萌（2003级） 指导教师：傅祎

与业主的第一次沟通：

业主想要一栋全家四个人所居住的别墅，作休闲之用。业主希望家人在这里居住，可以觉得放松自在，可以得到真正的精神上的休息。这个地方景色要好，交通要便利，不要离市区太远。别墅要有充足的采光，每个人要有自己相对独立的空间。客厅要开敞，用落地窗，每间卧室都要有相应的书房，不必设客房和佣人房，有一个封闭空间用来看投影。

与业主的第二次沟通：

四天以后，我们谈到了他上次要求的"独立的空间"，我们都有了新的领悟。

他起先希望的独立是没有人打扰自己，在一个属于自己的环境中做自己想做的事情。对这样的家而言，独立的空间是最适合的，每个人都会在这个家中拥有自己的天地。

但是，真的把每个人隔开时，独立也不会是真正的独立。一家人，就算不住在一起，心理也会惦念对方，这是一种依恋，长时间的存在让人忽视了它，但它却一直存在，只在分开的时候才能体会到对家人的那种依恋与关怀。

对于别墅，把每个人独立出来，会不会让他们感到不安呢？也许一墙之隔就能让人懂得聚与散。我们决定要升华"独立空间"的意义。

独立与融合在词义上是没有交集的，但在空间上，它们可以是并生的。在人的情感上，更是没有明确的界线。

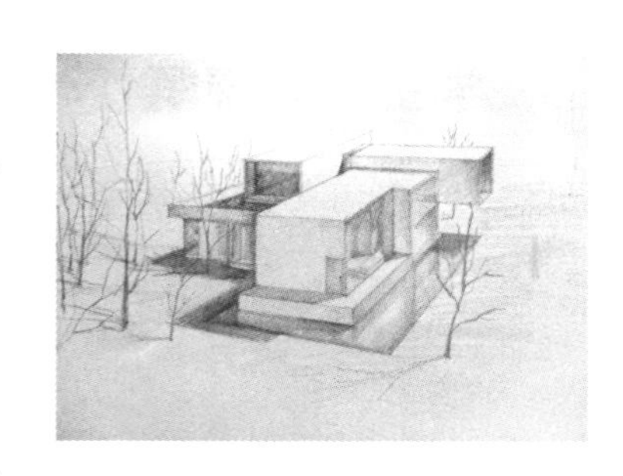

最后：

我们达成共识："独立"仍保留，还要加上"融合"。"依恋"可以微妙地展现在空间上。依恋是人的感觉，交融是基于依恋的空间表象。

依恋与独立，交融与离散。

离散与交融是两个极端，我们的生活就在这之中徘徊。

离散与交融不是空间或时间上的相隔，它们的联系不是两点之间的线段，也不是密切就意味着交融，疏远就意味着离散。

在我看来，离散与交融应是心灵上的，只有心灵才能沟通，只有心灵会被喜怒哀乐所触碰，只有心灵才能度量出人与人真正的距离。

我相信心灵上的相通，相信空间与时间上的相隔不是阻碍。

就像落叶不论被风吹散到哪里，终会化为泥土；就像雨滴不论坠落在哪里，终能汇入大海一样。物皆如此，有着离散与交融，人的生活也是这样的。

我的设计：

首先，基地提供了一个很明确的地形，东南方树稀，坡缓，开敞，西北方树密，坡稍陡，显得隐匿私密。我的设计也依照这种现有的情况，主立面为南立面和东立面，并保持这两个立面开敞，家庭的主要活动区要放在这边。

我把每个人的独立空间设为立方体单元，在四个方向上穿插在家庭的主要活动空间上，意图很明确，通过别墅的基本形态来体现"独立"与"融合"。这样形成的空间有叠加、有出挑，显得整个建筑很生动、有动感，给人带来了一种积极的情绪。

在很多细部上，尤其是每个单元的交接处，我都采用了在墙上开洞口的方式，使得每个独立空间之间多了交流，而且这种交流恰到好处，不会影响到私密生活。洞口的存在提供了多种可能，可以敞开，可以关闭，可以只透过光亮，通过这些可变的细部，人的情绪便可支配空间，而不是空间支配人。

作为住宅，人是中心，建筑最重要的是要保证生活质量，这体现在功能分区上、采光上、私密上等，人的感受因这些而不同。我尽量把多重因素考虑在内，组成一个流畅的空间，并能满足人的情绪上的改变。

崔晓萌

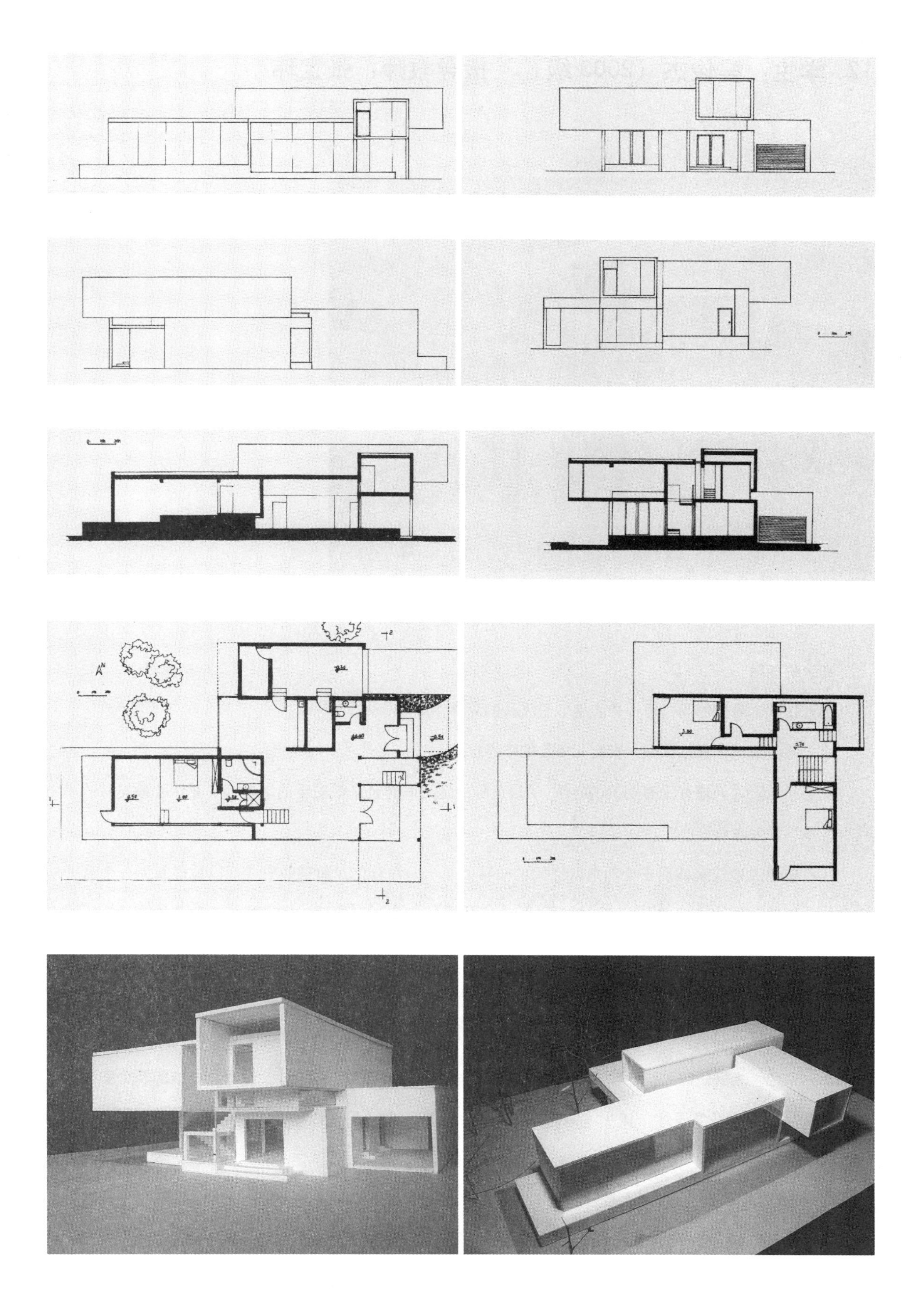

## 12. 学生：晏俊杰（2003级）　指导教师：张宝玮

安全的危房

选址在一个悬崖的洞穴里，悬崖底下是大片的森林。

业主希望找一个临界状态，安全和危险的临界状态。

安全和危险之间或许没有明确的界限："最危险的地方同时也是最安全的地方"，"要体验最美好的事物有时不得不冒生命危险"。

我希望通过建筑来体现安全与危险之间的一种关系、一种转化，建筑的形式可以被理解为一个盒子从安全向危险转化的四种状态，也可以理解为四个紧挨着的像多米诺骨牌一样逐渐向下滚落的盒子。功能上四个盒子相对独立，从里到外：卧、书、厨、茶，同时，空间也由私密到开放，再到最私密。

四个盒子不同的倾斜角度以及它们不同的排列位置让各自具有不同的危险系数，从物质层面说，最为危险的第一个盒子是茶室以及冥想空间，暗示着人只有在逆境中不断超越自我，"日三省吾身"才能在社会中立于"安全"之境，因此，在精神层面上，第一个盒子是最"安全的盒子"。最里面平放的那个安稳的盒子是卧室，同样也好像有意告诫主人，如果安于现状，纵容自己的惰性，那么，他将在安逸中碌碌无为，可以说，这个盒子是"危险"的。

交通在这里不只是为了到达某处，更多的是在体验行走在建筑中的这一变化过程。四个盒子，四种不同的坡度，四种不同的行走方式，或走，或蹦，或滑，或爬，让空间呈现出耳目一新的一面。

建筑尽可能地满足了业主的采光要求，由里向外逐渐光明。墙体从外到里逐渐变厚，满足了业主的安全需求，同时结构上也较为合理。每个盒子之间为铰接，也就是说，如果铰接点不固定的话，建筑是可滚动的，理论上是个名副其实的危房。

晏俊杰

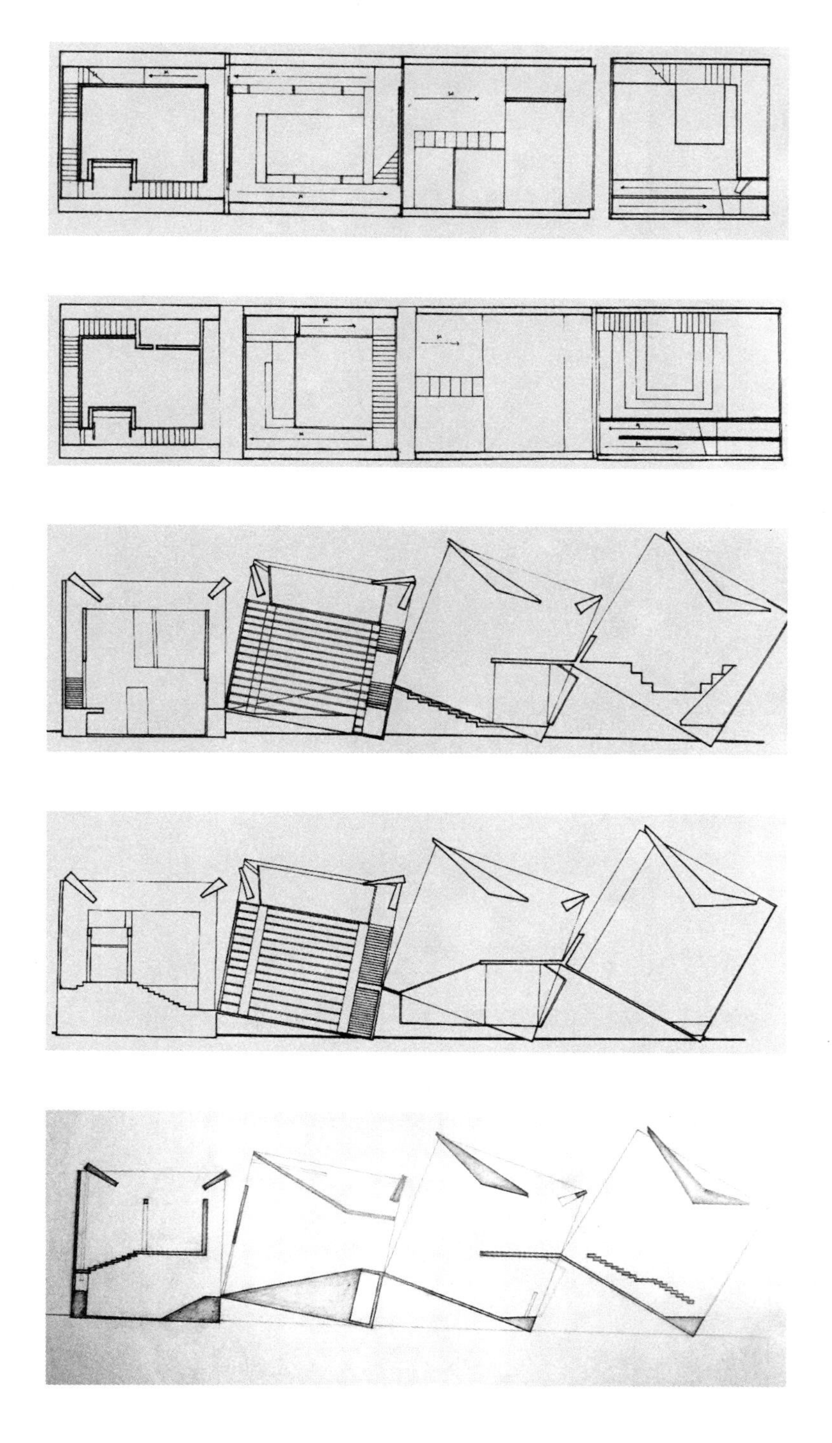

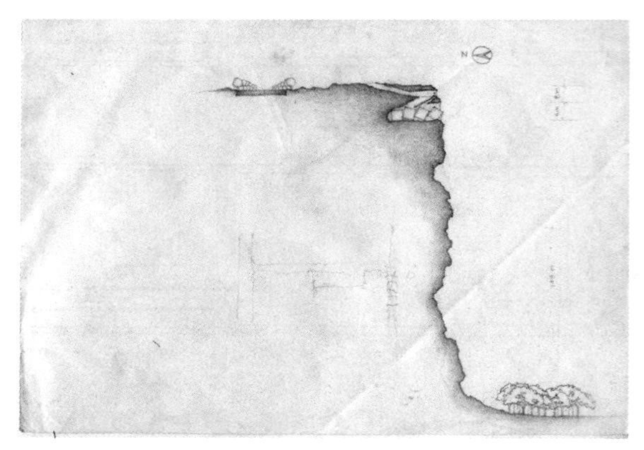

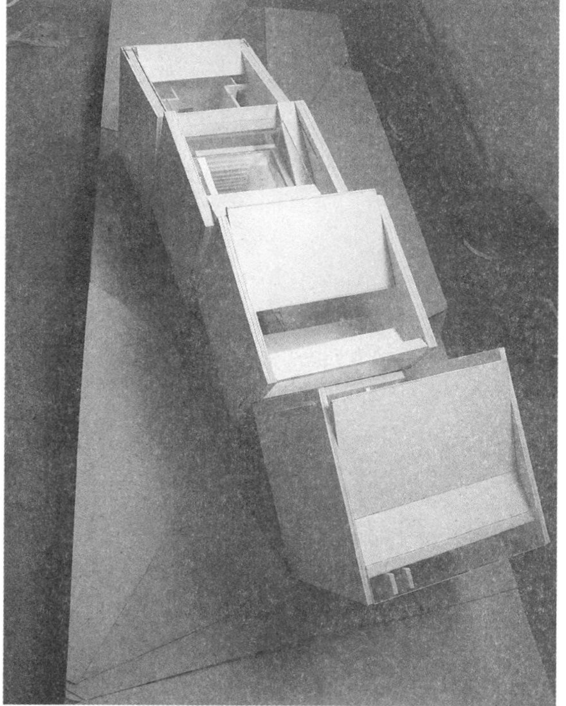

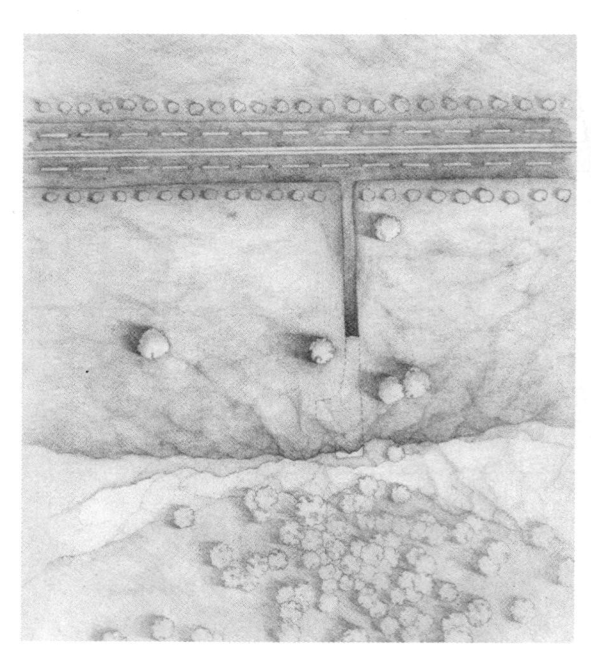

## 13．学生：胡娜（2004级）　指导教师：傅祎

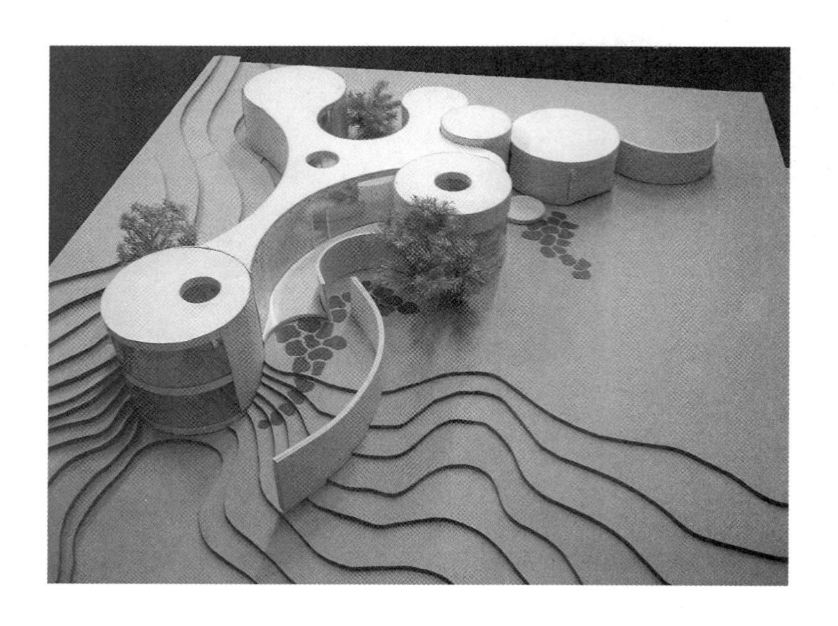

这座别墅是为我的一位好友设计的，她对别墅提出了宽阔明亮但不能缺乏安全感和私密性的空间要求。别墅的形态灵感来源于“流动”一词，在设计过程中探讨了流动空间的作用。一方面，流动性增强了使用者与空间的关系，另一方面，流线成为了统一的元素，引导一种运动趋势，流线的空间贯穿整个建筑，起到界定和引导的双重作用。曲线使人在空间中的运动产生延伸，同时有利于形成片段的观感，这种片段感引起好奇心，促进人的行为。别墅内部形成积极的空间。

别墅内部的公共空间和交通空间位于建筑的中间部分，建筑的两端是居住部分，分别是主卧室和两间客卧。建筑朝北方的大面积封闭的弧墙避免了冬季的风吹，构成并保证了居住空间的私密性。

在主卧的旋转楼梯上方、起居室和工作间分别设置了天窗，白天，光线从上部射入，照亮了相应的空间，呼应了这些空间的功能需求。

胡娜

用连续曲线形态，既回应了地形，也创造出了独特的建筑外观。正如设计者所说，弧线墙体在带来运动趋势的同时，也包含了不确定性——不能一眼看到尽头。在平面图中，长弧线意味着流动，圆形空间意味着静态，两者个性鲜明。内凹与外凸的空间也把室内外的关系加强了。不足之处在于，餐厅和起居区域的流动性过强，应该在流动与静态之间再设置一个宜静宜动的“中间层次”。

教师评语

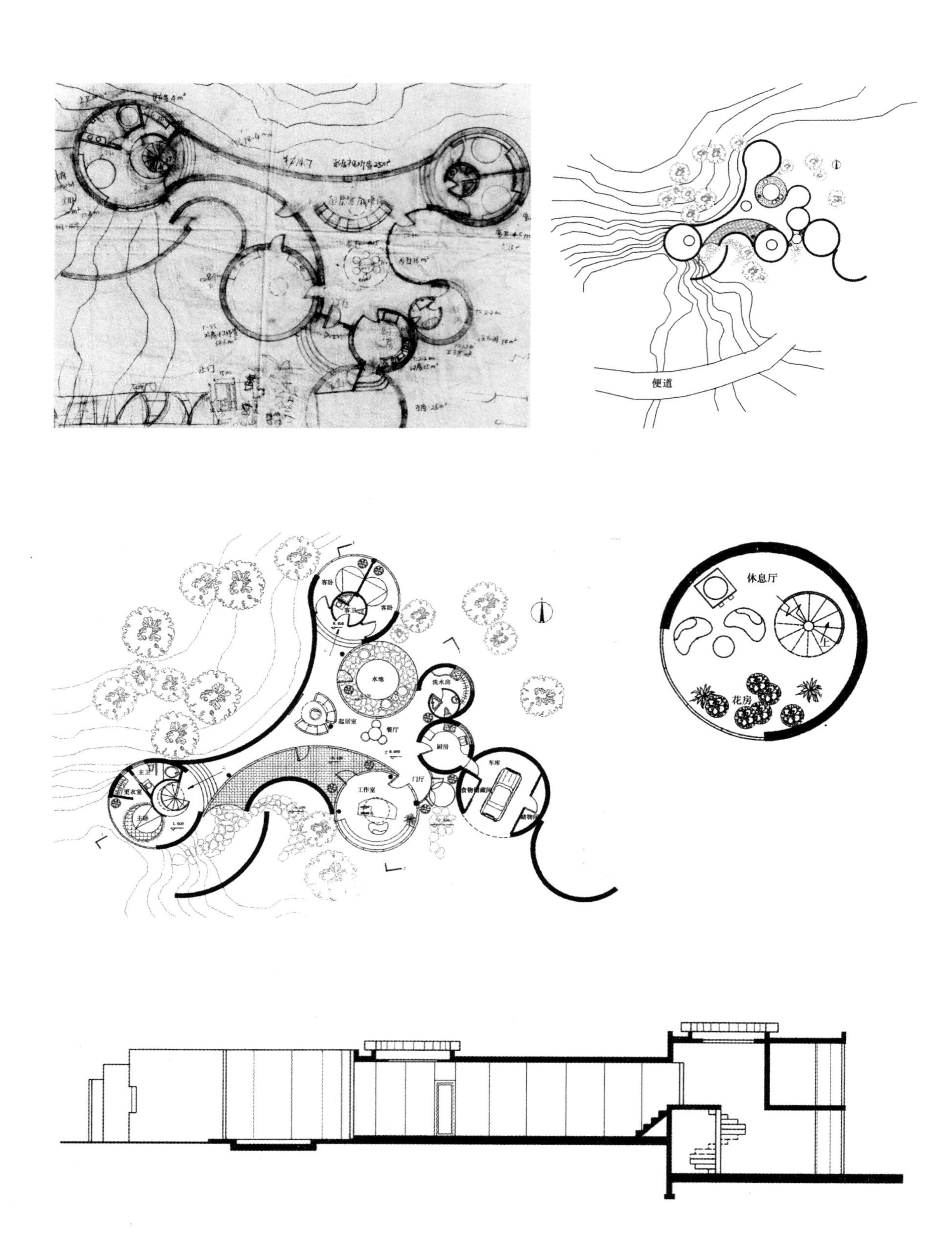
便道
客卧
客卫
水池
洗水房
起居室
餐厅
厨房
车库
门厅
工作室
食物储藏间
主卫
更衣室
休息厅
花房

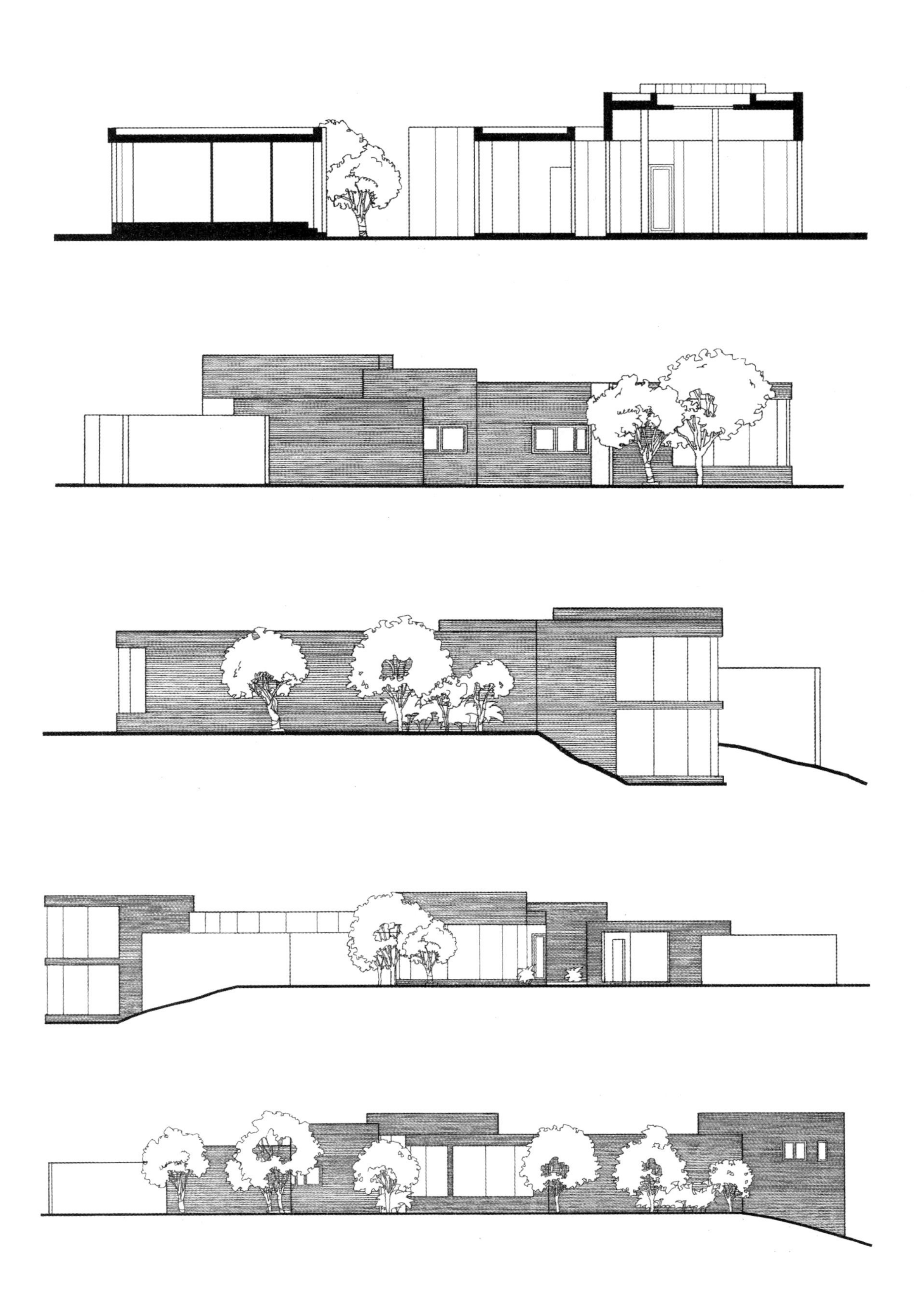

## 14．学生：申佳鑫（2004级）  指导教师：黄源

别墅的业主是我的朋友Law——深居简出的双子座。别墅继承了主人性格上的双面性，南北方向的立面有截然不同的设计。北面封闭的实墙可以抵御冬季的西北风，南向“树林”式的立面提供了观景角度和充足的阳光。

南立面以交叠的树枝的形式作为表皮结构，与外部山林呼应，灵活随机的洞口与内部空间功能相结合，原本单一的空间变得生动丰富——射入的阳光化成大大小小的光斑散落在大厅地面上，伴着长长的树影，让人有身处森林中的感觉。

内部空间呈“回”字形，由东南角向西北角逐渐封闭。室内的庭院四面由透明和半透明的玻璃围合。半透明部分起到分隔内部空间的作用，同时，半透明的部分填充了干花植物，在光线下产生了轻盈空灵的感觉。Law从事平面设计，爱好摄影，所以在住宅的二层安排了展示其作品的空间。

业主的具体要求：

（1）适合一个人居住的周末别墅，也要为偶尔来玩的朋友提供客房、起居室等功能空间。

（2）可以以最好的角度欣赏到周围山林，希望把自然融入到室内。

（3）基于职业上的特点，要求有宽敞安静的工作室和小型的展廊。

（4）业主有在下午1：30喝下午茶的习惯，所以要求有一个别致的空间与喝茶的心情相配。

（5）内部空间简单纯粹。

申佳鑫

这个设计较好地处理了内向与外向两种空间感。外部以树枝状结构回应环境，内部采光庭院又创造出了静谧唯美的氛围。内部空间组织简洁明了，在楼梯、开窗的细节处理上却显示出了微妙的变化和趣味。

教师评语

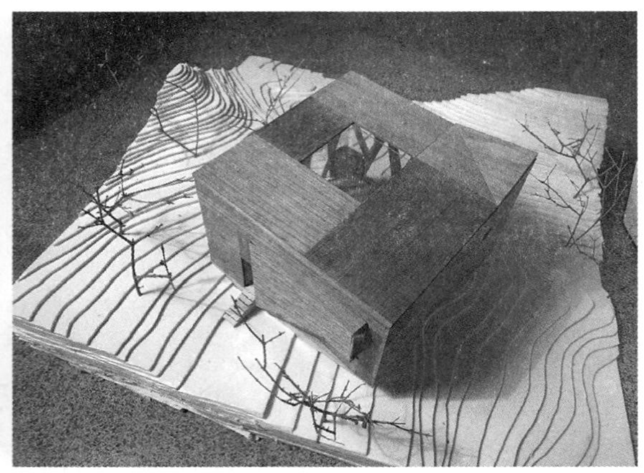

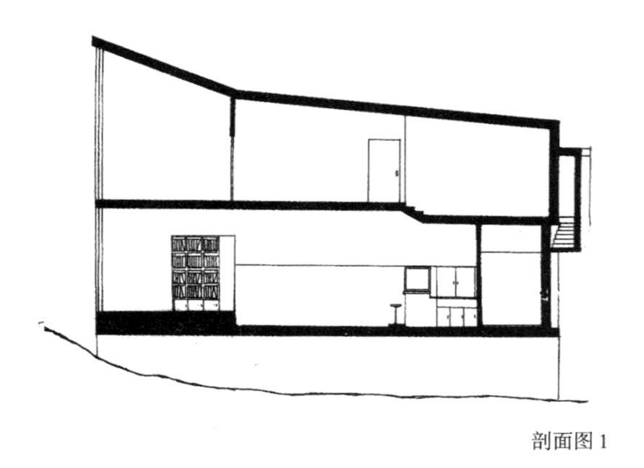

剖面图 1

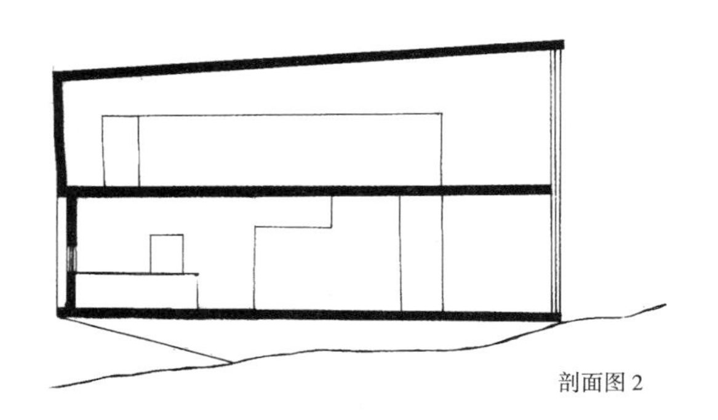

剖面图 2

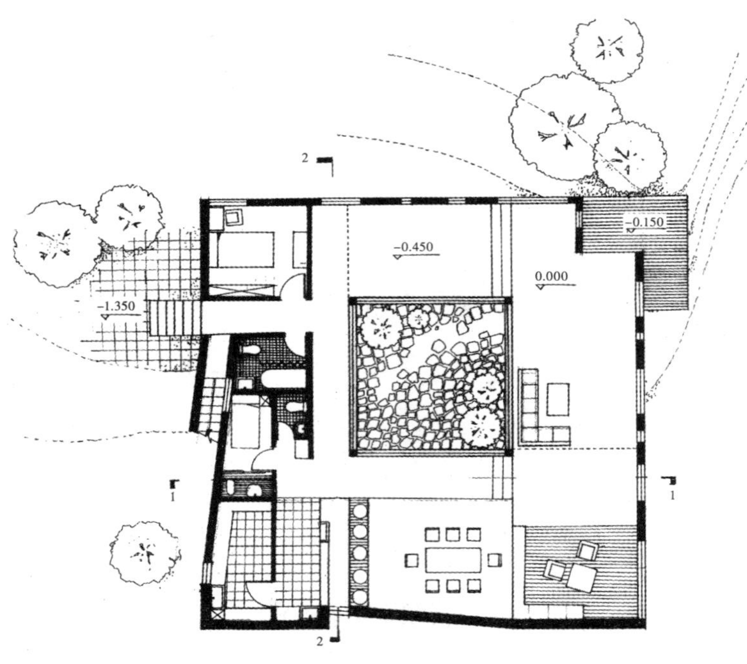


一层平面图

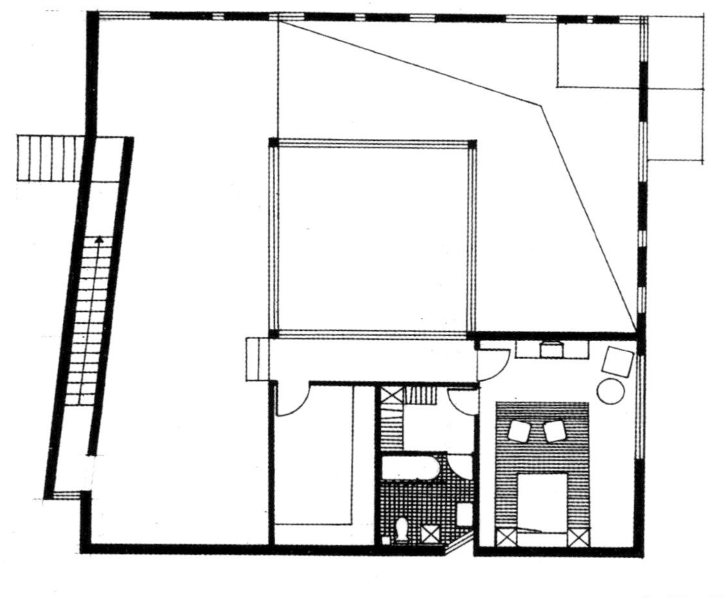

二层平面图 0 100 200

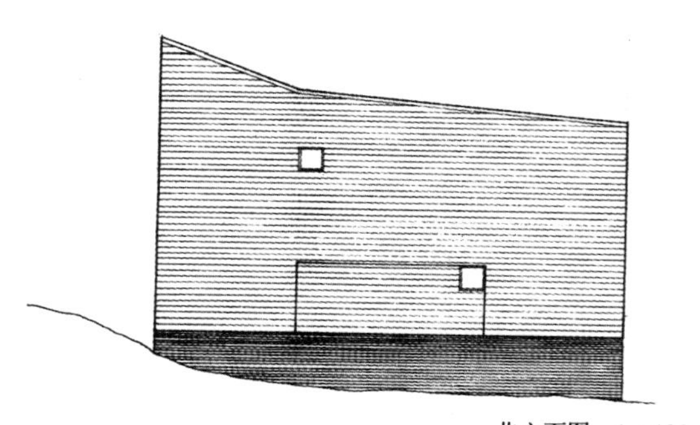

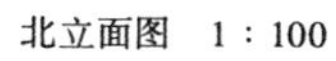

北立面图 1：100

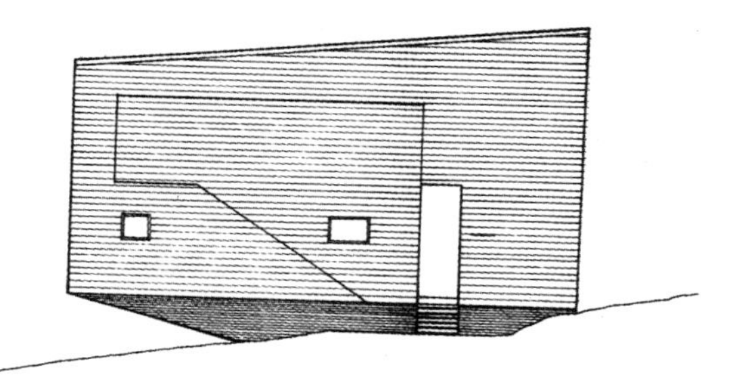

东立面图 1：100

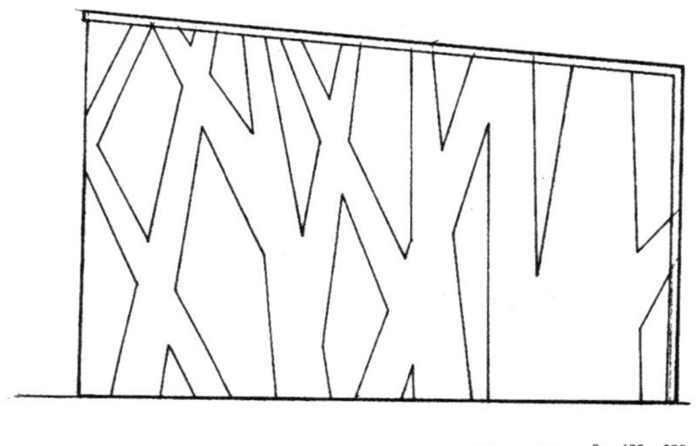

南立面图 0 100 200

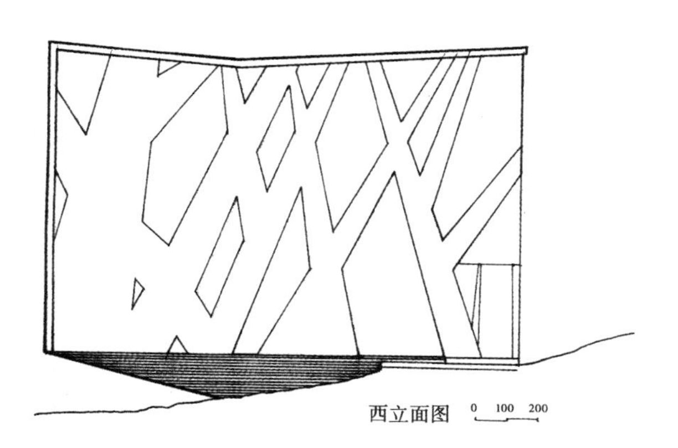

西立面图 0 100 200

## 15. 学生：闫海鹏（2004级）  指导教师：韩光煦

设计是从内向外的。我认为，别墅作为居住空间，其内部的合理性与意境比外表的个性重要。设计采用了简洁的外观造型，以矩形体块为主，颜色采用白色，与周围环境产生强烈对比，体现其现代简约之美。

闫海鹏

建筑布局以4个方向的风车状布置体块，围绕小庭院，室外平台、水池、植物等景观元素从不同方向渗透进室内。各功能房间的朝向合理，流线简洁亦存在趣味变化，制图细致精确，反映出了设计者对于细节的关注。由于体块的组合简明有力，使得立面和开窗的处理也较为简明直接，显示出明快的风格。

教师评语

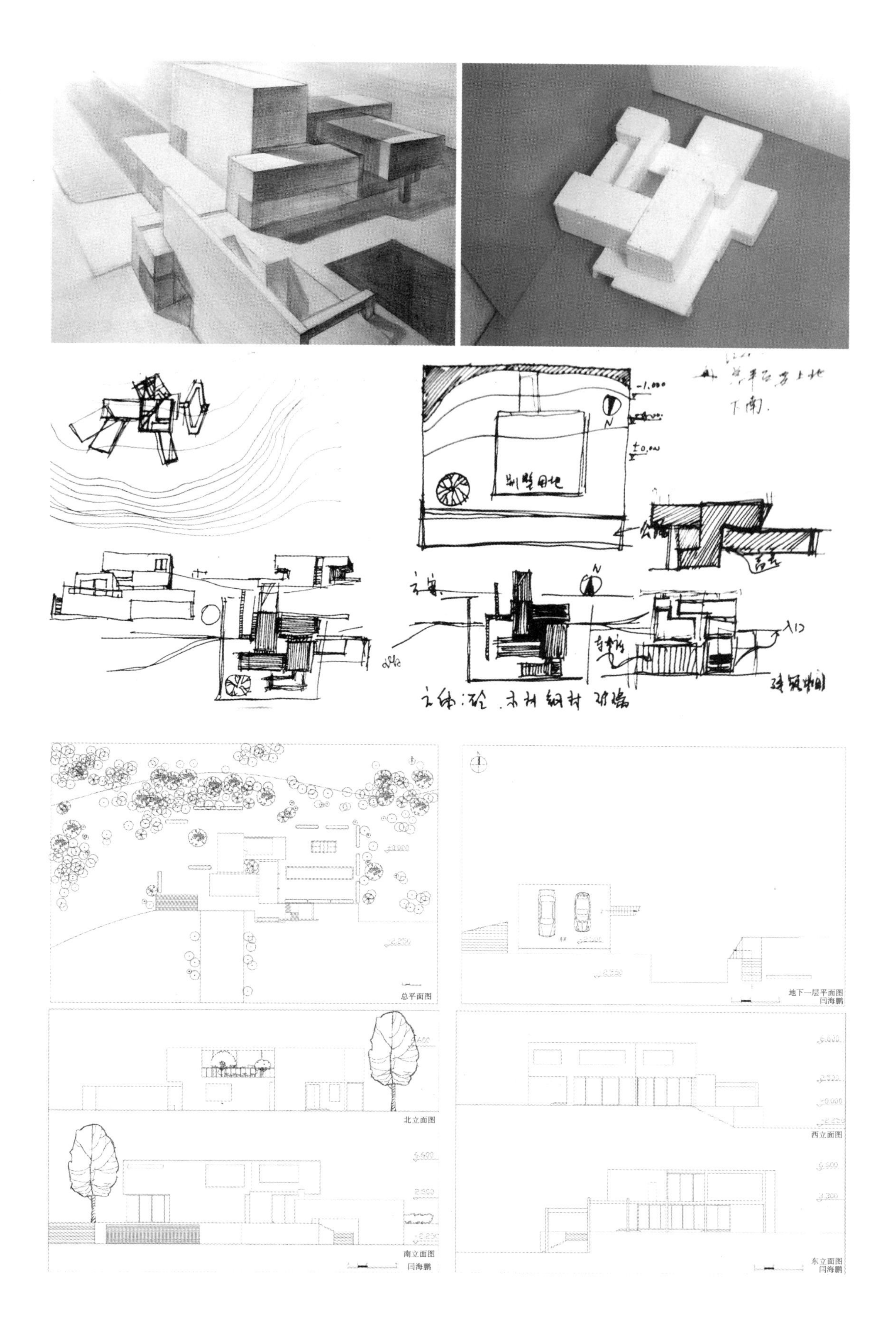
总平面图
地下一层平面图
闫海鹏
北立面图
西立面图
南立面图
闫海鹏
东立面图
闫海鹏

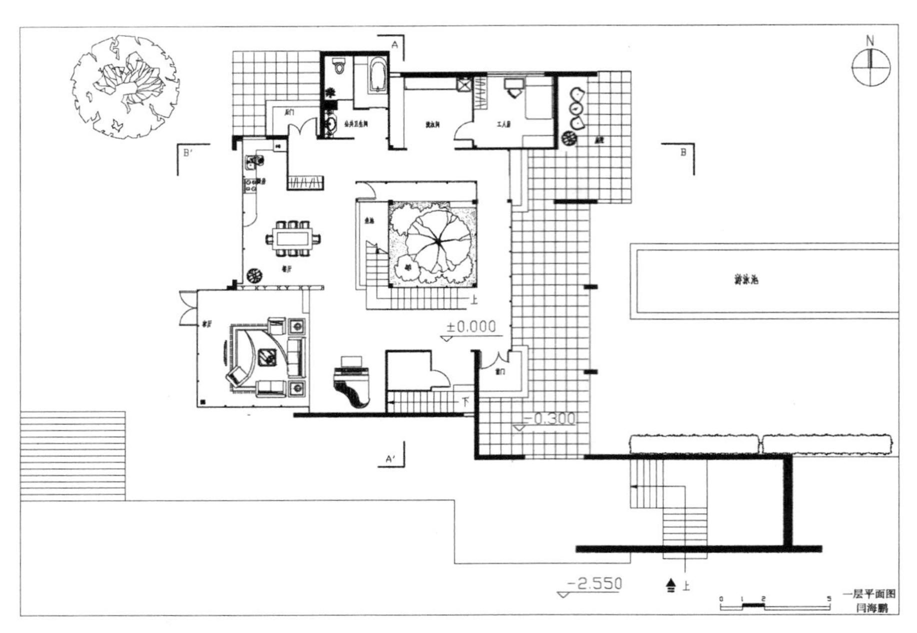


一层平面图
闫海鹏

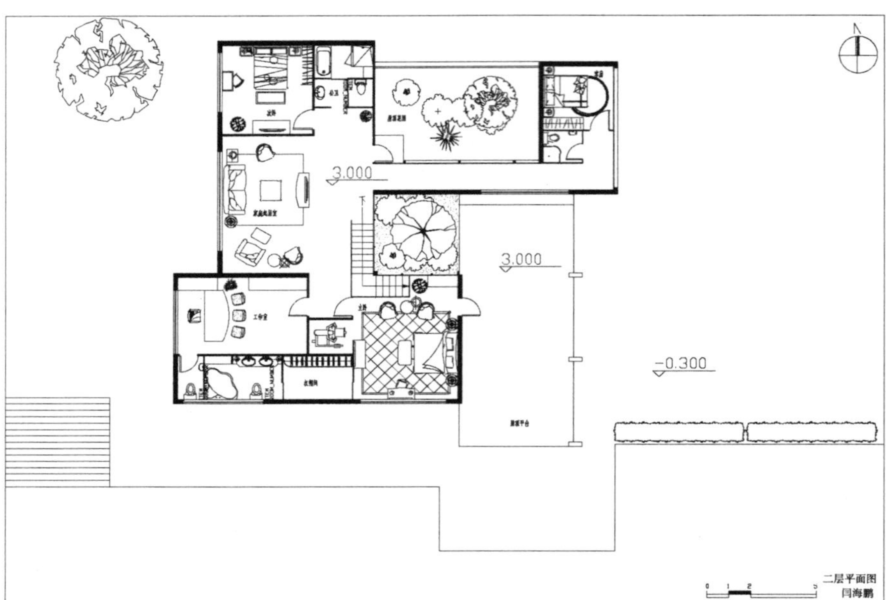


二层平面图
闫海鹏

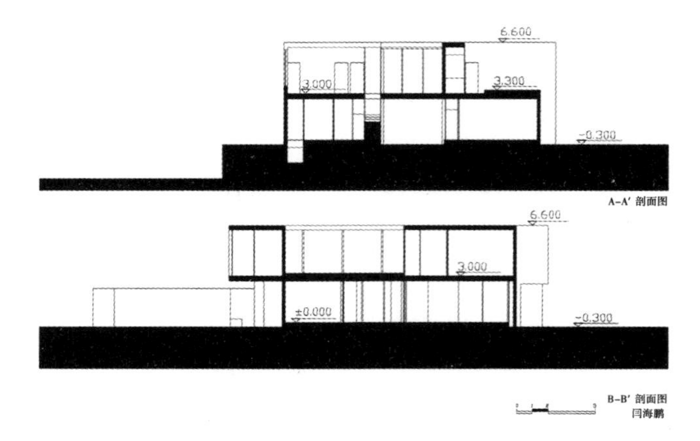


A-A′ 剖面图

B-B′ 剖面图
闫海鹏

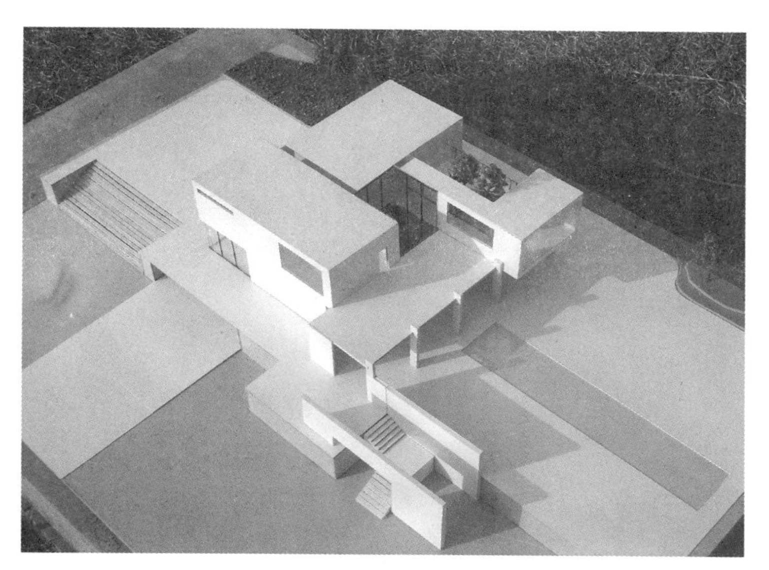

## 16．学生：谢海薇（2005 级）　指导教师：董灏

作为本科二年级的学生，尝试运用图表、分析图作为设计工具，难能可贵。场地、时间、人的活动方式、流线等均作为设计的因素进行综合考虑。从设计结果上看，在场地上，以对角线方式跨越建筑屋面的室外人员流线成为了主要的考虑，使得这个设计与场地建立起了特定的紧密联系。诚然，这在私人住宅的课题中是不寻常的做法，如果允许陌生人在屋顶上穿行，可能会给业主带来使用上的问题，但对于设计方法和设计概念的连贯一致性而言，该方案是清晰而有特色的。需要指出，相对于外观的清晰明确，内部空间的组织显得较为僵化和被动，尚有改进的余地。

教师评语

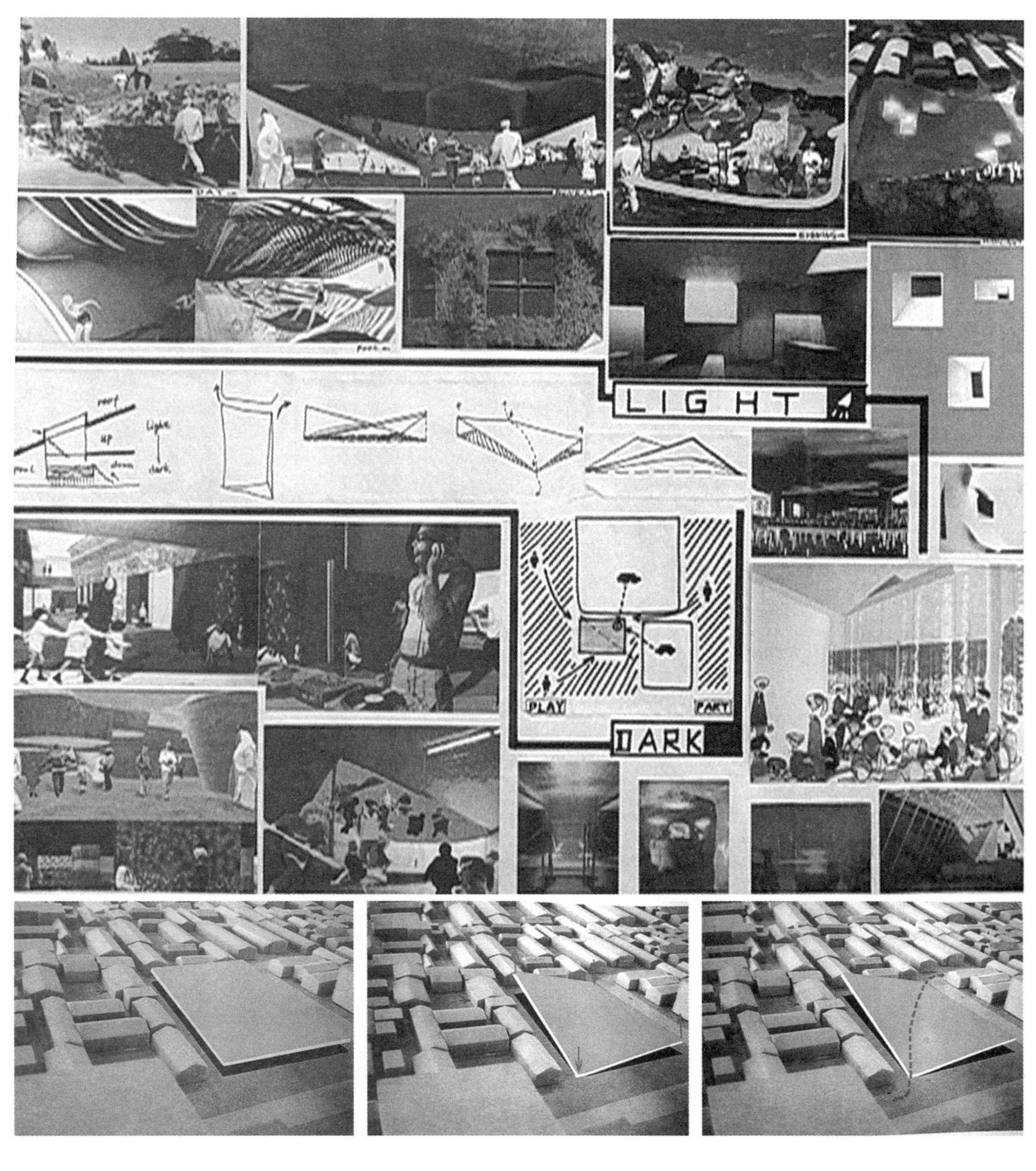
LIGHT
DARK
PLAY
PARTY

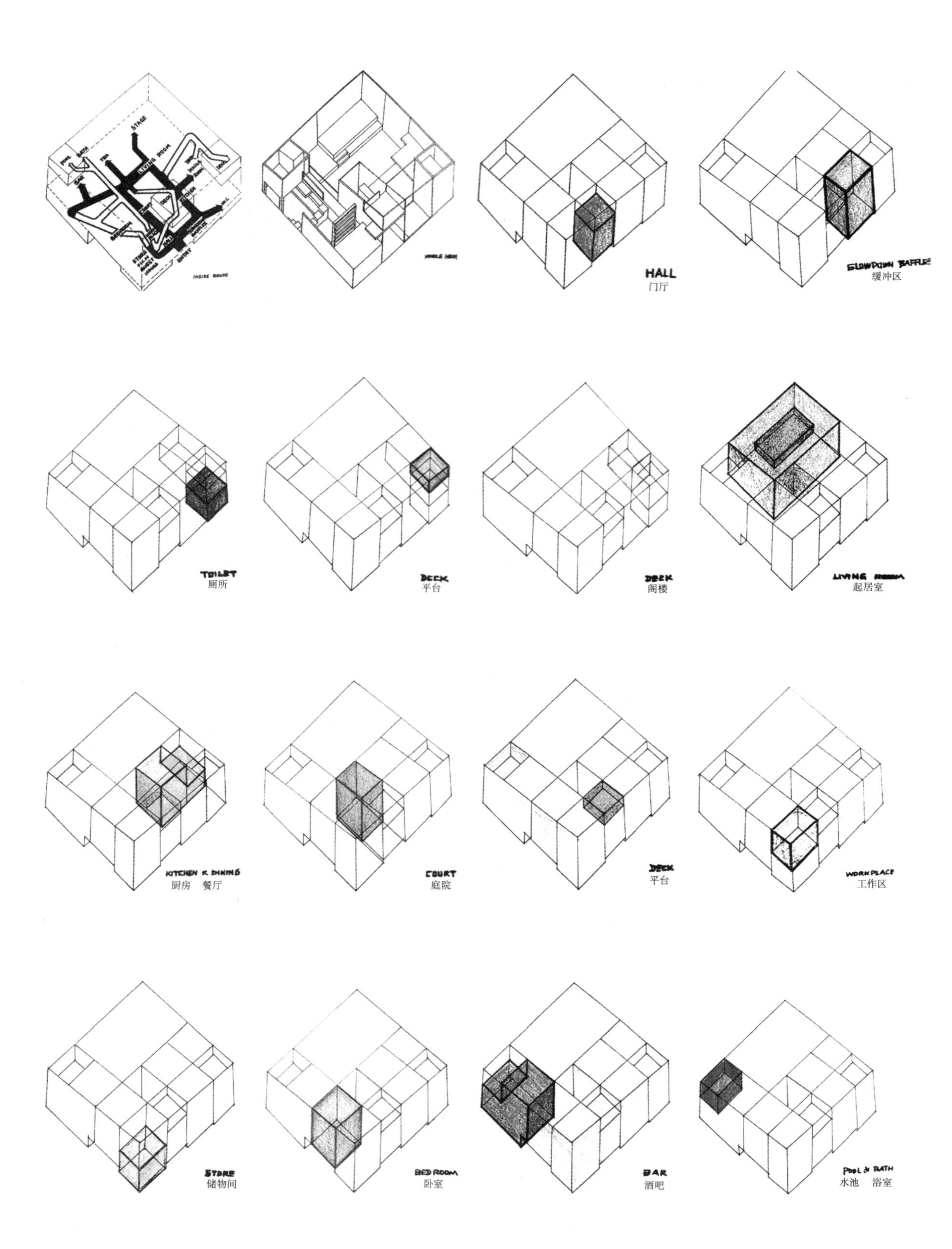
STAGE
LIVING ROOM
POOL
BATH
TEA
BAR
BEDROOM
ENTRY
INSIDE ROUTE
WHOLE HOUSE
HALL
门厅
SLOWDOWN BAFFLES
缓冲区
TOILET
厕所
DECK
平台
DECK
阁楼
LIVING ROOM
起居室
KITCHEN & DINING
厨房 餐厅
COURT
庭院
DECK
平台
WORKPLACE
工作区
STORE
储物间
BED ROOM
卧室
BAR
酒吧
POOL & BATH
水池 浴室

## 17. 学生：李琳（2005级）　指导教师：王铁

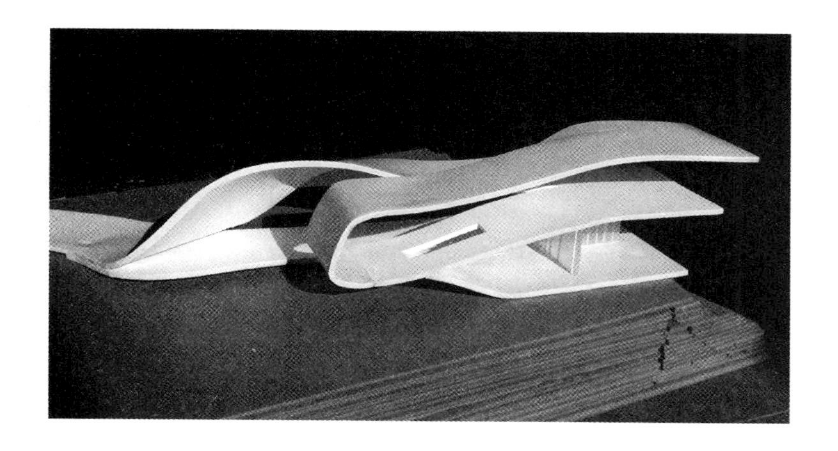

路的尽头，地的边缘，建筑浮出，建筑与场地第一次发生关系。平面分裂，新的空间生成，上下的界限被软化，游走在上下之间，事件在进行中发生。公共空间和私密空间被狭长的室外空间割裂，建筑与场地第二次发生关系。距离感生成，主人在私人领域中再一次划分了自己的领地。玻璃，最大限度地模糊室内与室外，建筑与场地第三次发生关系，自然介入视野。生活的流线被有选择地展示。墙，被置换成双层的玻璃与列柱，室内的围护被削弱，空间更加开放。

李琳

起伏连续的山地被抽象成弯折的曲面，塑造建筑的外形和内部空间。构思大胆、图面表现独特，其设计概念和造型手法甚至贯彻到家具的层面，显示出该学生整体的设计控制力。设计方案展现出了对于独特视觉体验的追求，强调对于造型和空间的创新，内部空间转换自然而流畅，不拘泥于对功能的一般性理解。

教师评语

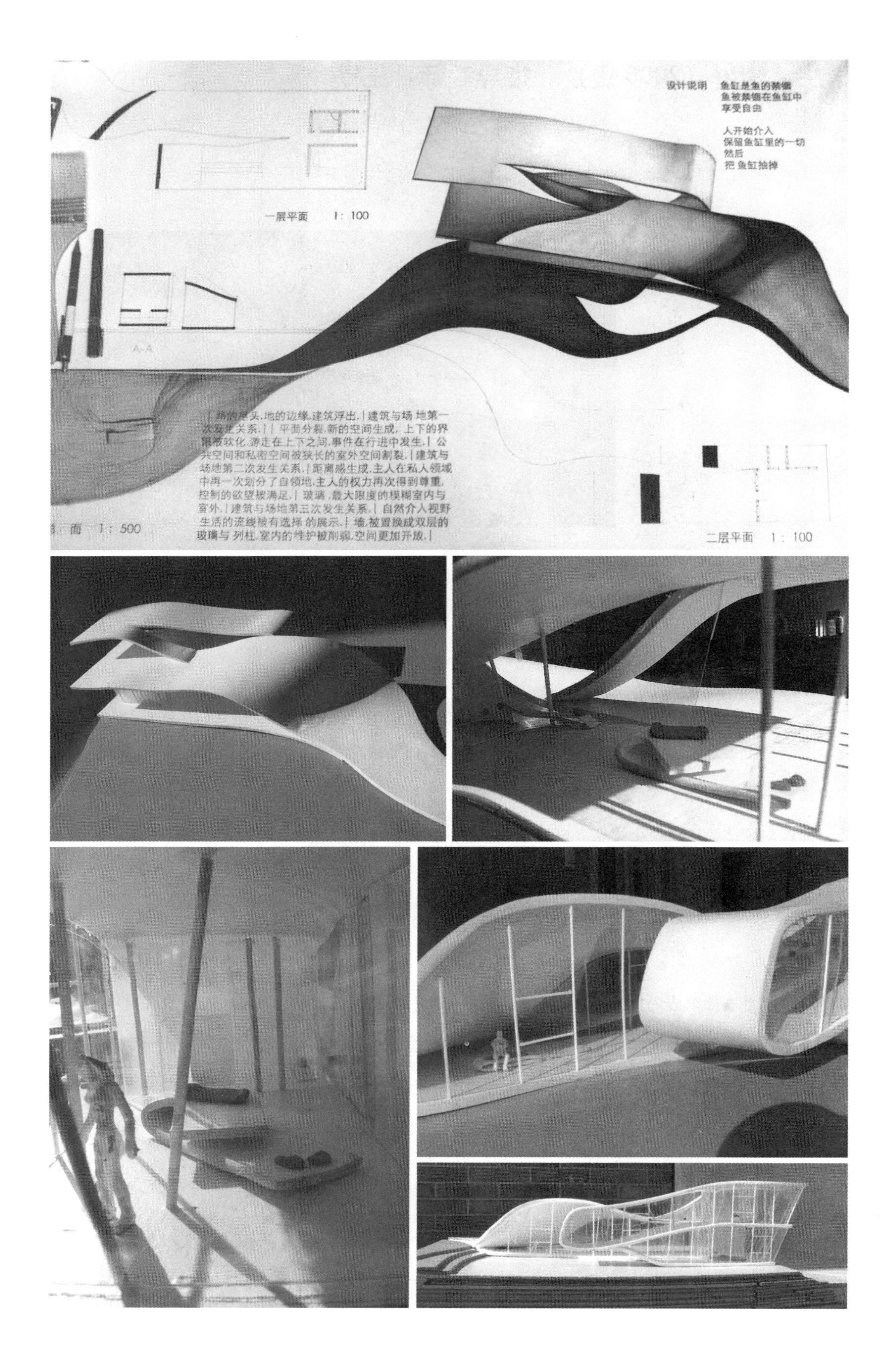
设计说明
鱼缸是鱼的禁锢
鱼被禁锢在鱼缸中
享受自由
人开始介入
保留鱼缸里的一切
然后
把 鱼缸抽掉
一层平面 1：100
A-A
|路的尽头.地的边缘.建筑浮出.|建筑与场 地第一次发生关系.||平面分裂.新的空间生成，上下的界限被软化.游走在上下之间.事件在行进中发生.|公共空间和私密空间被狭长的室外空间割裂.|建筑与场地第二次发生关系.|距离感生成.主人在私人领域中再一次划分了自领地.主人的权力再次得到尊重.控制的欲望被满足.|玻璃，最大限度的模糊室内与室外.|建筑与场地第三次发生关系.|自然介入视野生活的流线被有选择 的展示.|墙.被置换成双层的玻璃与 列柱.室内的维护被削弱.空间更加开放.|
总 面 1：500
二层平面 1：100

## 18．学生：温鹤（2005级）　指导教师：黄源

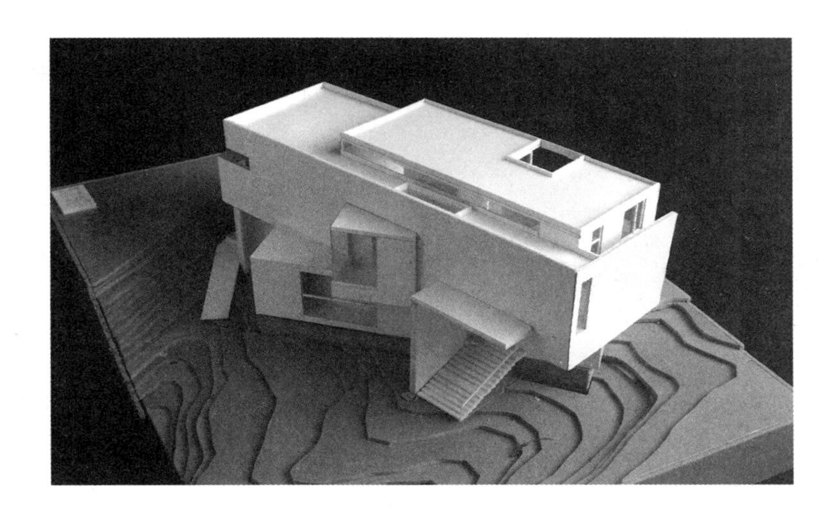

1．地段与环境：建筑位于一块天然的山地中，四周环山，环境优美，夏季凉爽，冬季有寒冷的东北风，因此北面较为封闭，南面较为开敞。

2．体量关系：建筑采用两个简单的长方体相错开一定的角度再叠加，以此区分主、副空间。一些贯穿的竖向墙体既是结构支撑，也是空间分隔，衍生出一些比较特殊的空间。

3．空间流线：平面主要利用服务空间作为分割载体，尽量保持活动空间的通透，空间转换连续而有趣。

温鹤

该实例首轮的两个草模制作得较为粗糙，空间意向不甚明确，只能看出两点：

1．两个上下分布的长条形体量和之间的夹角。2．几片垂直墙体上下贯穿两个体量作为支撑。

新一轮概念模型将上下层空间布局和竖直方向的咬合关系表现了出来，设计得到很大推进。在图纸上，功能安排和流线安排也有进展。第三轮工作模型，空间和形式的细节、立面开窗方式等进一步深化，模型采用PVC板制作，墙体和楼板的厚度感觉也更接近实际建筑。在朝南的方向，建筑有较大面积的开窗，而朝北方向考虑到冬季保温节能，以实墙为主。模型中部斜角凸出的小空间是一个特别的会客休息空间，如同一把锁，将上下两个体量紧紧咬合在一起。在设计深化阶段，设计者处理了建筑转角、屋面、高窗、天窗、出入口雨篷的细节。这些处理都应该既考虑外部形式感，也关注内部视觉效果和光环境效果。如果结合计算机软件建模和渲染推敲室内设计，则可以更为完善。

最终成果显示出了作者有很强的空间想象力与感知能力，能够处理复杂的空间关系，并且把合理的功能关系结合进去。明确的上下两层交错体量之中包含了丰富的空间流线转换与不同性格空间的组织。图纸表达充分而细致，模型制作完整准确。

教师评语

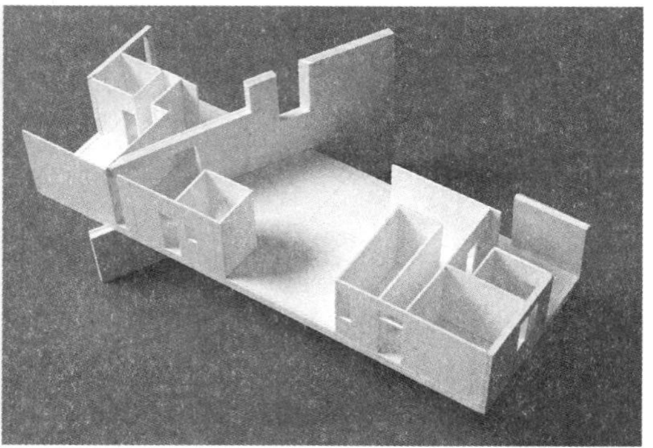

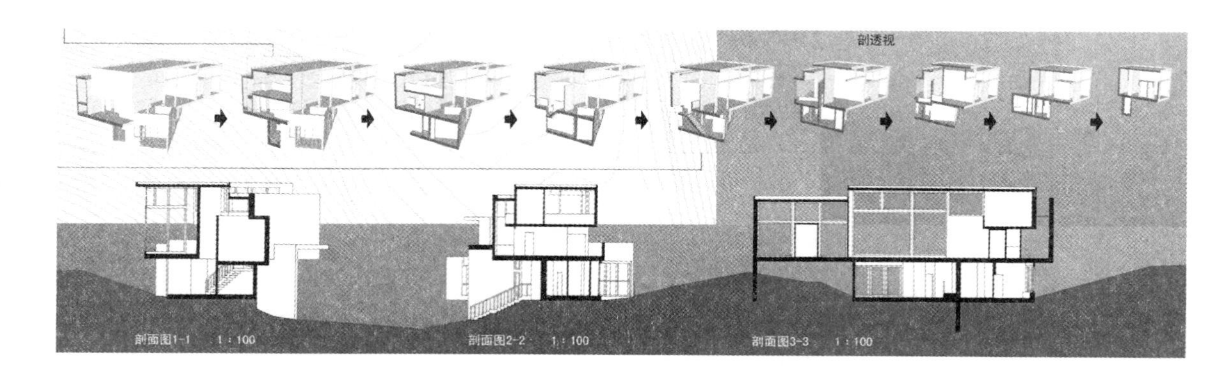
剖透视
剖面图1-1　1：100
剖面图2-2　1：100
剖面图3-3　1：100

效果图

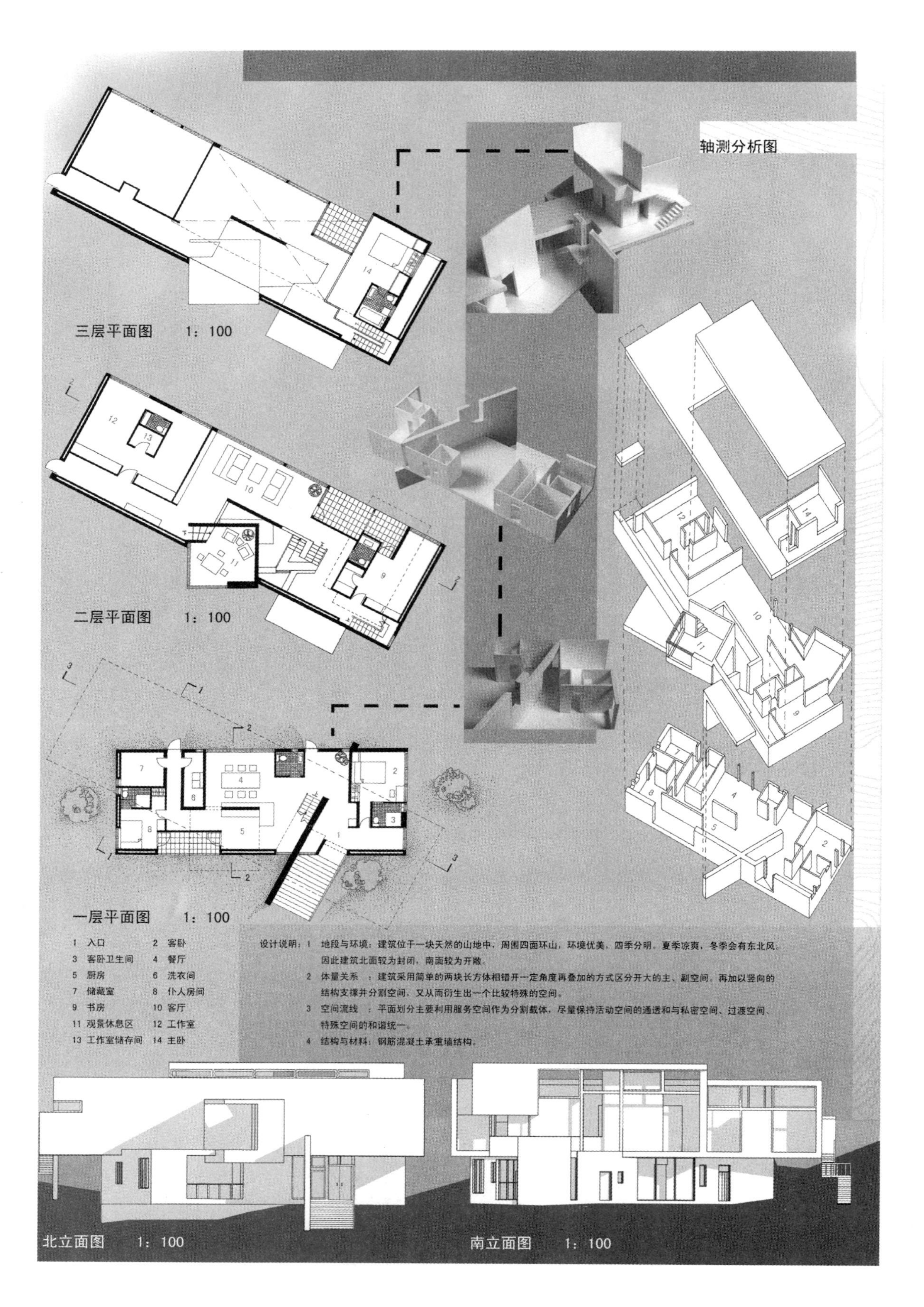
轴测分析图
三层平面图 1：100
二层平面图 1：100
一层平面图 1：100
1 入口 2 客卧
3 客卧卫生间 4 餐厅
5 厨房 6 洗衣间
7 储藏室 8 仆人房间
9 书房 10 客厅
11 观景休息区 12 工作室
13 工作室储存间 14 主卧
设计说明：1 地段与环境：建筑位于一块天然的山地中，周围四面环山，环境优美，四季分明。夏季凉爽，冬季会有东北风。因此建筑北面较为封闭，南面较为开敞。
2 体量关系 ：建筑采用简单的两块长方体相错开一定角度再叠加的方式区分开大的主、副空间。再加以竖向的结构支撑并分割空间，又从而衍生出一个比较特殊的空间。
3 空间流线 ：平面划分主要利用服务空间作为分割载体，尽量保持活动空间的通透和与私密空间、过渡空间、特殊空间的和谐统一。
4 结构与材料：钢筋混凝土承重墙结构。
北立面图 1：100
南立面图 1：100

## 19．学生：郑默（2005 级） 指导教师：吴若虎

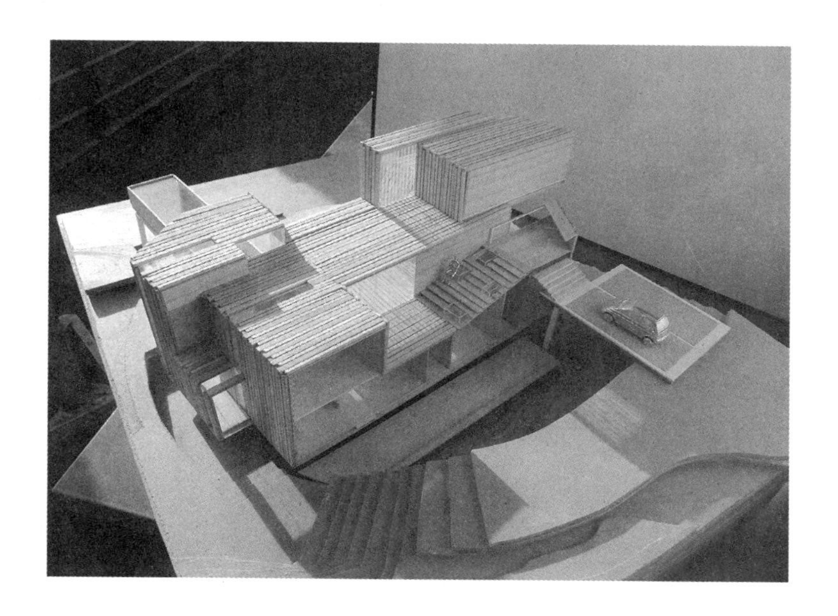

这个名为层筑空间的设计的主要手法有：在水平和垂直两个方向上分层，空间进行并置、咬合、错动，加以倾斜楼板的斜向连接。停车区和游泳池的长轴与主要展开方向相垂直，形成穿插效果。

作为初学者，能够在剖面的多个方向上进行思考和设计是很难得的，一个好的三维设计理应在三维空间中成形，而不是简单地叠加平面。

在模型制作中，细木条的肌理很好地配合了体量的分层与切片，表皮和体块的处理形成了合力效果，强有力地传达出设计概念。

教师评语

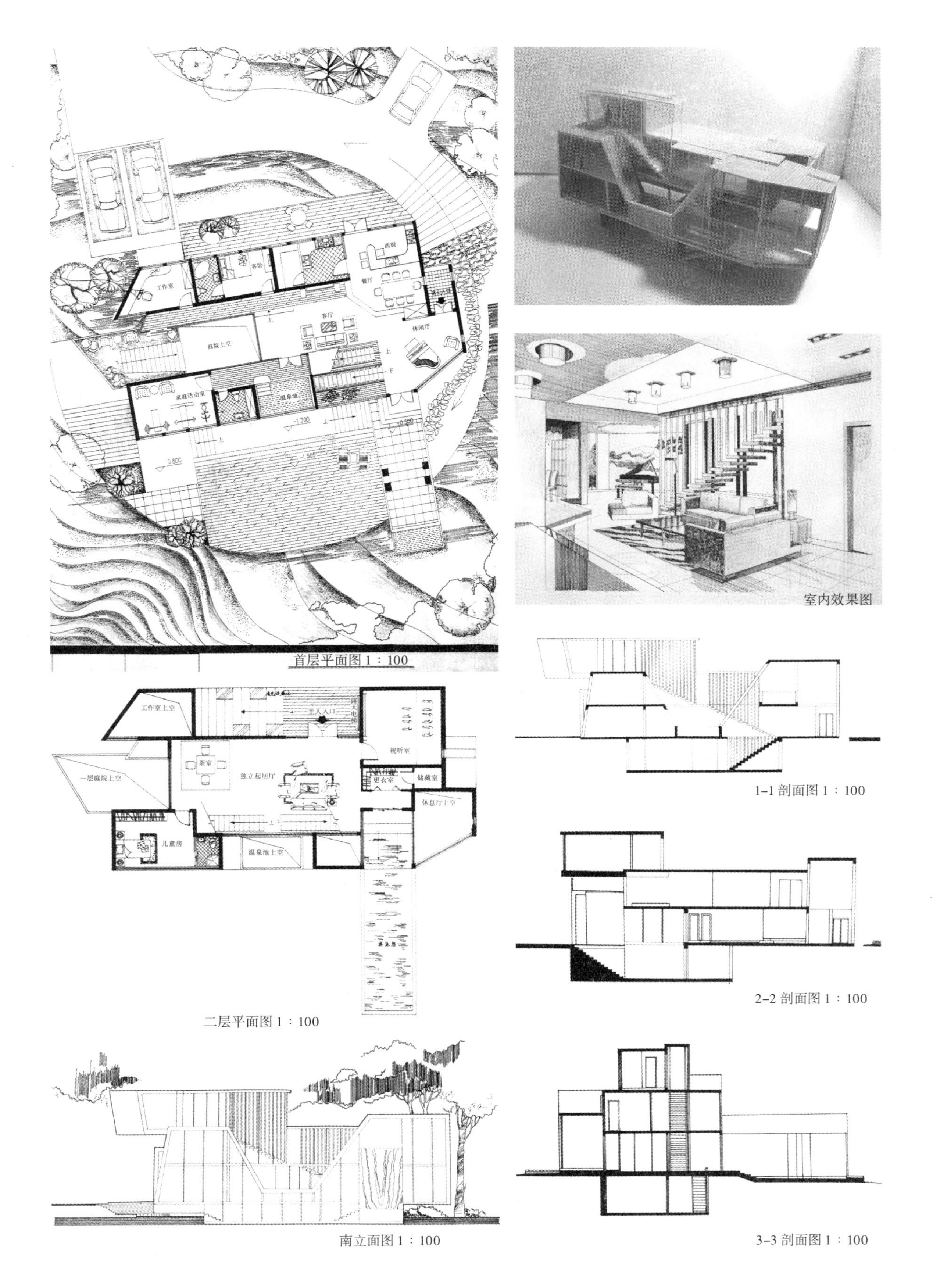


首层平面图 1：100

室内效果图

1–1 剖面图 1：100

二层平面图 1：100

2–2 剖面图 1：100

南立面图 1：100

3–3 剖面图 1：100

# 20. 学生：李俐（2006 级）　指导教师：范凌

该住宅的设计构思由功能展开，通过一种新的功能组织方式来打破传统的“楼层”的概念，从不一样的角度为人们提供居住空间体验。这个住宅中，由公共到私密，将功能分化组织成四条，从使用上决定功能之间的联系程度，让业主在使用中体验到一种功能上的“层”。以较陡的坡地为基础，将四条功能转化为楼板，逐一放上，多个标高的起伏和转折减弱使用者对于“层”的感受，使室内空间具有戏剧性和张力。中庭用以连通室内外。

李俐

作者借“慢宅”的概念，使空间流线呈现出异于寻常的复杂化倾向。空间的错综复杂和制图的层叠错动一时间让人迷失，如果不在平面图上标注家具，甚至不能识别空间的通常属性，或者说为了让空间看起来具备功能，不得不对家具进行特殊布置。该生具备很强的空间想象和表达能力，单单将复杂的三维空间投影至二维平面便不是易事。复杂的形态、复杂的空间转换、复杂而曲折的路径。作品利用三维实体模型对于空间的进入和体验方式进行了多向度的探讨，显示出学生很强的空间认知和图纸表达能力。

只是由于别墅课题面积和规模的限制，使得该方案的各使用房间面积接近均等，使用上稍显局促，空间信息显得过于密集，让人几乎无暇体验，居住变为探险。倘若面积放大 10 倍，或许更能体现出空间组织的奇异之处。

教师评语

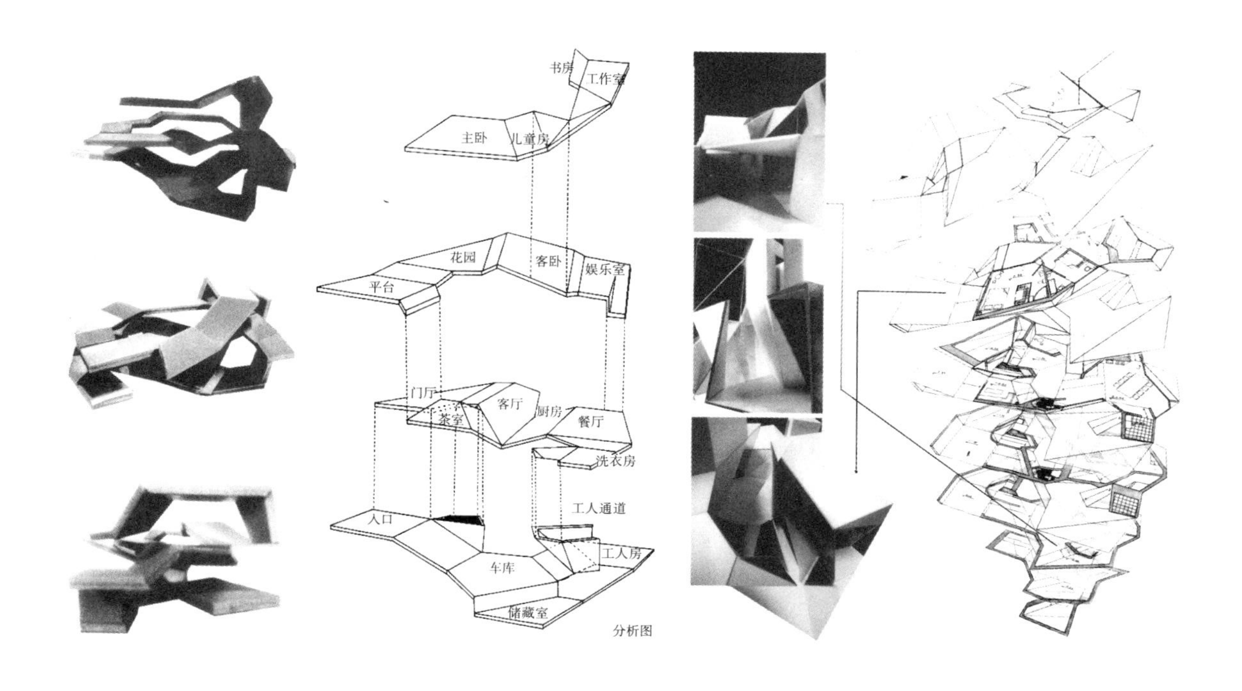
书房
工作室
主卧
儿童房
花园
客卧
娱乐室
平台
门厅
客厅
茶室
厨房
餐厅
洗衣房
工人通道
入口
工人房
车库
储藏室
分析图

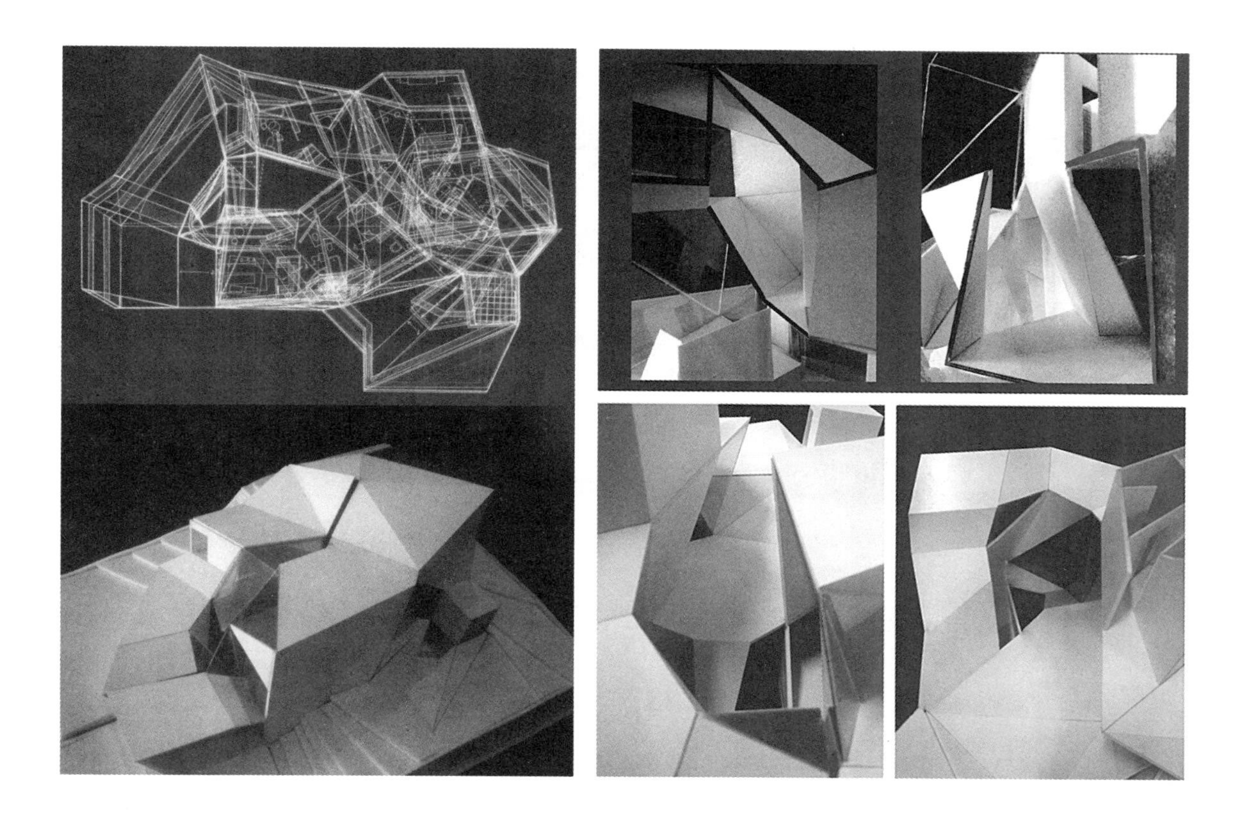

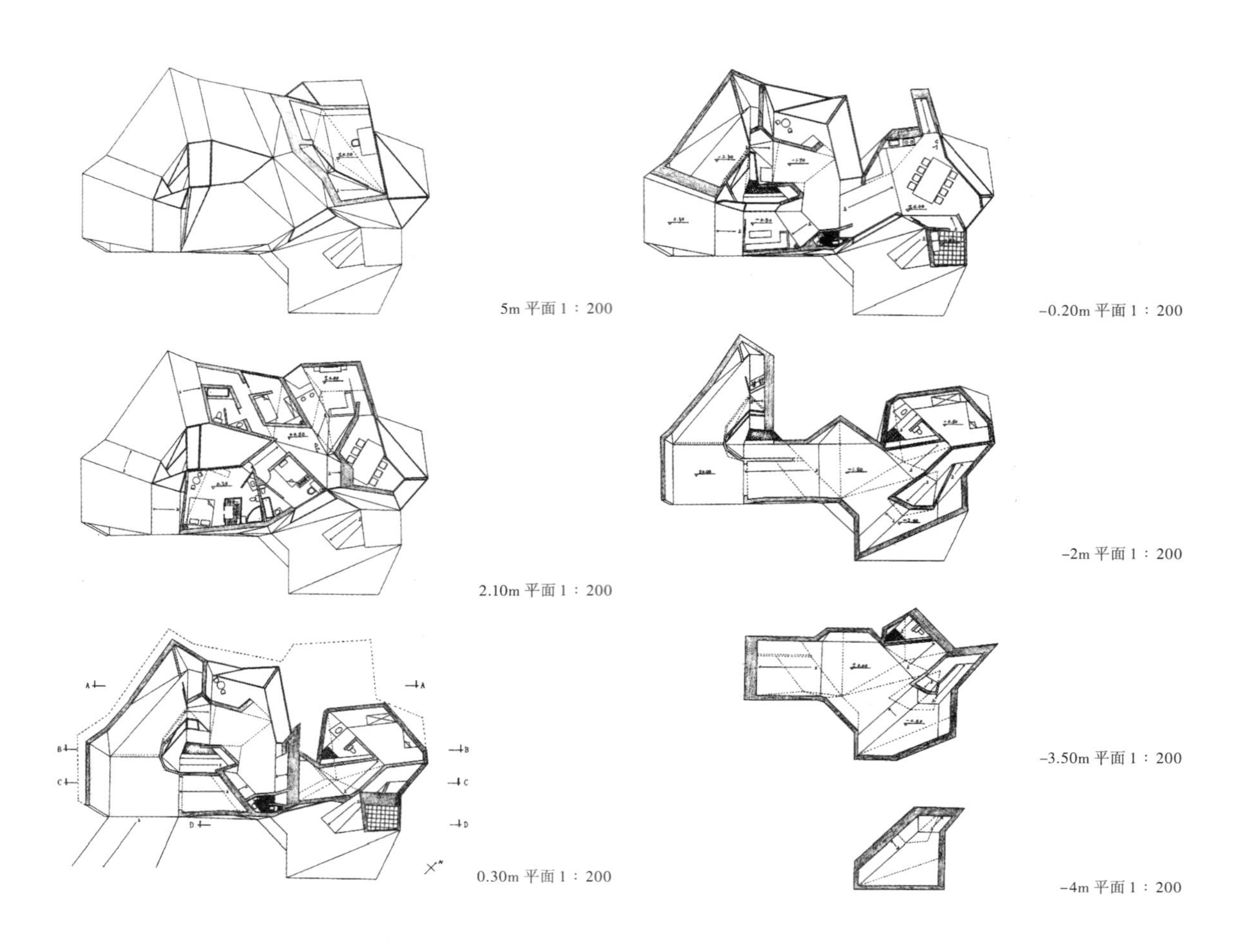

5m 平面 1：200

-0.20m 平面 1：200

2.10m 平面 1：200

-2m 平面 1：200

-3.50m 平面 1：200

0.30m 平面 1：200

-4m 平面 1：200

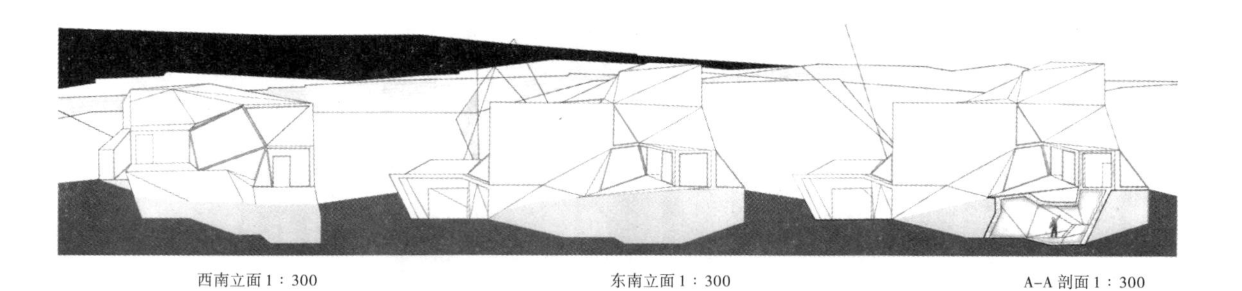

西南立面 1：300　　东南立面 1：300　　A-A 剖面 1：300

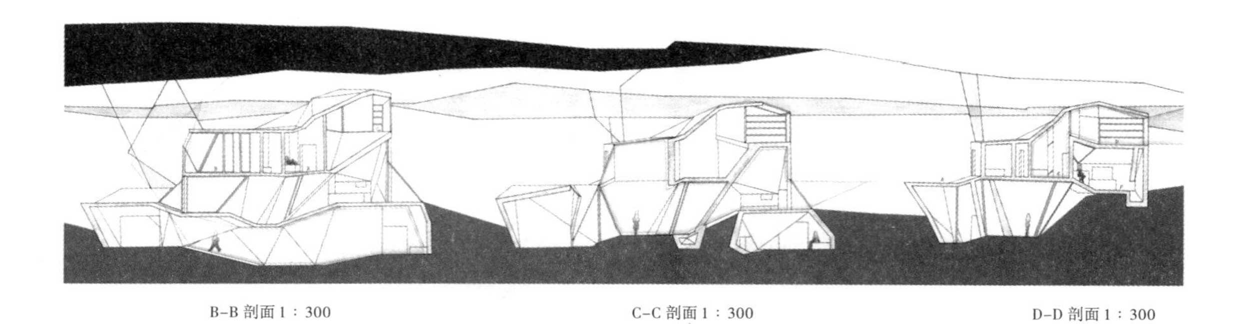

B-B 剖面 1：300　　C-C 剖面 1：300　　D-D 剖面 1：300

## 21. 学生：范劼（2006 级） 指导教师：傅祎

以往对建筑设计更多地追求一种外形上的炫与别致，很少去考虑内部的功能布置，更不用说去考虑不同的生活状态，总是以自身的生活与感受去考虑房子，这是错误的。以前对奢华的生活不屑一顾，认为是对资源和时间的一种严重浪费，现在会去刻意地留心一些那样的生活，虽然那不是我想要的生活，但是很可能是我以后的业主的生活，必须了解了各式各样的生活，才可能让自己的设计得到业主的认可。再者便是对别墅的理解。曾经，我脑子里的别墅只是市面上的所谓的别墅，更准确地说只能算是独立住宅，或是大房子。现在理解：别墅是特定为某个人设计的，它可以很怪异，也可以很普通，可以不被其他人所接受，但是一定是要符合业主的要求。

对于方案，我第一次注意到只有结构构件而没有围护的虚空间在建筑中的作用。它是虚实结合和建筑的延伸的一种很好的语言。对于模型的制作，其实浪费了很多时间去做 sketch up 模型，希望能尽可能地准确，在做模型时比着尺寸来做。事实证明，这是行不通的。因为我没有考虑施工误差，特别是对于我这样的不规则的建筑。最终是将各个聚合点的位置确定下来，然后一块块比着做。虽然前面浪费了时间导致后面的熬夜赶工，但是正像爱迪生试验灯丝材料时说的：我没有失败，是证明了这种材料不适合做灯丝。同样，我也证明了这种方法不适合做不规则的模型。

不足的是，除了最初阶段对地形有一个大致的了解，后面深入设计的时候几乎脱离了地形，导致最终将模型放到地基上时有些手忙脚乱，也没有很好地处理之间的关系，比如车道如何进入，入口前的平台的布置，还有挡土墙的设置。

范劼

建筑体量的转折起伏与地形有一定的呼应，空间组织与内部流线安排丰富有趣，平面的形状与屋顶起伏也有较好结合，使得室内空间变化丰富，有表现力。

作者注意到自然采光对于室内空间感受的影响，不同的窗户设置基本符合各自的空间性格和使用要求，天窗的造型也成为外观的亮点。但主要起居空间和餐厅只依靠天窗采光，在水平视野和景观方面考虑不足。

教师评语

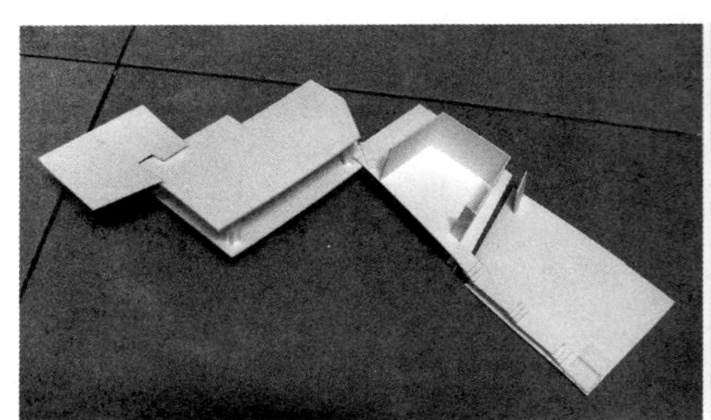

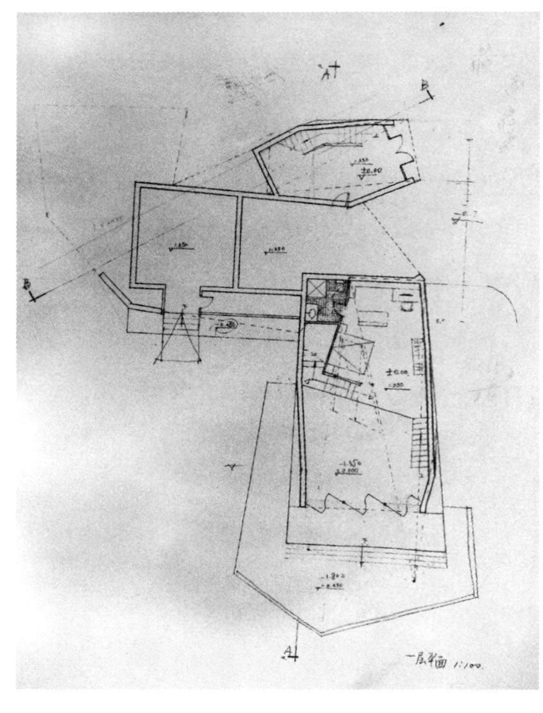


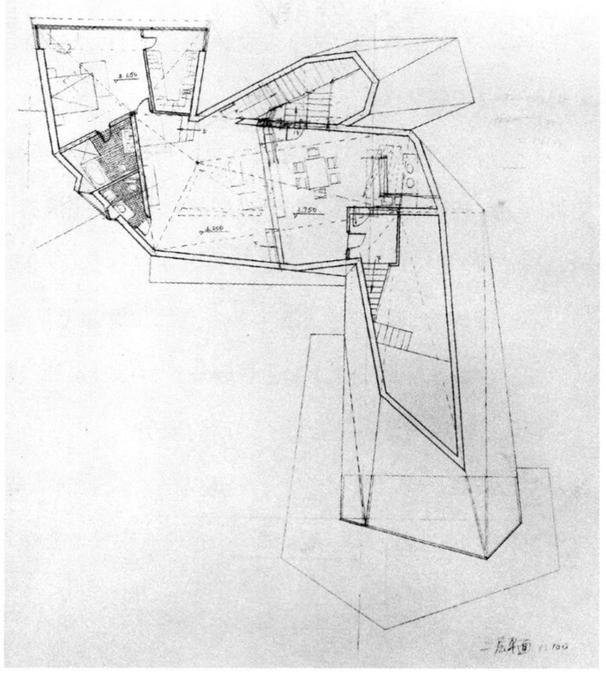

总平面　1：500

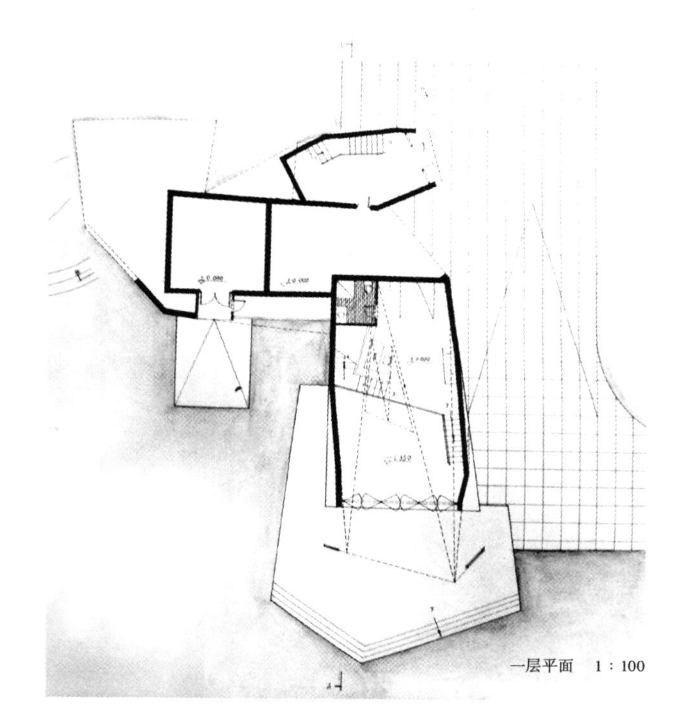

一层平面　1：100

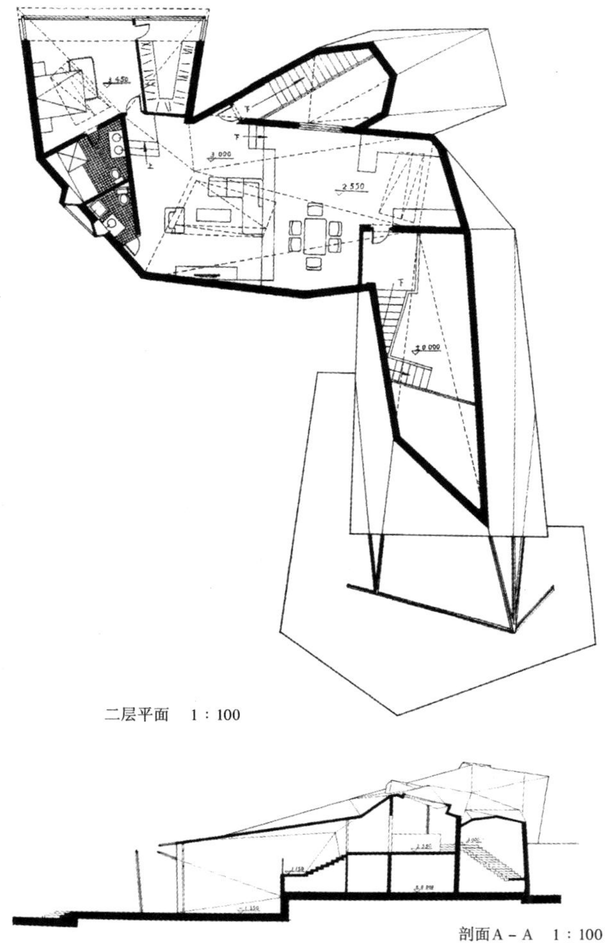

二层平面　1：100

剖面A－A　1：100

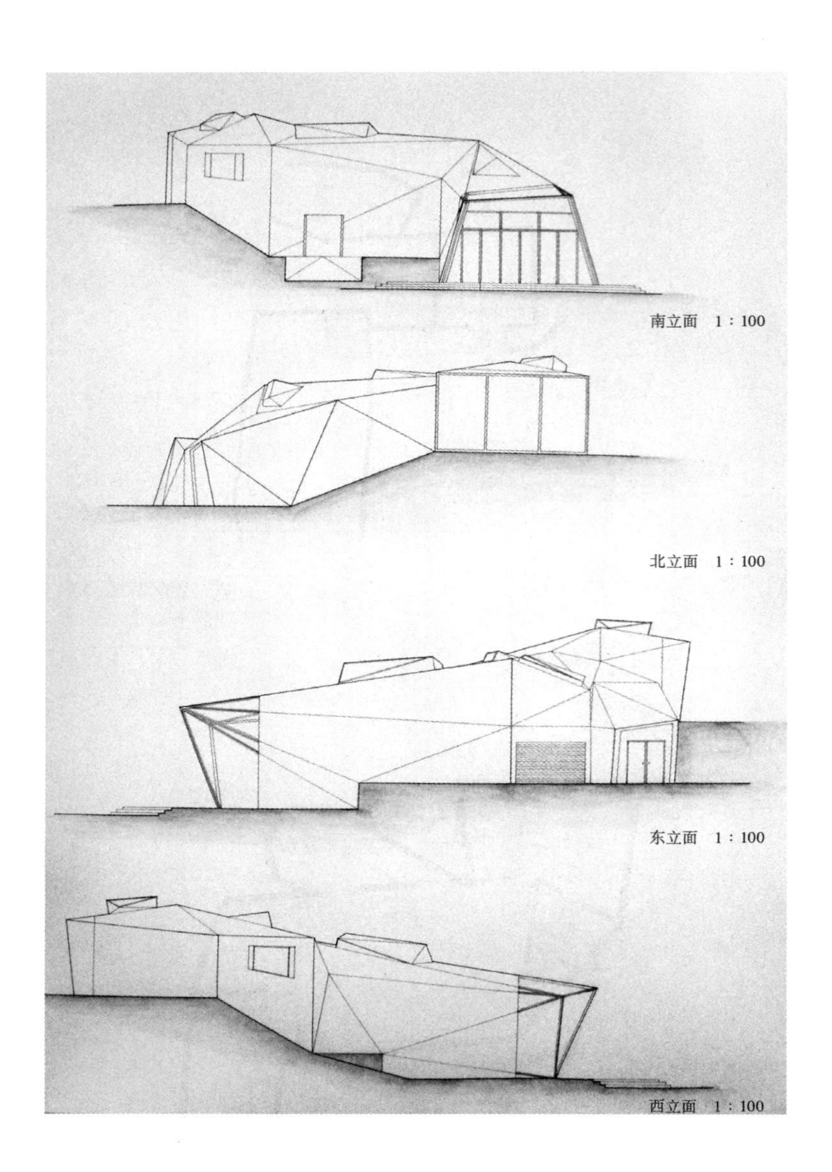
南立面 1：100
北立面 1：100
东立面 1：100
西立面 1：100

室内效果图 1-2

## 22. 学生：曹量（2006 级）　指导教师：傅祎

概念来源于场地的意象，以岩石的形态作为建筑创作灵感的来源。

曹量

4 个长条体块错动悬挑是该方案的最大特点。体块在高度上的错动是对地形的反馈，在前后上的错动提供了建筑的动势，也形成了对室外空间的半围合。

功能设置方面清晰明了，四个主要空间体块之间用玻璃连接体形成门厅、过道等交通空间，流线简洁明确。缺点是各功能空间较为相似，个性差异不足。

教师评语

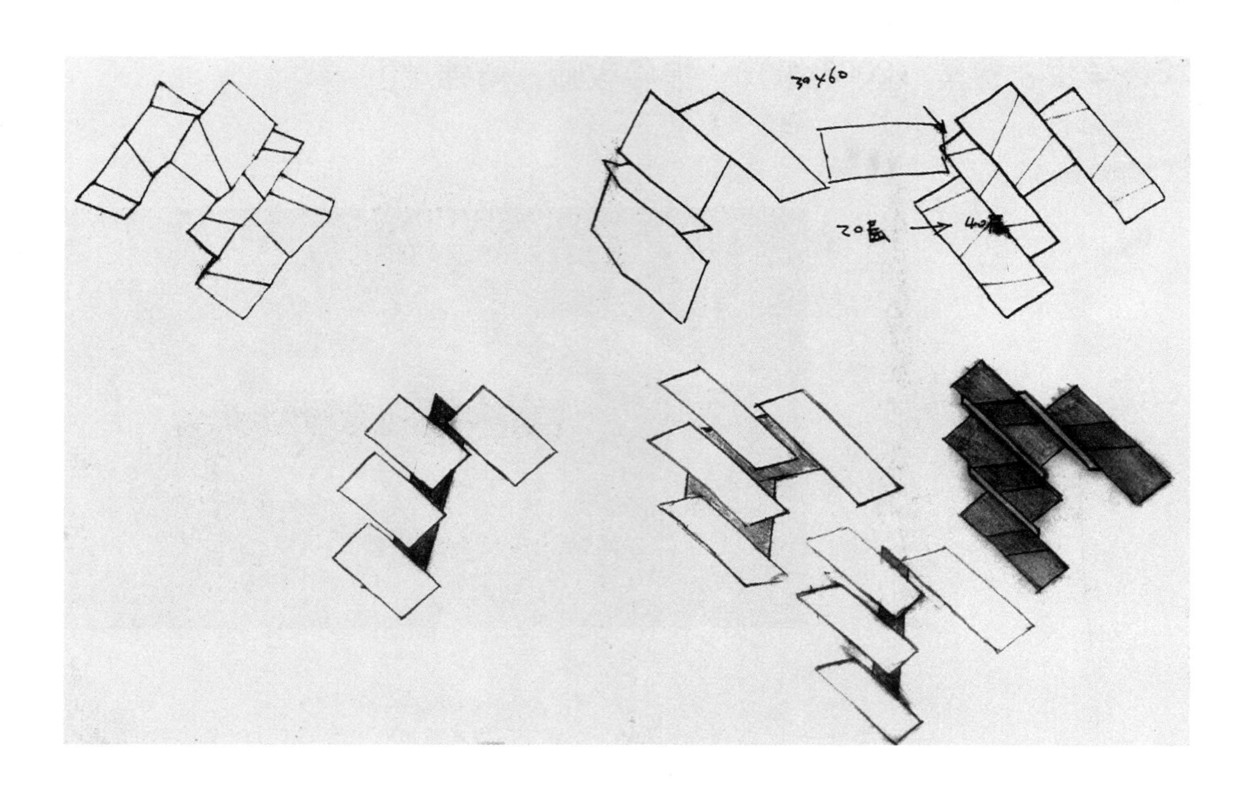
30×60
20㎡ → 40㎡

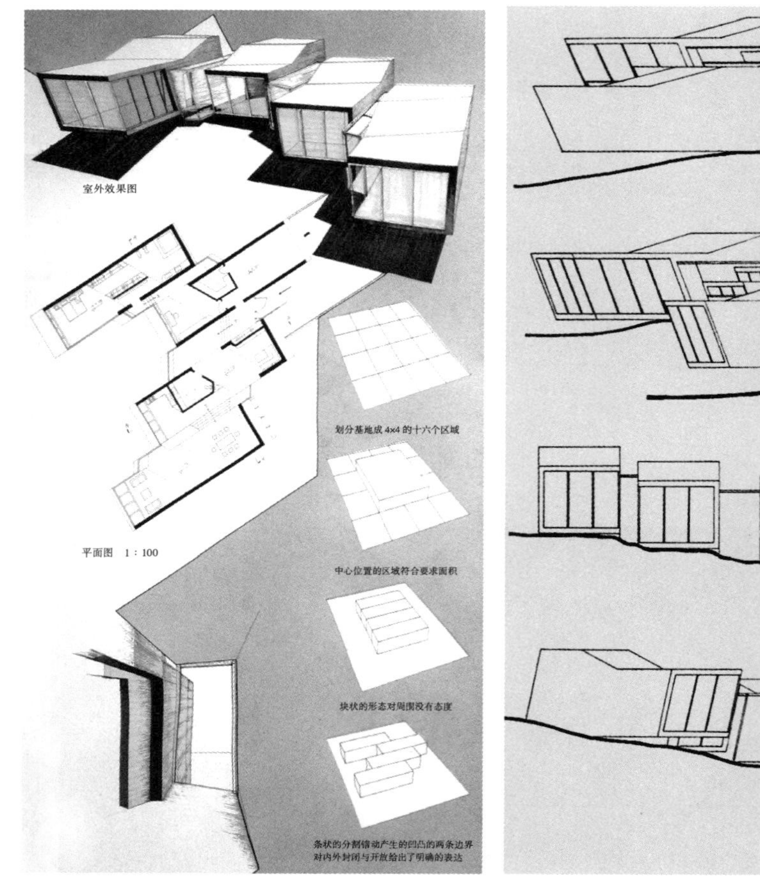
室外效果图
平面图 1：100
划分基地成4×4的十六个区域
中心位置的区域符合要求面积
块状的形态对周围没有态度
条状的分割错动产生的凹凸的两条边界
对内外封闭与开放给出了明确的表达

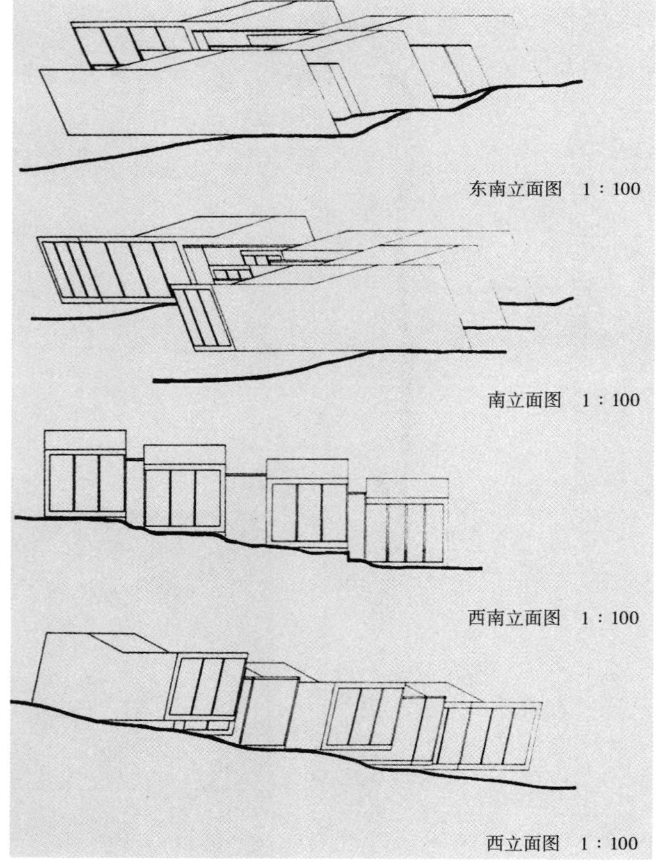
东南立面图 1：100
南立面图 1：100
西南立面图 1：100
西立面图 1：100

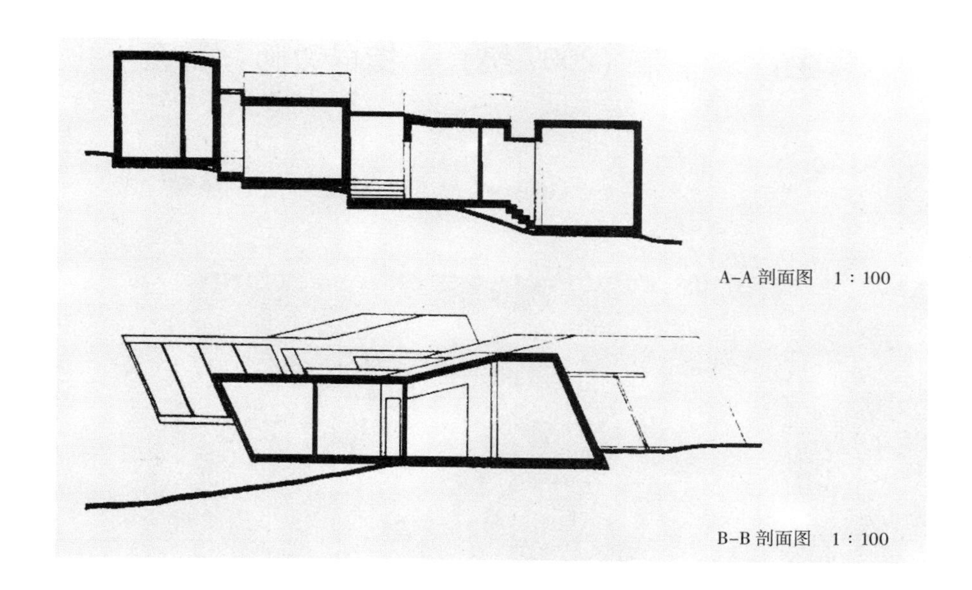

A-A 剖面图　1：100

B-B 剖面图　1：100

## 23. 学生：宋菲菲（2007 级）　指导教师：黄源

方案位于四周有较强围合的院落空间中。外方内曲，表里不一，是作者追求的空间效果。这个设计具有游戏空间的性质，打破了外观与内部功能的直白对应，故作外方内曲、表里不一。从入口开始，体验者就处于迷惑和探寻之中。一系列方形体量被拆解后，进行交错与咬合，留出不同的院落和室外空间。

在内部则是如同游戏场一般的曲面空间，人们时而被挤入空间，时而又流进院子。弧形墙体具有强烈导向性的同时，也具有很强的悬念，不能将前方空间一览无遗。流线可以进行多样化选择，总体上呈现螺旋向心收缩的趋势。中心设置一个颇有神秘感的塔状物。

在室内，不同墙面的洞口的位置经过仔细考虑，对进入空间内部的光线加以控制，光与形，光与空间相映成趣。传统院宅中不重视单体建筑室内效果，只关注单体体量组合，在这个方案中，这一点得到了改观。

不足之处在于，图纸深度不够，内部家具应根据空间形态进行特殊设计。对于内部空间和采光方式的考虑也没有更为直观充分地表现出来。

教师评语

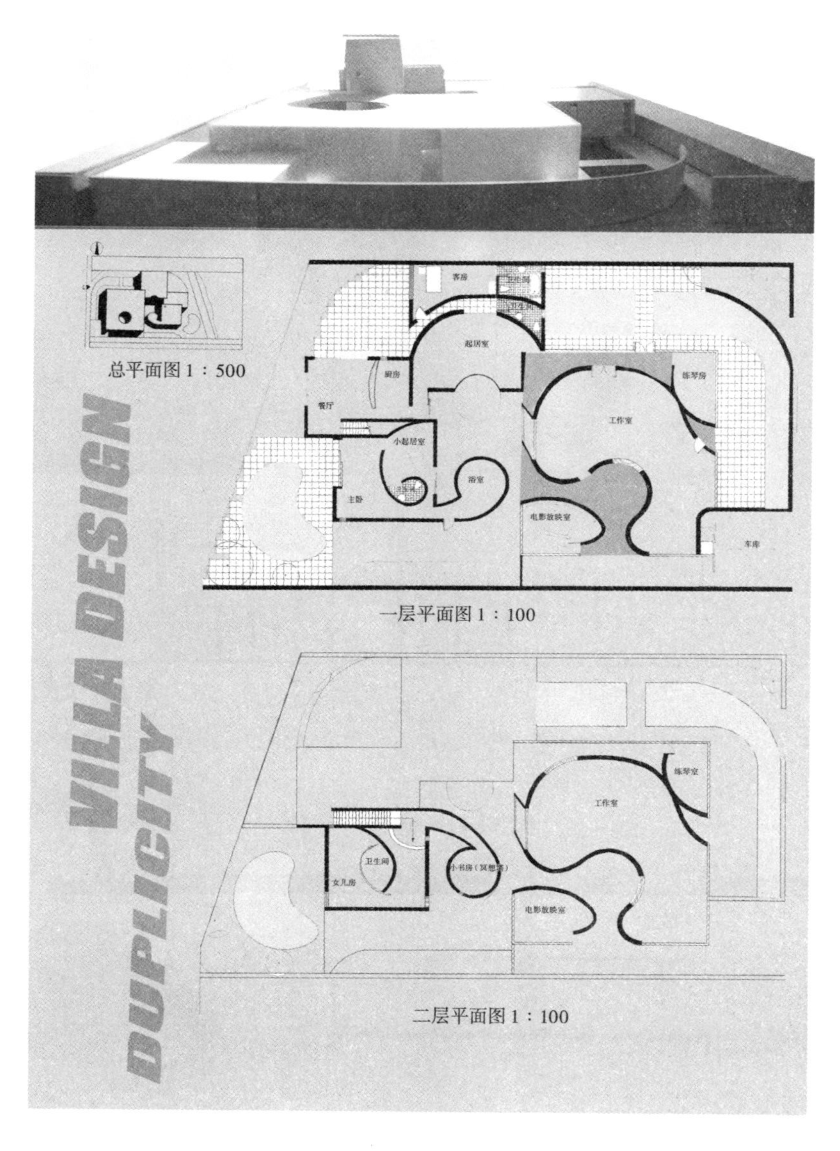
VILLA DESIGN
DUPLICITY
总平面图 1：500
客房
起居室
厨房
餐厅
练琴房
工作室
小起居室
浴室
主卧
电影放映室
车库
一层平面图 1：100
练琴室
工作室
卫生间
女儿房
小书房（冥想室）
电影放映室
二层平面图 1：100

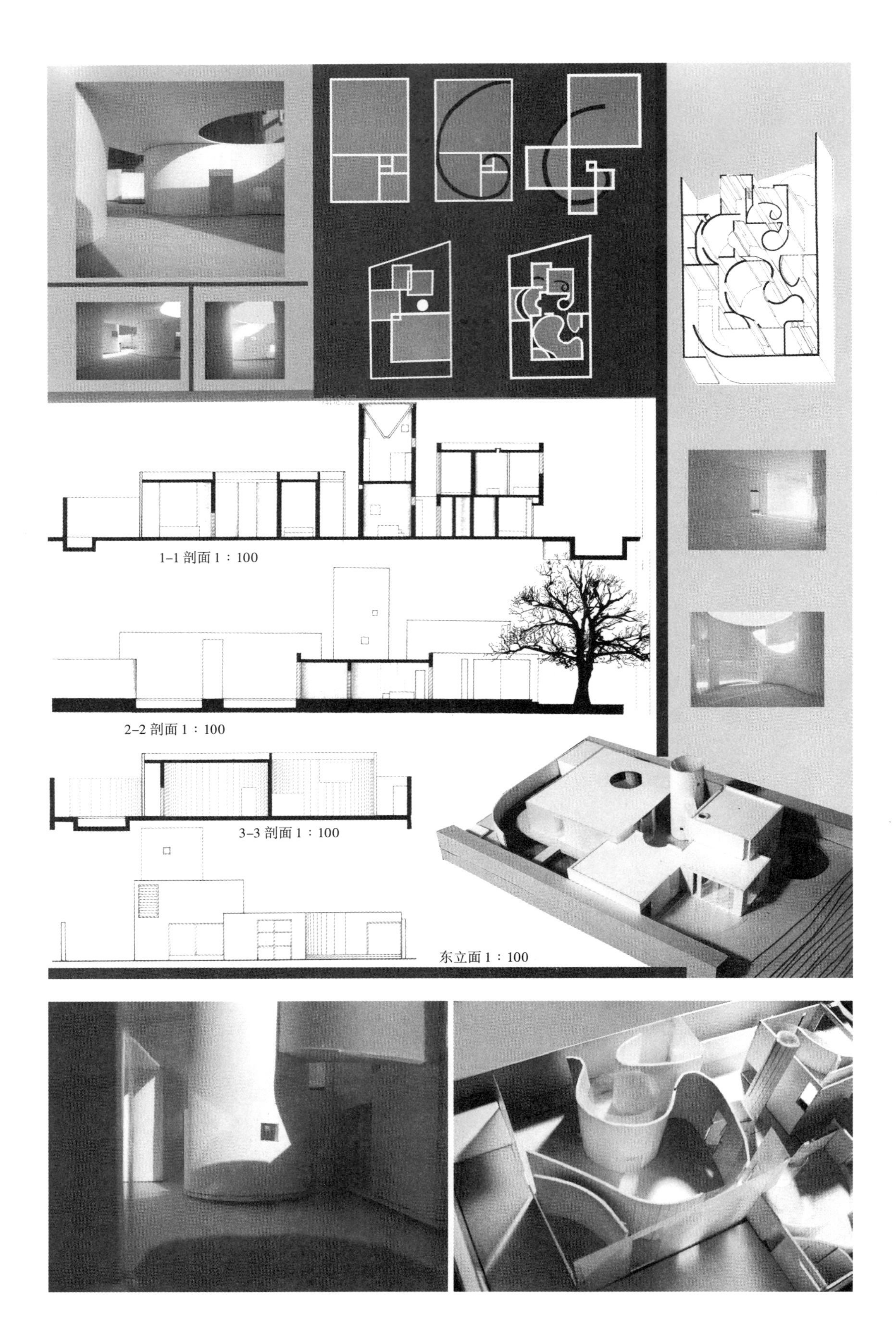
1-1 剖面 1：100
2-2 剖面 1：100
3-3 剖面 1：100
东立面 1：100

## 24. 学生：周丽雅（2007级）　指导教师：黄源

（1）由单元梯形空间体量出发。

（2）两个相同的梯形体量进行组合。

（3）穿插形成之间的透叠关系。

（4）调整不同的叠加关系，形成各异的空间叠加体系。

（5）尝试各种交错角度，发现不同的空间关系。

（6）在空间中分隔虚实体系，制造更多透叠的可能性。

（7）调整上下空间虚实透叠关系，找出自己最感兴趣的。

（8）完善透叠体系和功能配置。

周丽雅

概念草模只是分别在两层中进行挖空和虚实的处理，应该进一步发展上下两层之间相贯通的空间，将上下两层空间更积极地联系在一起，避免环形体量中消极和浪费的走廊空间。

从修改后的第二轮草模和进一步深化后用PVC板制作的工作模型可以看出，上下两个体量在竖直方向上开始对话，形成半围合的室外空间以及起居室、餐厅贯穿两层的室内空间。在正式模型中，可以看出室内空间与室外露台、露台与外部庭院都产生了有趣的空间关系。这样的结果是反复在模型和图纸上推敲修改而得出的。位于中部的楼梯间、主卧室区域的房间分隔以及一层入口过渡空间的处理均有较大改进。观察立面，可以看出如下立面节奏：实墙开小窗—落地玻璃—实墙开小窗—玻璃幕墙—实墙开小窗，形成了虚实相间的效果。对体量关系的有效处理不仅可以带来内外空间关系的丰富有趣，也可以带来立面处理的便捷，而不必苦恼于立面如何开窗。

进入建筑内部，由于墙体和空间的方向在不断转换之中，人的视觉感受也是步移景异。设计者给这个别墅取名为透叠空间，强调身处其中时视觉体验的重叠、意外的并置和视觉穿越效果。

教师评语

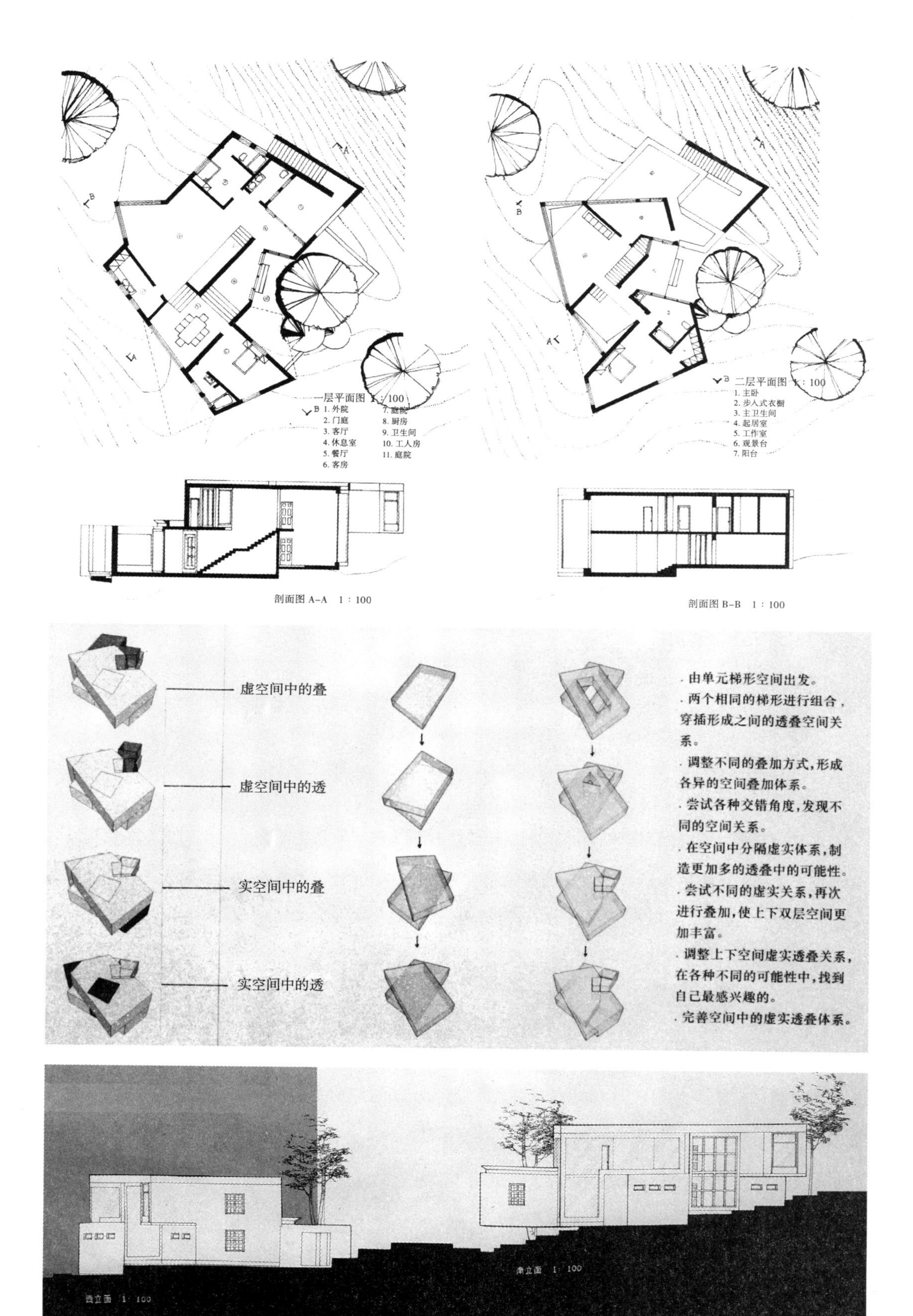
一层平面图 1：100
1. 外院
2. 门庭
3. 客厅
4. 休息室
5. 餐厅
6. 客房
7. 庭院
8. 厨房
9. 卫生间
10. 工人房
11. 庭院
二层平面图 1：100
1. 主卧
2. 步入式衣橱
3. 主卫生间
4. 起居室
5. 工作室
6. 观景台
7. 阳台
剖面图 A-A 1：100
剖面图 B-B 1：100
虚空间中的叠
虚空间中的透
实空间中的叠
实空间中的透
. 由单元梯形空间出发。
. 两个相同的梯形进行组合，穿插形成之间的透叠空间关系。
. 调整不同的叠加方式，形成各异的空间叠加体系。
. 尝试各种交错角度，发现不同的空间关系。
. 在空间中分隔虚实体系，制造更加多的透叠中的可能性。
. 尝试不同的虚实关系，再次进行叠加，使上下双层空间更加丰富。
. 调整上下空间虚实透叠关系，在各种不同的可能性中，找到自己最感兴趣的。
. 完善空间中的虚实透叠体系。
南立面 1：100
西立面 1：100

## 25. 学生：李勇（2007级）　指导教师：黄源

这次别墅设计的课题对我的影响很大，别墅作为建筑类别的基本雏形，是我们第一次根据目标人群的要求将一套相对完整的功能链与建筑的独立形式相结合，如何将二者有效地结合起来，是这次课题中我试图解决的主要问题。

这次课题的业主是一对夫妇及其孩子，对于家的概念，我主要以安全性和私密性来界定，所以，对于建筑体量本身，我选择了一种相对封闭的形态，在功能布置上，基本以大客厅来定义家庭活动的中心，所有的功能区围绕其展开分布。介于基地的南北走向和周边建筑的形式，我采用一种相对有变化的扁长方体将基地分割成南北两个院子，以求达到私密性的层次。建筑体形式的选择是相对自由的，任何的形式都有其存在的可能性，我认为选择的关键在于场地本身是否需要这样的形式存在。建筑临街处采用横向短墙，目的在于将临街部分做成一种模糊的界面。

从这次课题之后，我慢慢觉得自己开始读懂建筑了，非常感谢老师的耐心讲解与指导。

李勇

该方案吸引人的地方在于内向空间的多层次性。

在一层平面图中可见入口处的大院落，到进门前的内天井，直至餐厅、厨房处偏于一隅的半户外空间，层层室外空间形成嵌套关系。在二层平面中，室内空间与天井、院落之间设置平台（阳台），进一步加强了空间层次的划分，各层次间的墙体有开有合。卫生间、厨房这类功能性很强的空间也恰当地嵌入这个内向层次体系中，内向私密性和外立面开窗的问题同时得以解决。

初学设计的学生往往对于外部形式较为敏感，对于内部和内向空间则缺乏认知和体验，李勇通过一双从内而外的眼，进入建筑内部，耐心地体会和推敲，不仅将功能问题解决得井井有条，也达到了平淡处见惊奇的效果。

教师评语

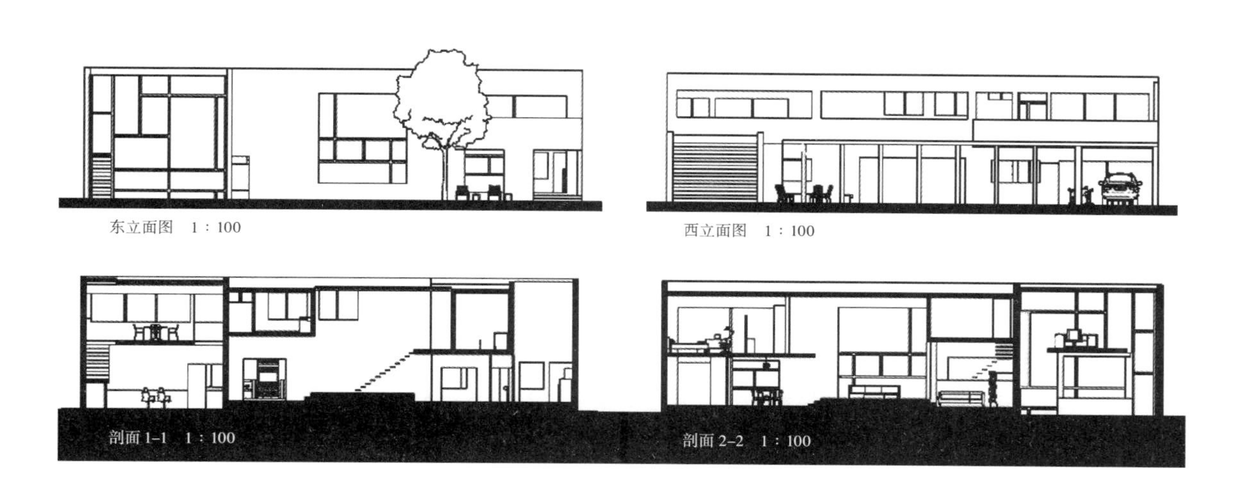
东立面图　1 : 100

西立面图　1 : 100

剖面 1–1　1 : 100

剖面 2–2　1 : 100

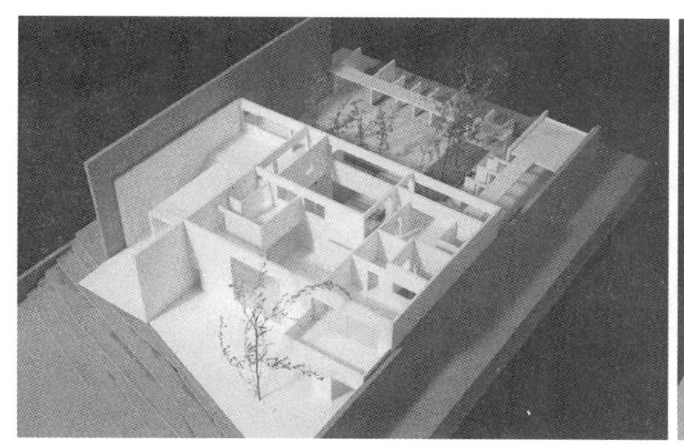

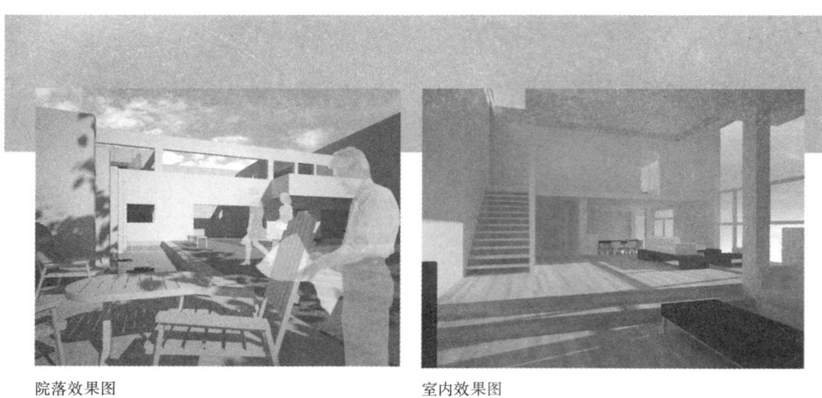

院落效果图　　室内效果图

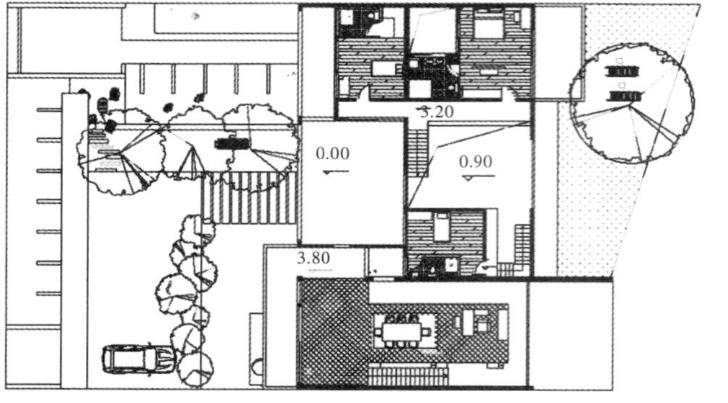


二层平面 1：100

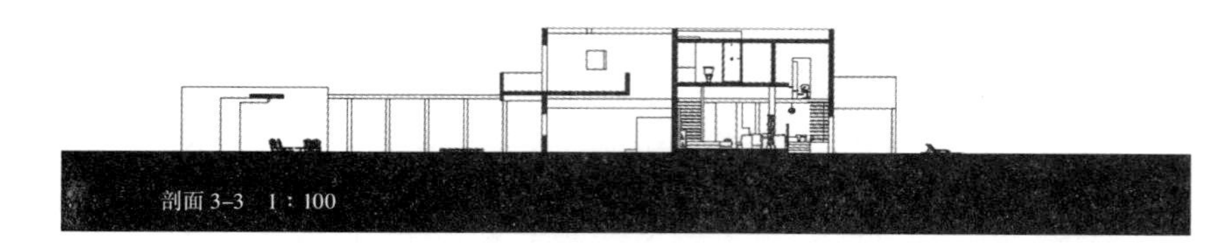

剖面 3-3　1：100

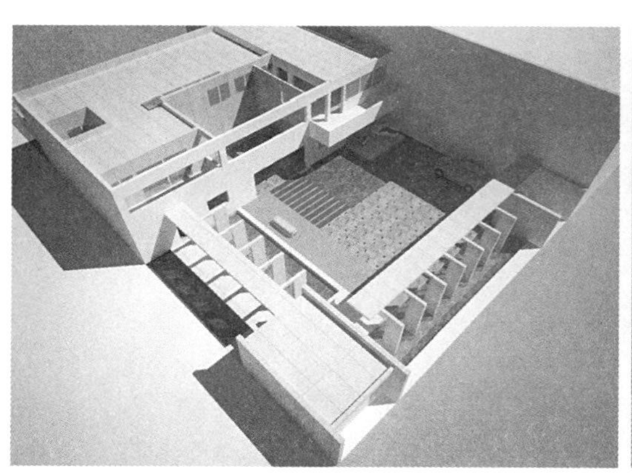

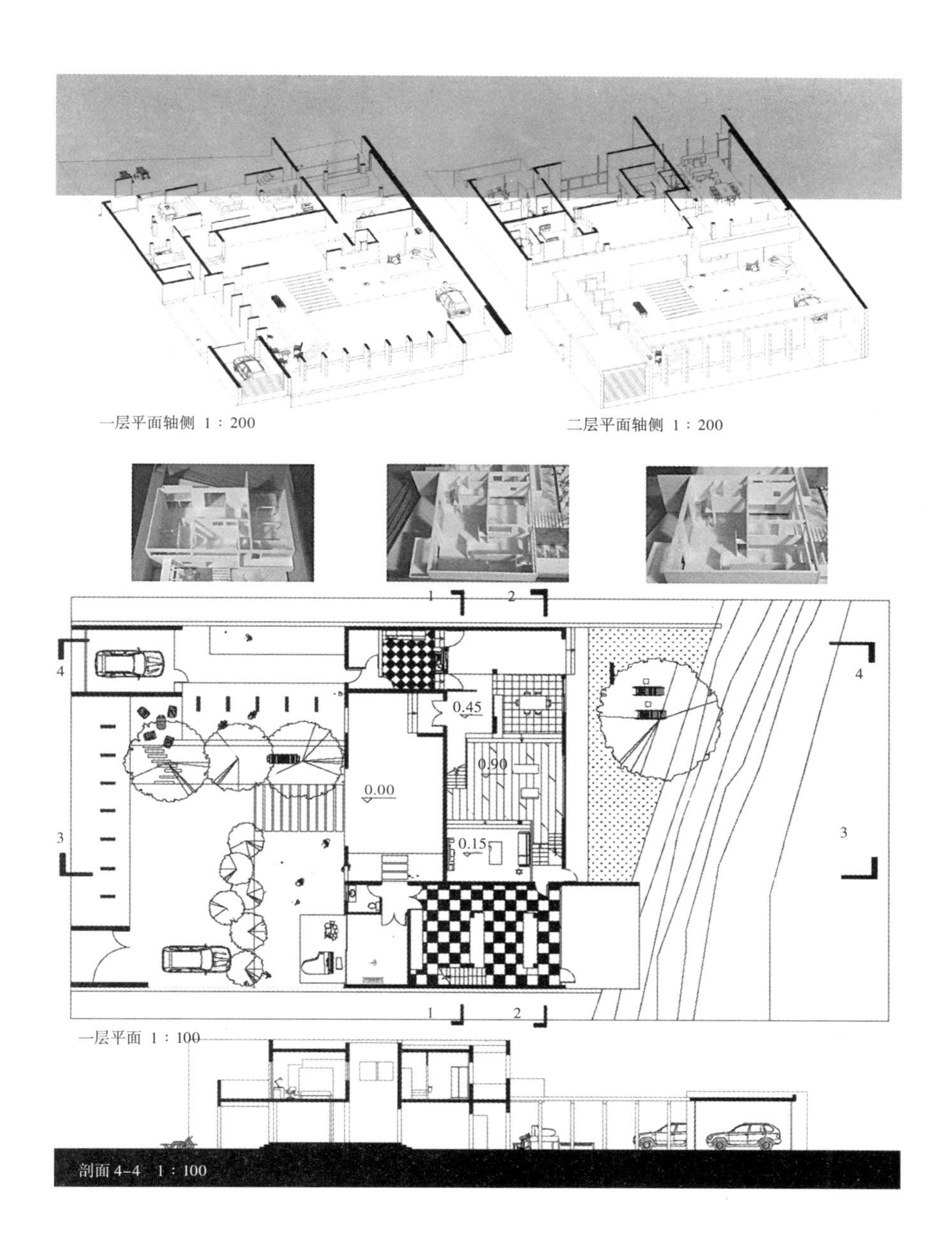
一层平面轴侧 1：200
二层平面轴侧 1：200
1
2
4
0.45
0.90
0.00
0.15
3
一层平面 1：100
剖面 4-4 1：100

## 26．学生：汪潇悦（2007 级）　指导教师：黄源

现代人工作繁忙，生活缺少乐趣，而廊院恰恰是一个别有趣味的家。工作了一天的主人带着疲惫走进大门，迂回曲折，穿廊过院，一路欣赏美景，最后带着愉悦的心情来到临湖的青砖小楼，与家人共享天伦之乐，是怎样一番羡煞旁人的情景。

廊院位于北京宋庄，有浓厚的艺术气息，东面临湖，景致极好。占地约为 1000m$^2$，建筑面积约为 520m$^2$，由车库、工作室、影音室、起居室、居住等几个区域构成，均有连廊和小院相连。房屋采用混凝土贴灰砖的建造方式。整座别墅欲营造一种轻松有趣的氛围。

汪潇悦

该方案化整为零，让使用者有一种游园式的体验。曲折的路径中完成了空间的开合，廊、亭、台、水、院，一幅幅场景渐次展开，最终向东侧湖面完全开放。

初学建筑设计的同学往往只注意建筑本体，忽视建筑外部空间，而在这个方案里，室外空间由于被有效围合和限定，变得不再消极，呈现出特定的场所感。

不足之处在于，人行入口处理得较为繁复，宜更为简练。

教师评语

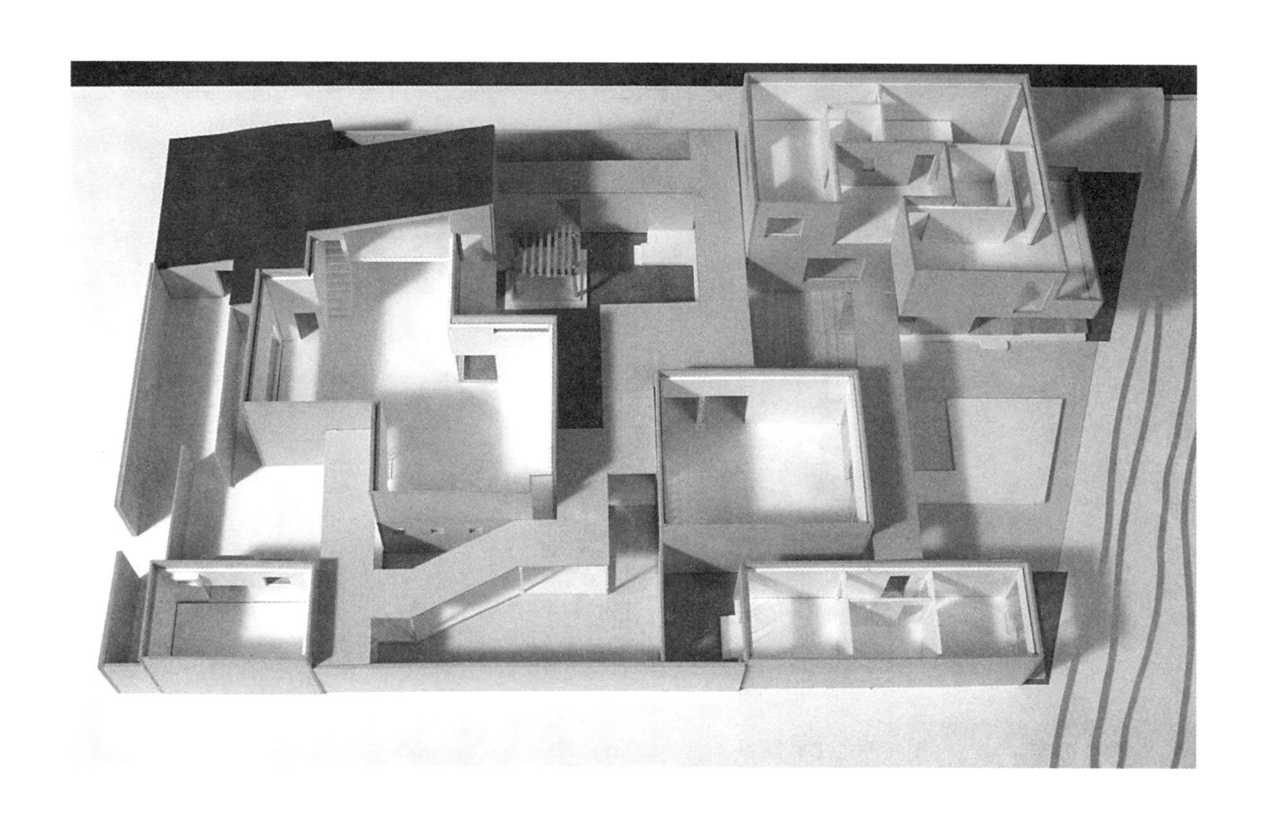

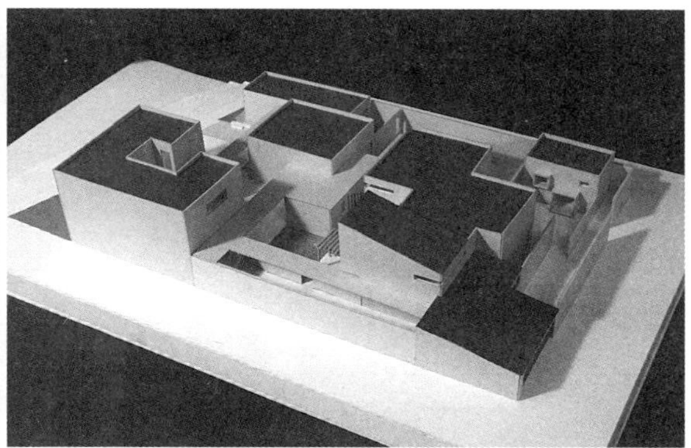

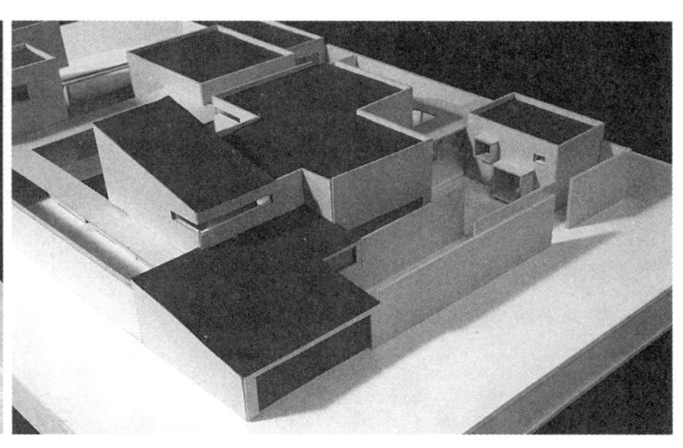

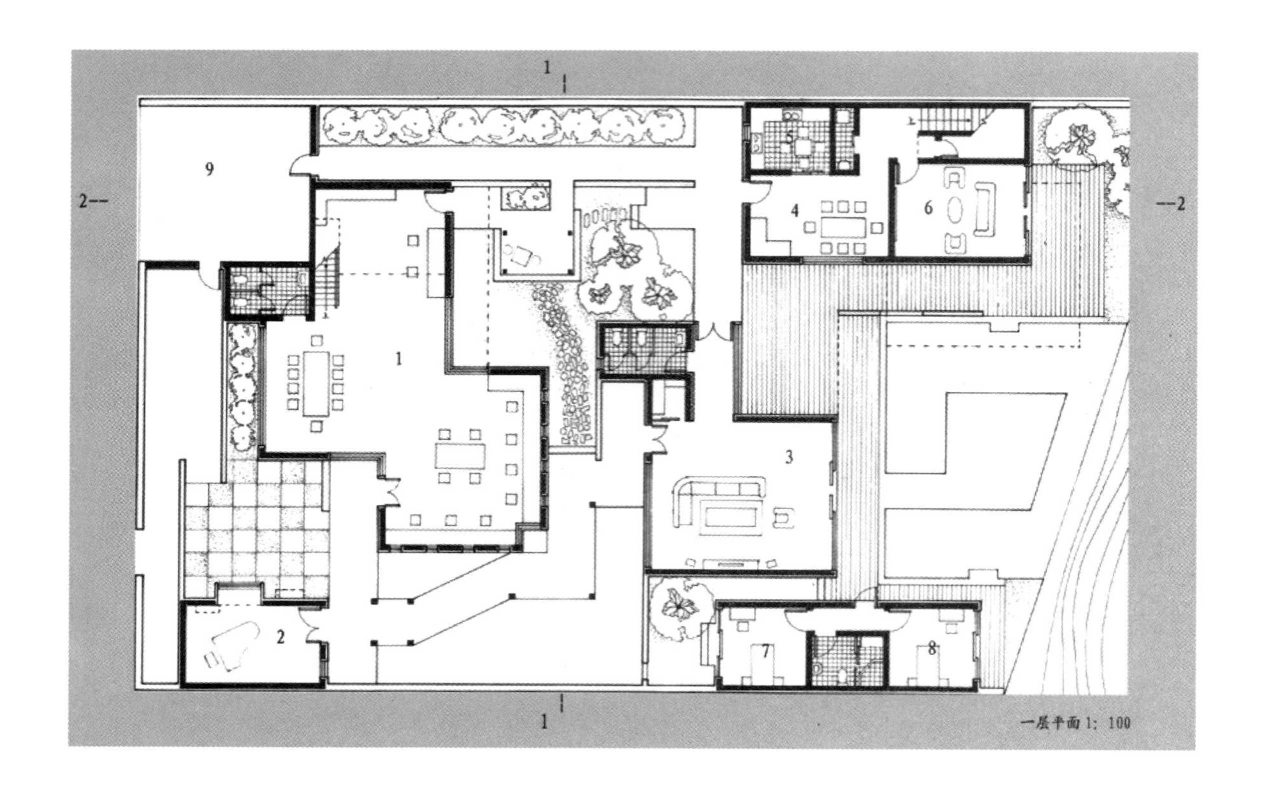
1
2--
--2
9
5
4
6
1
3
2
7
8
一层平面 1: 100

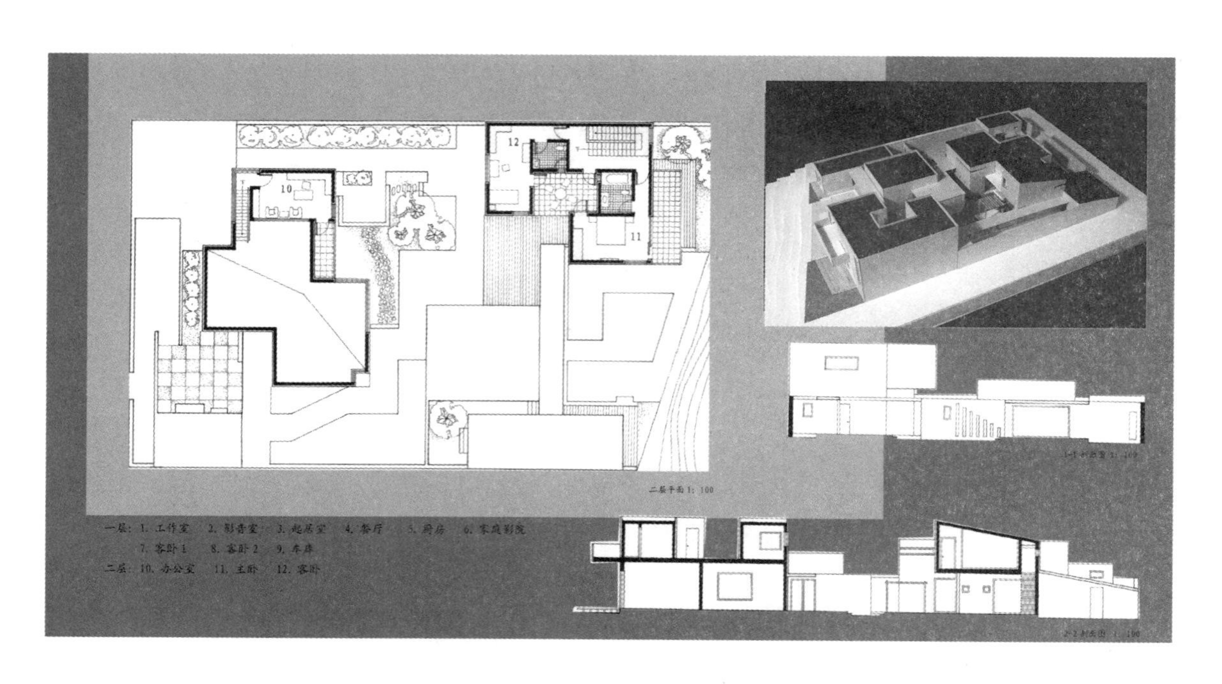
12
10
11
二层平面 1: 100
一层: 1. 工作室　2. 影音室　3. 起居室　4. 餐厅　5. 厨房　6. 家庭影院
7. 客卧 1　8. 客卧 2　9. 车库
二层: 10. 办公室　11. 主卧　12. 客卧

## 27．学生：韩杰（2007 级） 指导教师：傅祎

从宋庄基地中分析出两条轴线，一条是东西向延伸的轴线，与进出基地的主要道路相垂直，建筑布局上力求获得最适当的光照；另一条呈西北—东南向斜穿基地，两端分别指向空地和湖面，可以获得相对较好较大的景观。两条轴线之间插入同心圆，在联系交通的同时使两轴线之间的空间活跃起来，在整体布局中以 6m × 4.5m 为单元控制虚实、疏密关系及功能分区，形成院、廊、桥、天井、阁楼等各具特点的空间，在空间与空间的穿插中，界定公共与私密、工作与生活、主与客的关系，以期形成丰富的建筑表情与空间体验。对外则以平齐的立面朝向道路，与宋庄地区的整体肌理取得一致。

韩杰

作者制作的 3 个概念模型反映了 3 种不同的可能性：

(1) 在一个内向的空间中用非正交的体块穿插，用圆形空间作为枢纽和转换，在划分出建筑实体和院落的同时，取得造型的组合变化。(2) 用建筑实体以正交方式围合出室外院落空间，体块本身进行高低、宽窄组合变化。(3) 经过变形的"L"形体块组合，更强调建筑的外向性和外部造型。

最终方案在第一种可能性上发展，主要考虑到地块边界将由其他建筑或围墙限定，内向空间是基本条件。在承认这个基本条件的基础上，还取得了造型和内部空间的较多变化。

该方案具有不少有趣的内向院落以及从内院中看建筑局部的视角，人们需要游历整个建筑，将不同部位的视觉体验在头脑中整合起来，才能获得完整的建筑印象。几何体块的切割与组合手法干净利落，将功能合理有效地组织起来，动静分区与转换也较为自然流畅，不同区域的空间在形状、采光方式和视野方面各具特点，图面和模型表达完善，初学者做到这一步已然值得称赞。

教师评语

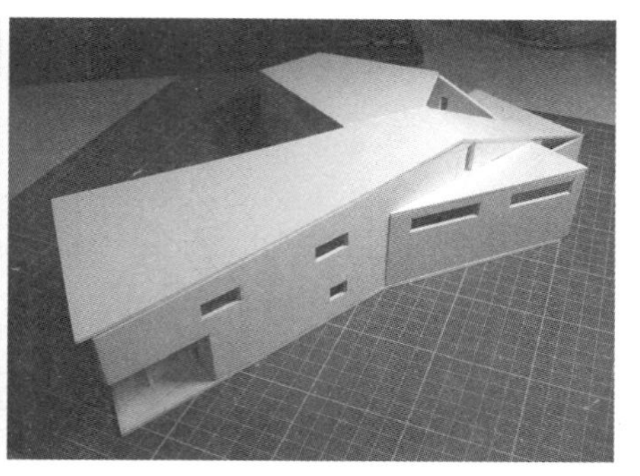
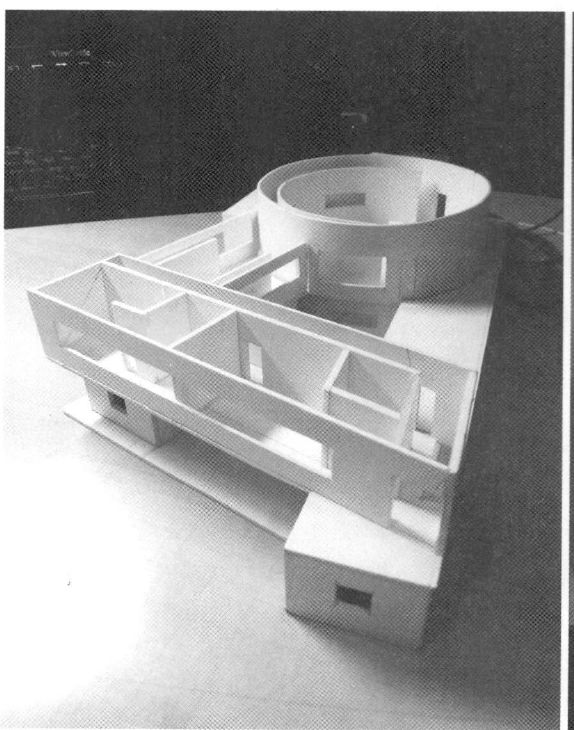

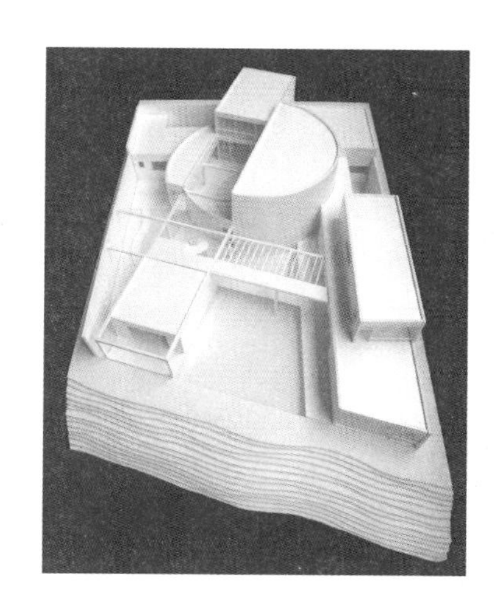

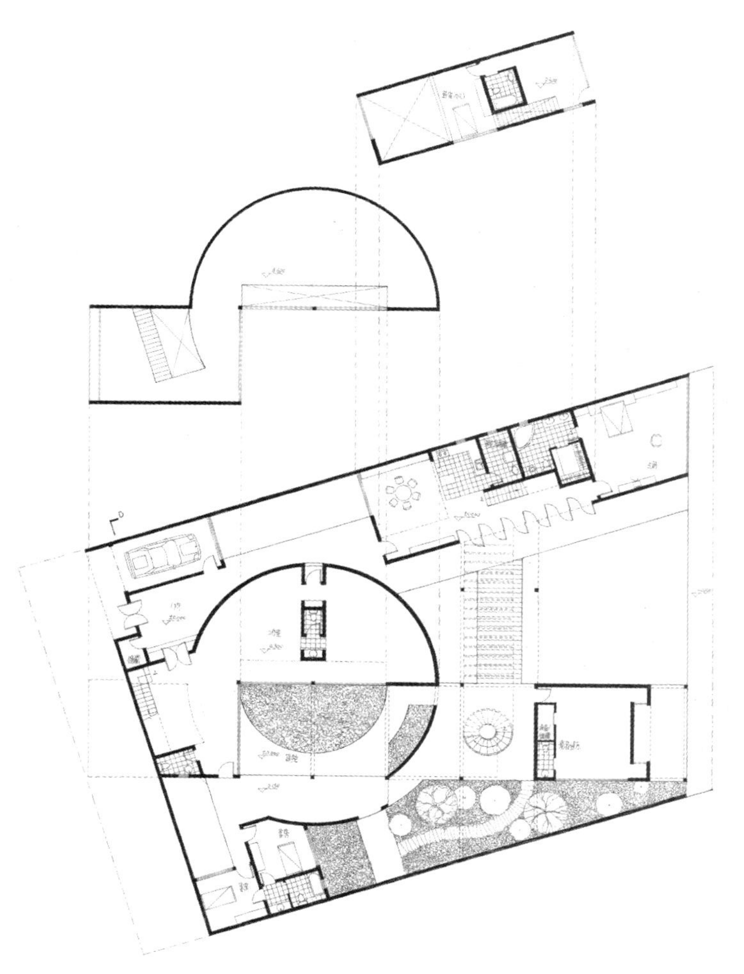

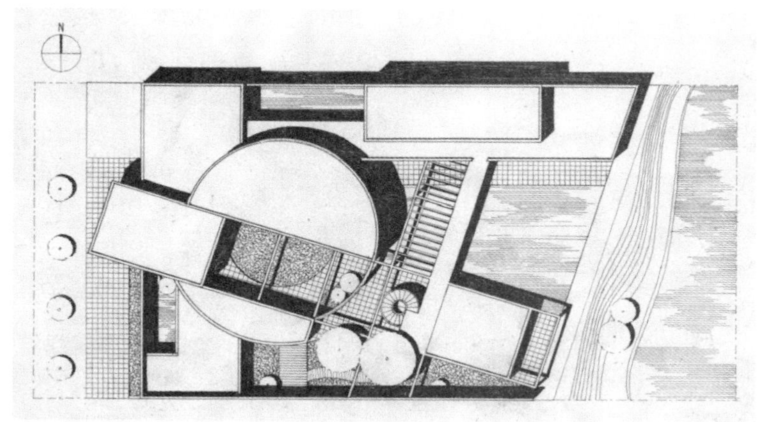

## 28．学生：黄灿洲（2007级） 指导教师：傅祎

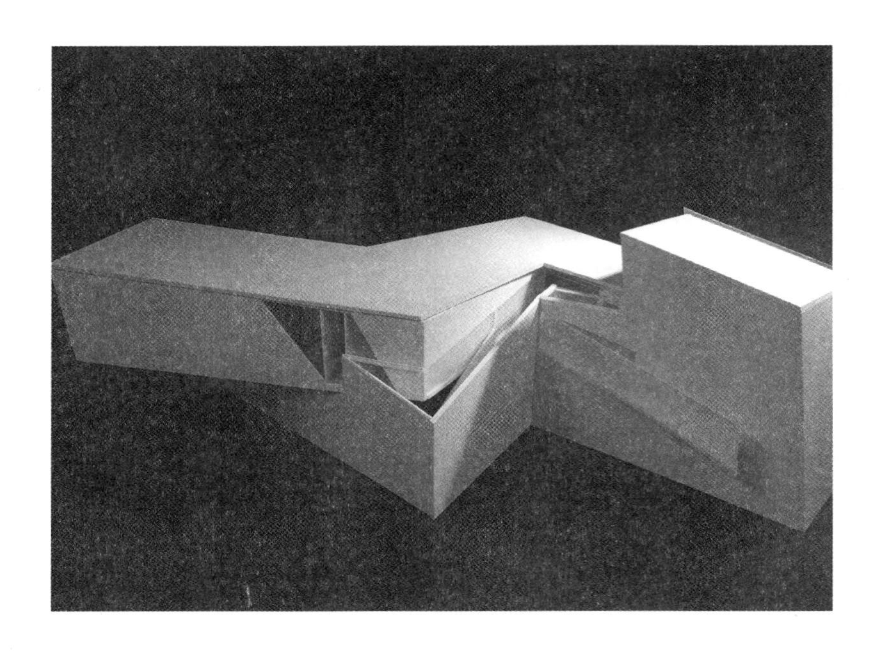

“小型别墅设计”课题是学习建筑以来做的第一个建筑设计。此课题的基地位于北京宋庄艺术区，基地东向面湖，其余三面十分空旷。面对如此一块基地，起初十分茫然，实不知从何下手，后来在老师的指导下，我较为主动地对场地进行规划，结合建筑的功能、空间进行了大刀阔斧的设计。整个设计也较好地体现了我所追求的一种简洁大气、动态和力量。由于过于追求建筑的形式空间，而对建筑的平面功能的排布甚缺斟酌。

黄灿洲

作为第一个专业课题设计，目的是让学生开始学习建筑设计工作的思维方式和方法，训练学生建筑设计的基本技能，就是分析、利用、综合和组织基地、空间、使用、形体与建造等诸方面限制和可能的能力。黄灿州同学的设计最突出的地方在于：第一是对建筑形体的塑造；第二是对基地环境的处理；第三是工作方法的把握。在分析了基地特征之后，他从两个“Z”形相错交叠的建筑形体出发，探讨内部空间和使用的可能与精彩；主动营造基地地形和建立基地边界，建筑主体和景观环境之间关系处理的手法成熟；内部主要空间与景观环境有很好的呼应，同时他也尝试着在模型上探讨材料建造方面的可能。整体来说，黄灿州同学的设计比较完整深入。

教师评语

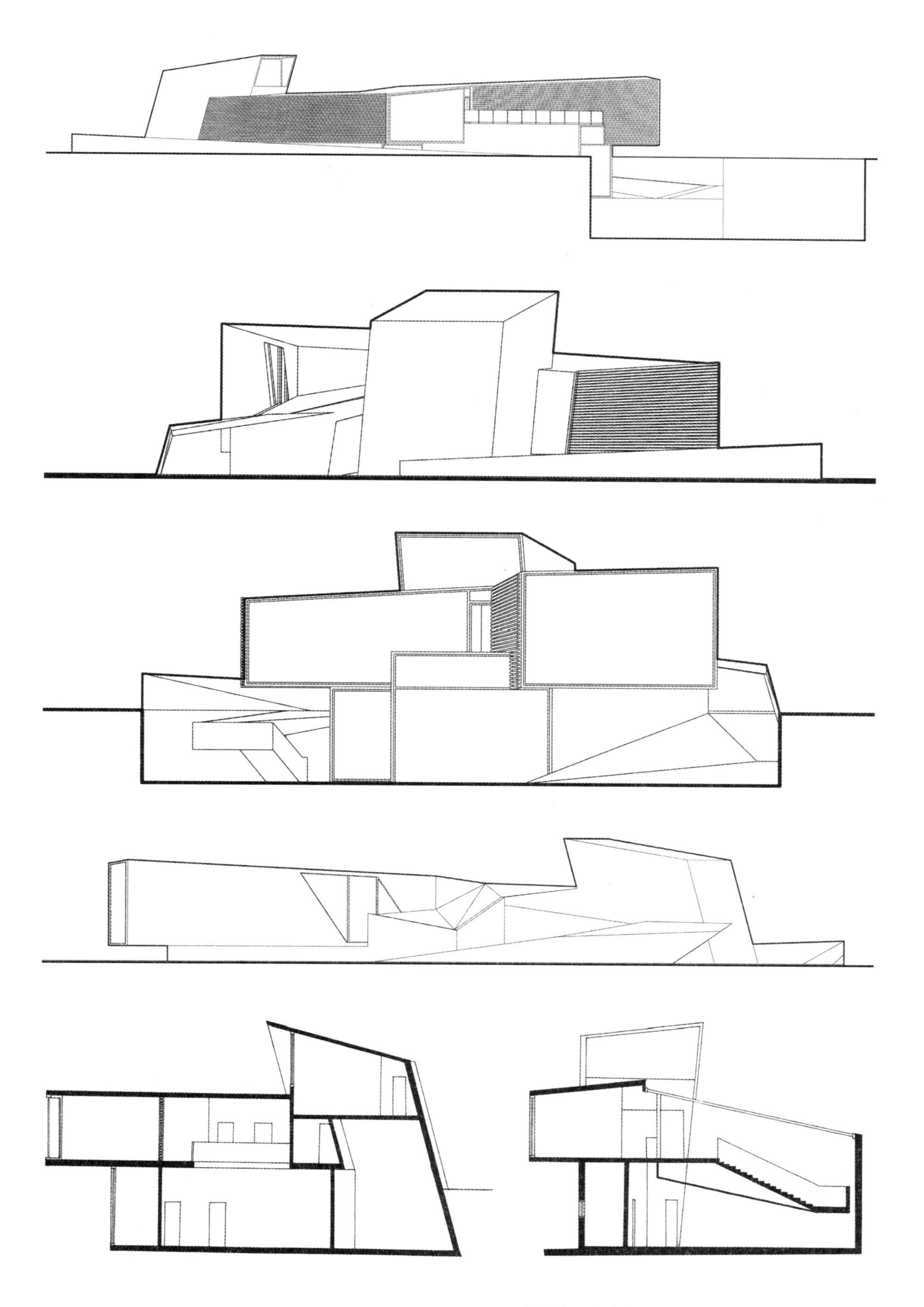

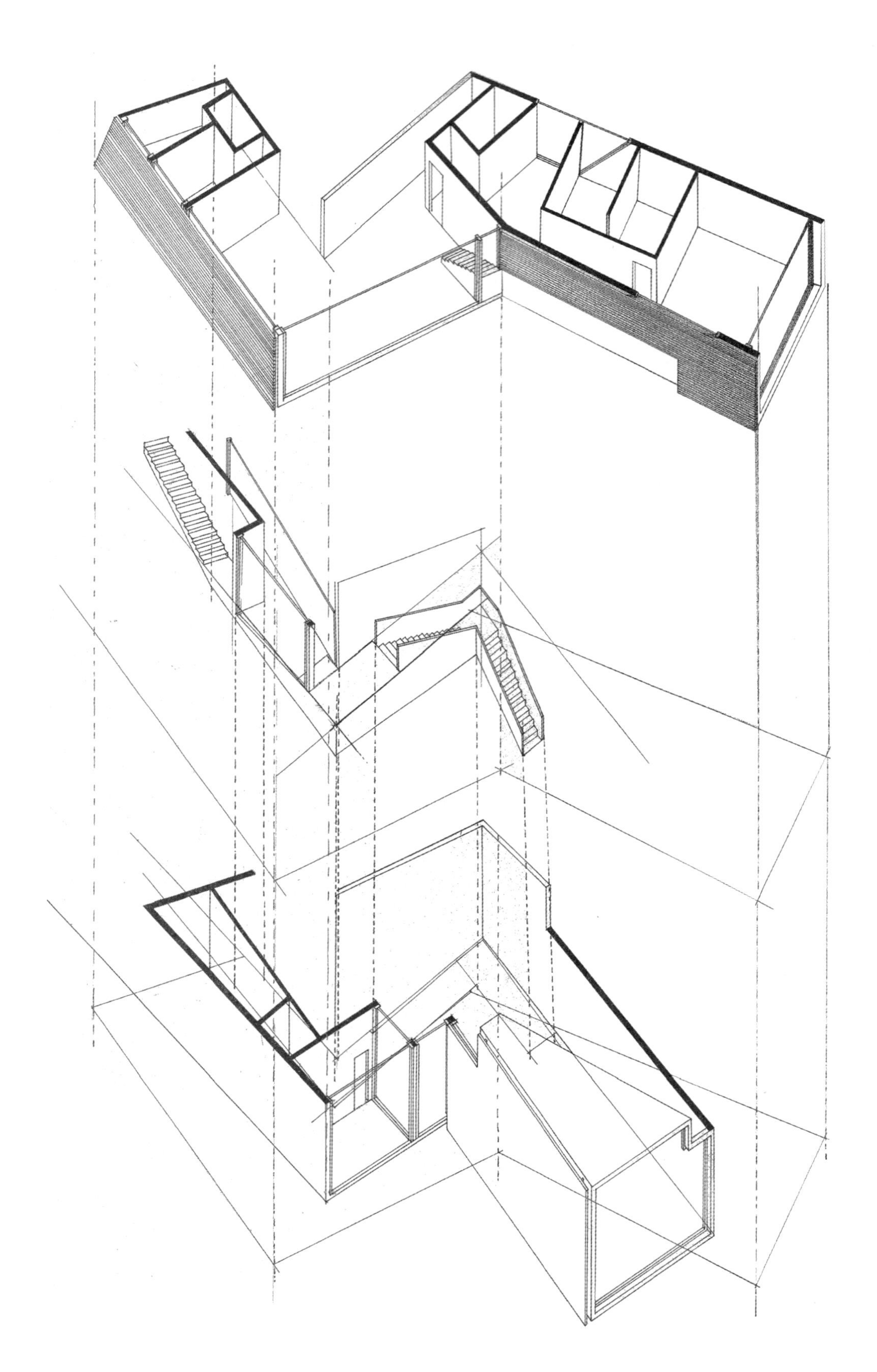

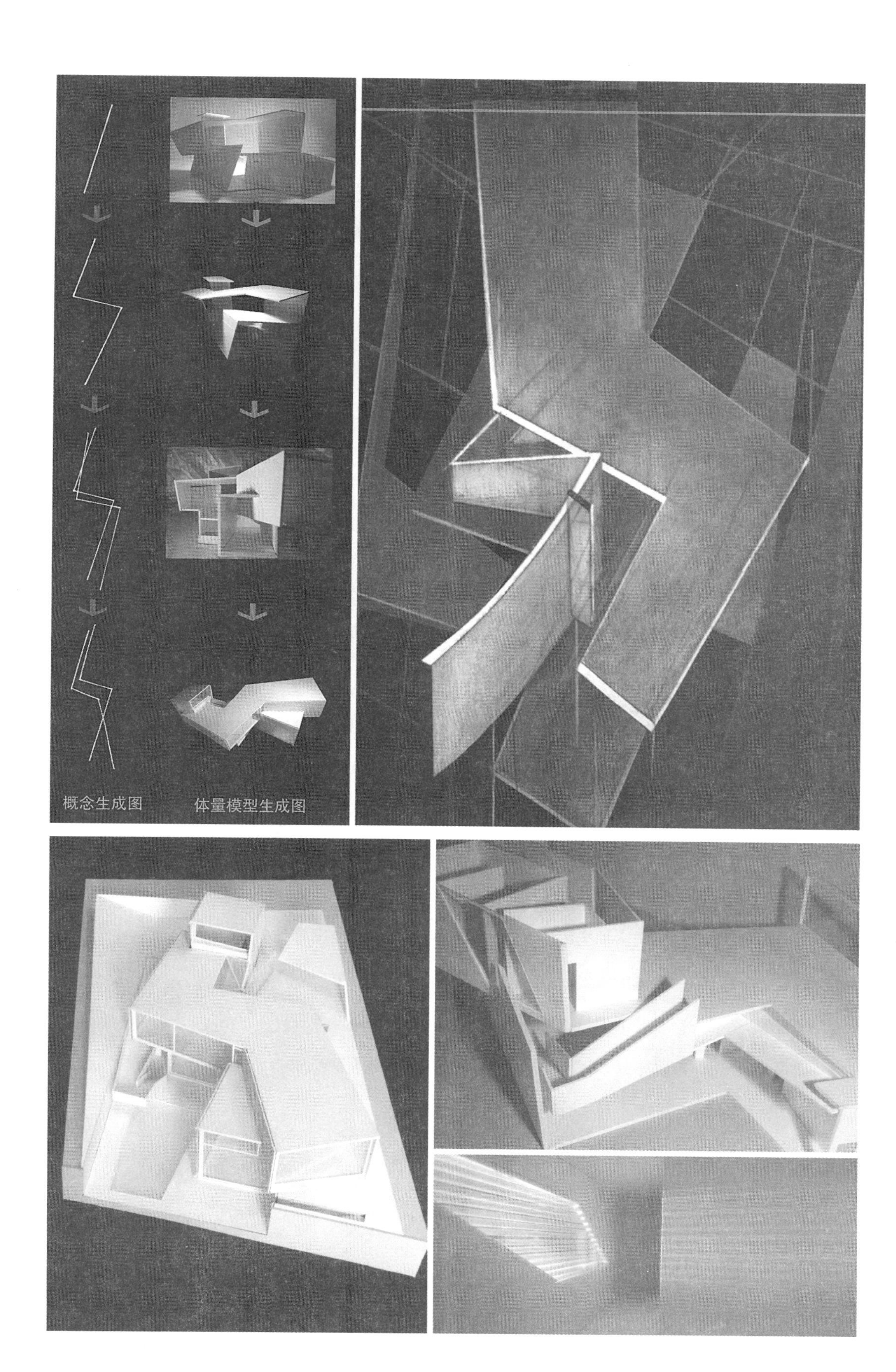
概念生成图
体量模型生成图

## 29. 学生：宋国超（2007 级）　指导教师：王环宇

城市的天空
被高楼所取代
找个机会
把天空寻回来
就在长城脚下

给喜欢天空的人
晒太阳
放鸽子的人
不一样的房间
不一样的天空

不同的层高
对天空的感受也不一样
不同的空间尺度适合做不同的事情
会给人不同的心理暗示
也会不同程度地影响心情
光影的错动
空间的缩放
景物的连续
起伏变化的心理感受

宋国超

在垂直方向上堆叠功能体块，并朝向天空和景观开放，这个方案也是从剖面开始思考建筑空间的组织方式，较好地回应了陡峭的山地环境。

主要使用空间交错堆叠的同时，流出的空间（空隙）也合理地成为了辅助功能空间。在最高处设置一个四周封闭内向、只向天空开放的露台，进一步表达出对自然和人之关系的建筑性思考。

当然，方案存在大面积玻璃所带来的能源损耗和过度采光问题，如果能提出在技术上的解决方案，将使得建筑与自然环境、气候的对话更具说服力。建筑功能与细部设计尚需深入。

教师评语

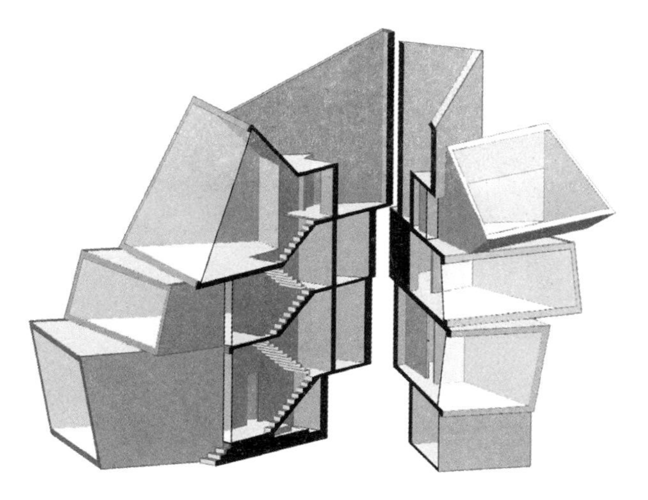

一层漠不关心

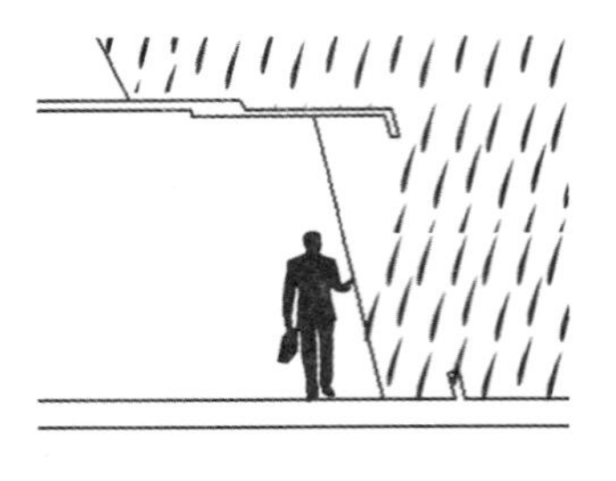

二层略有感受

三层为之震撼

四层深有体会

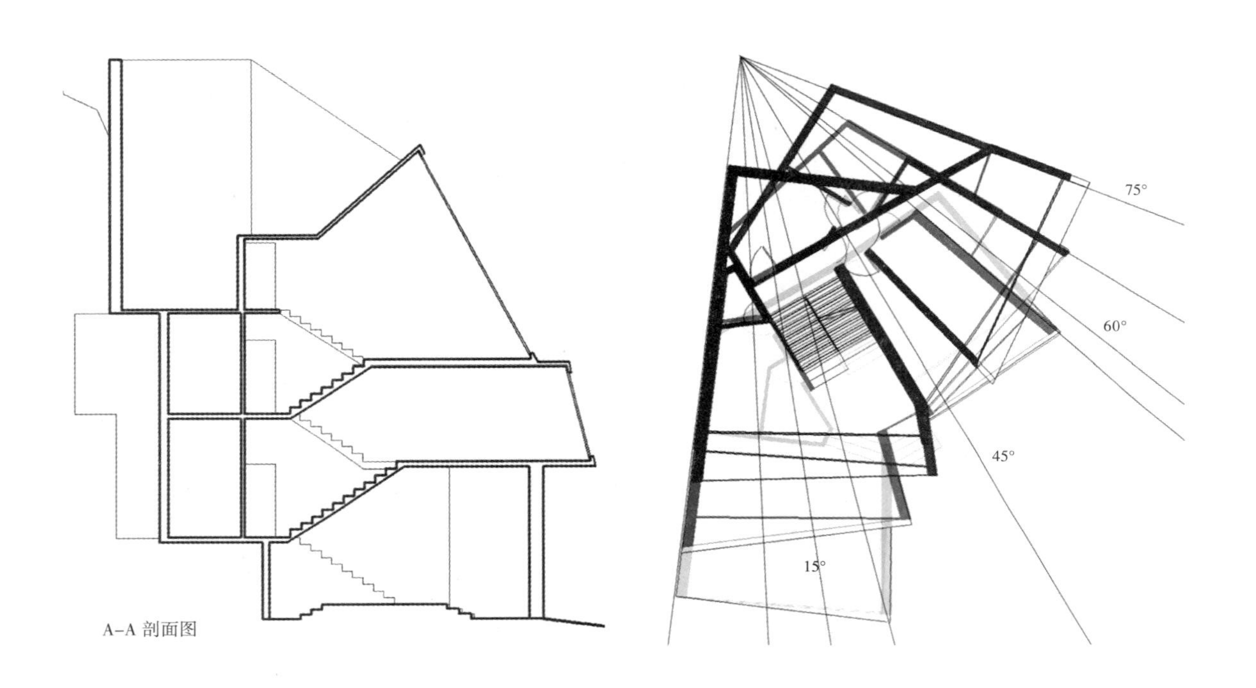


A-A 剖面图

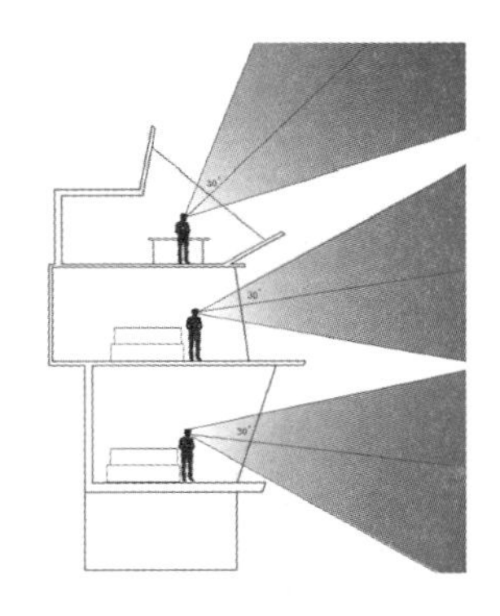

视线分析 1

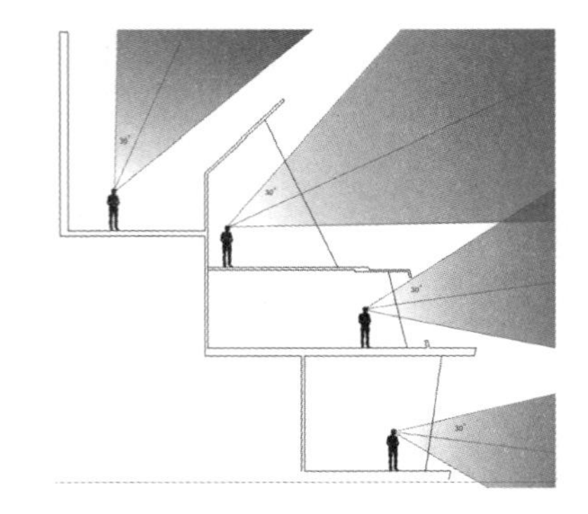

视线分析 2

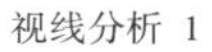

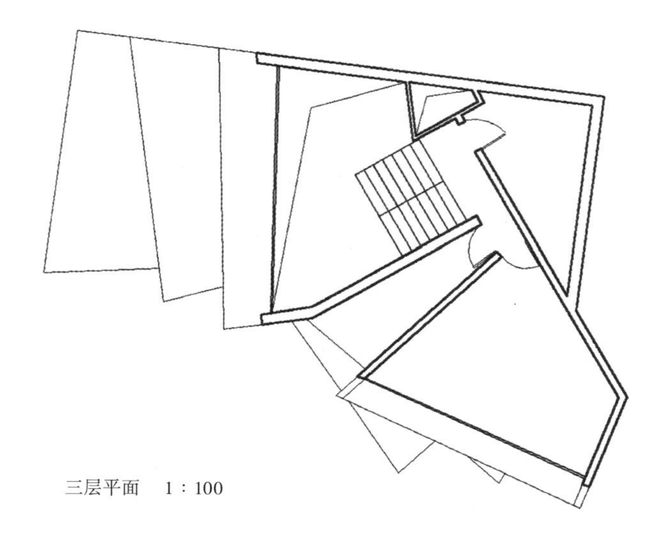
三层平面　1：100

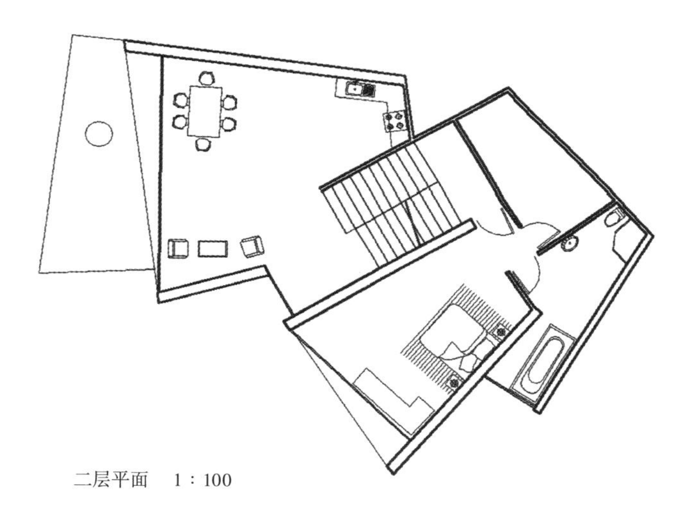
二层平面　1：100

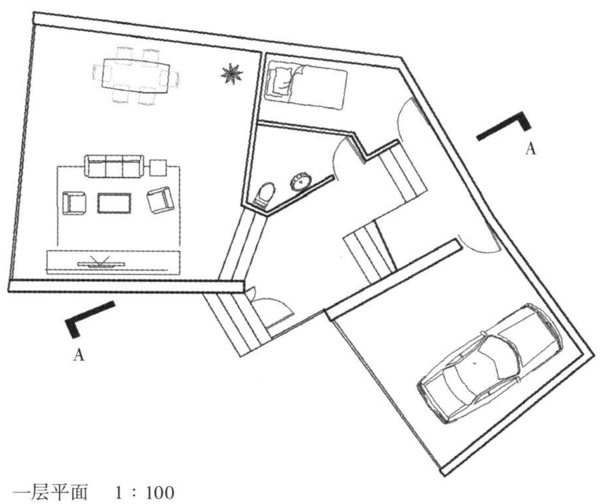

一层平面　1：100

## 30. 学生：聂雨晴（2008级）  指导教师：姜东城

出发点：

希望创造出一个有良好的私密性、舒适性，有适宜的户外活动空间的别墅。

设计过程：

此别墅是专门为建筑师和作家夫妇设计的，基地位于北京宋庄。由于基地形状（直角梯形）特殊，如果将体量中规中矩地正着放入基地当中，则基地将被占得很满，道路变窄，没有更多的空间可用作户外空间。所以，我将建筑向北逆时针旋转30°放入基地中，建筑形式采用体块间的穿插变化和错动，将两个体块朝两个相反方向拉开，围合出前后两个主要院落，并通过玻璃通高将前后院在视觉上自然贯穿，以辅助空间贯穿起私密及工作空间，同时，室内有多处上下贯通空间，在纵向上将空间连接。将私密的空间以温暖的木质材质包裹，公共空间用清水混凝土建筑，辅助空间则以通透的玻璃材质贯穿。

主卧、餐厅、书房以及女主人的工作书房面向东和南，这样可以长时间有充足的光线射入，并且享有良好视角。

为了营造更好的私密性，将餐厅、影音娱乐室、客房、起居室及工作室放在一层，主卧、儿童房、书房和商务洽谈室放在二层。在工作室旁边设有家庭楼梯，方便男主人在熬夜工作完可以直接到二层主卧休息。一层设有内置式的户外空间，可供在餐厅就餐的人及客卧中的客人欣赏，同时，在二层书房和廊道透过上下贯通空间也可以欣赏此空间中的绿色，调节情绪。

二层儿童房采用斜墙处理，自然划分休息和学习空间，同时还营造了活泼的气氛，特意将家庭活动设置在儿童房内，旨在为孩子创造更大的活动空间。在其旁边是户外平台，供家人娱乐。透过二层西侧的户外空间可看到后院，为在书房写作的女主人创造休息的平台。

景观处理方面：

在起居室北面用墙围合，设有浅水池，可用于闲聊休息。客房外的后院种有植物，为客人营造舒适的环境。前院在位于起居室南面的主入口前和影音娱乐室外面设计了抬高的木质平台，作为室内的延续，同时也用作平时休闲娱乐的平台。从工作室东北角的门出去，是专门为工作空间而设计的院落，木质平台的下方是浅水池。整个基地的院落被分为前、后两个主要院落以及工作室旁边的休闲小院，功能上分离，但是路径和视角上贯通，没有死角。

完成后的感受：

通过这次别墅设计，我学到了很多，了解了如何较为合理地去排布功能以及一些简单的景观处理。

聂雨晴

从设计初期到最终图纸和模型成果均较为完整充分。

上下两层体块的组合和穿插是该方案的突出特点，以斜角方式切入地段，也强化了体块的穿插感。材质的处理使得上下体块获得不同个性，质感对比本身也增加了作品的感染力，建筑表皮变得不再抽象陌生。

设计者仔细考虑了功能组合和流线，做到了使用便捷、室内外相结合，作为初学者，这是可贵的。

教师评语

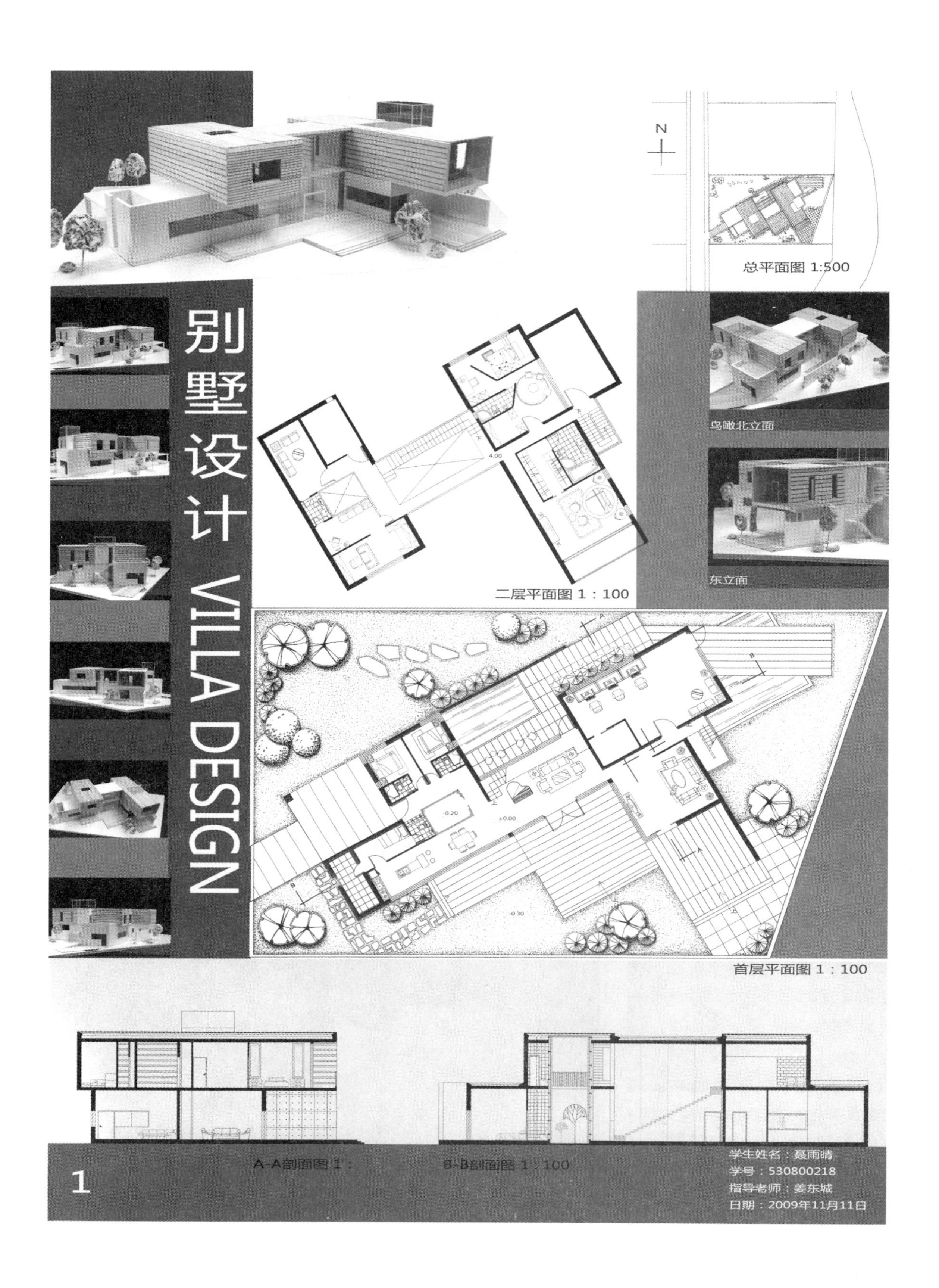
总平面图 1:500
N
别墅设计 VILLA DESIGN
二层平面图 1：100
鸟瞰北立面
东立面
首层平面图 1：100
A-A剖面图 1：
B-B剖面图 1：100
1
学生姓名：聂雨晴
学号：530800218
指导老师：姜东城
日期：2009年11月11日

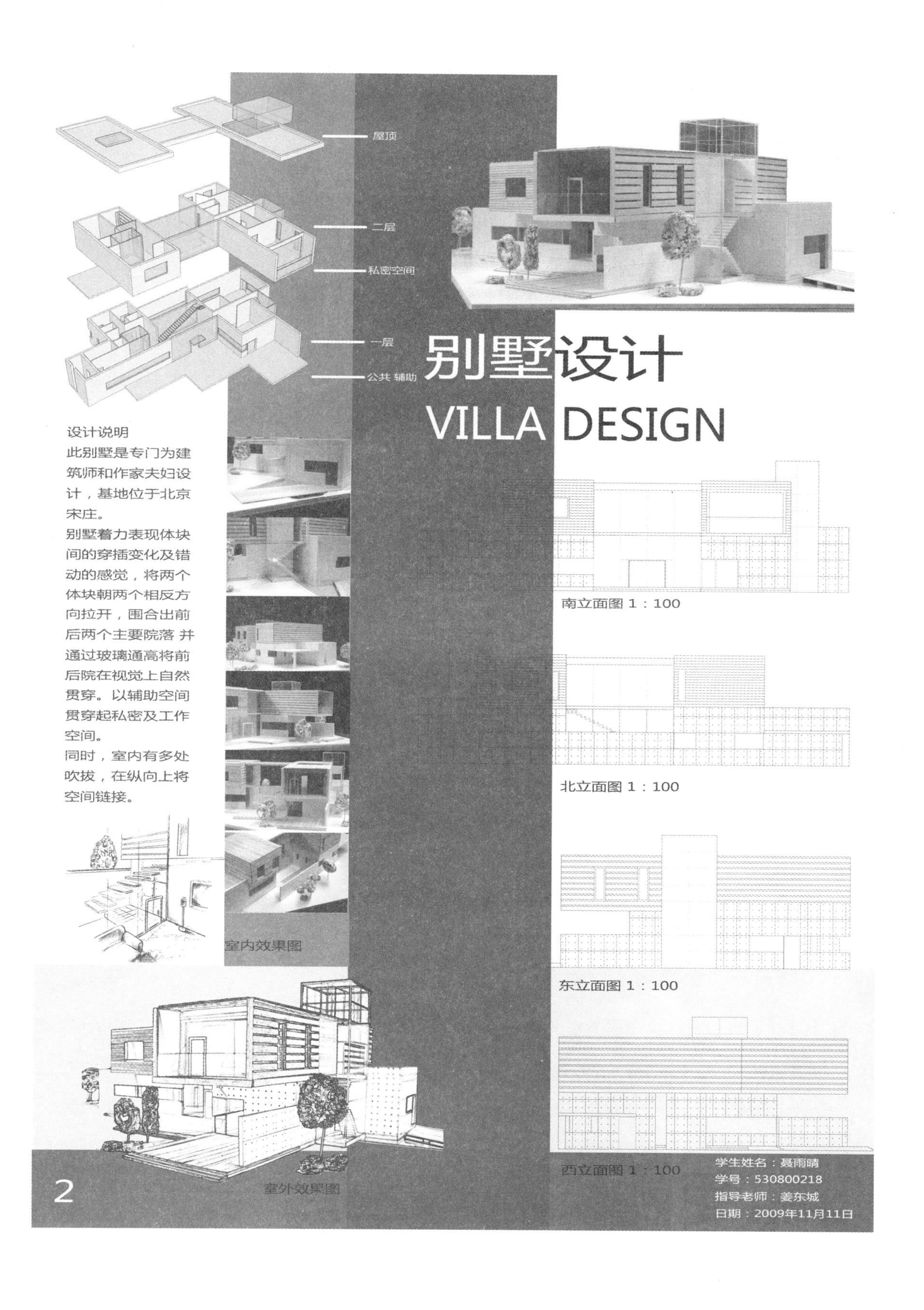
屋顶
二层
私密空间
一层
公共 辅助
别墅设计
VILLA DESIGN
设计说明
此别墅是专门为建筑师和作家夫妇设计，基地位于北京宋庄。
别墅着力表现体块间的穿插变化及错动的感觉，将两个体块朝两个相反方向拉开，围合出前后两个主要院落 并通过玻璃通高将前后院在视觉上自然贯穿。以辅助空间贯穿起私密及工作空间。
同时，室内有多处吹拔，在纵向上将空间链接。
室内效果图
南立面图 1：100
北立面图 1：100
东立面图 1：100
西立面图 1：100
学生姓名：聂雨晴
学号：530800218
指导老师：姜东城
日期：2009年11月11日
2
室外效果图

## 31. 学生：李俊澎（2008级） 指导教师：黄源

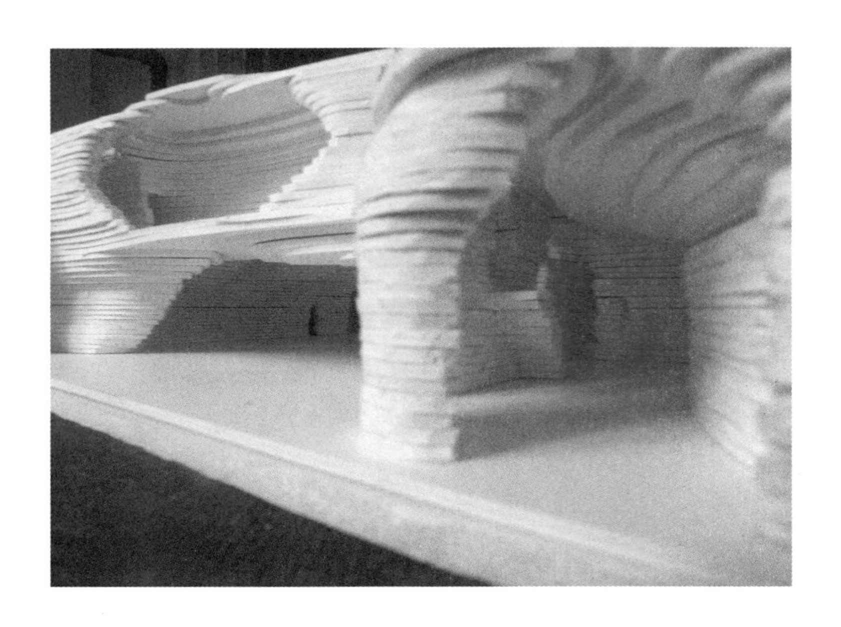

我希望我的别墅设计能够给人带来一种自由的视觉感受，内部空间的造型也由此衍生，通过这种形态尝试，可以带给人一种与众不同的空间游历感，把建筑空间放置在两侧，这样，这两个建筑体可以形成一种对话的形式，呈现出一种独特的空间形态。

设计过程：设计这个别墅的过程是不停地进行深入思考的过程。要考虑受众的心理感受，要考虑建筑与周围的环境的关系，还要考虑空间的合理性等问题。这些思考是理性的，而且是真实的对设计过程的思考。

完成后的感受：别墅设计这个课程使我对建筑设计有了深一层次的理解，它使我认识到设计别墅是需要经过深入地讨论生活方式才能实现的。实现的深入程度和讨论的深入程度是成正比的，只有喜欢感受生活的人，才可能把别墅设计得细致入微。

李俊澎

正如设计者本人所说，设计是需要经过深入地讨论生活方式才能实现的。在这个特殊空间中的体验必然不同寻常，自然、自由的墙体给人以超越日常功能的遐想。此时的设计，不再是简单地满足生活功能了。该方案的推进过程并不顺利，要在这个类似洞穴的奇特空间中设置一些与日常生活相协调的所谓“功能”，也是一个不小的挑战。

最终，打动人心之处恰恰是一种非正常的视觉状态——大尺度的悬挑、层层堆叠的“岩壁”、来自各种神秘洞口的光线，这些也许不是长期生活所需要的，但却肯定能让人在初来乍到的时候便记忆深刻。

教师评语

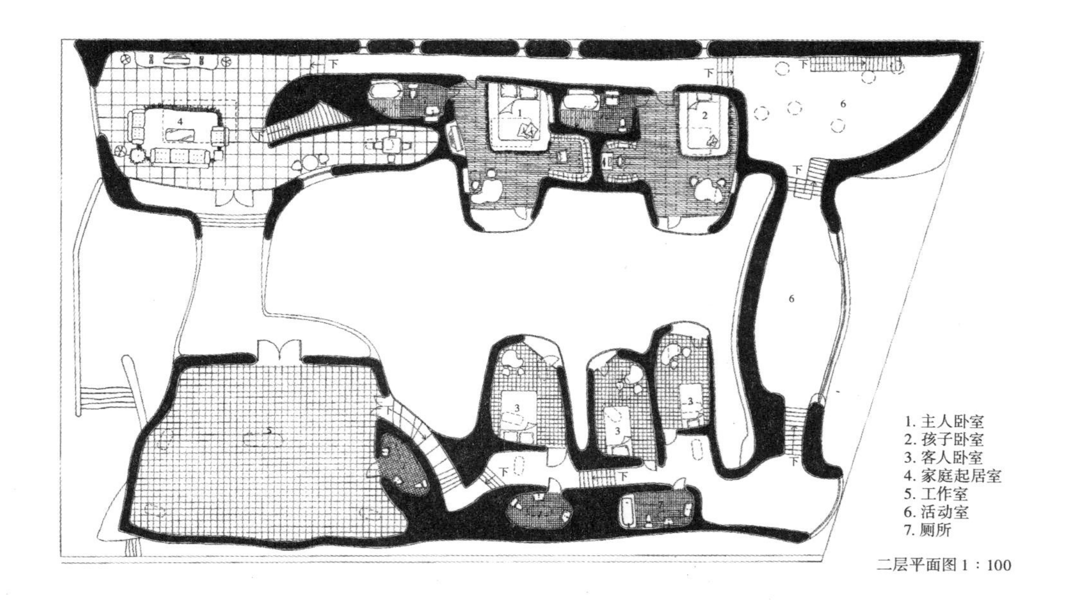


1. 主人卧室
2. 孩子卧室
3. 客人卧室
4. 家庭起居室
5. 工作室
6. 活动室
7. 厕所

二层平面图 1：100

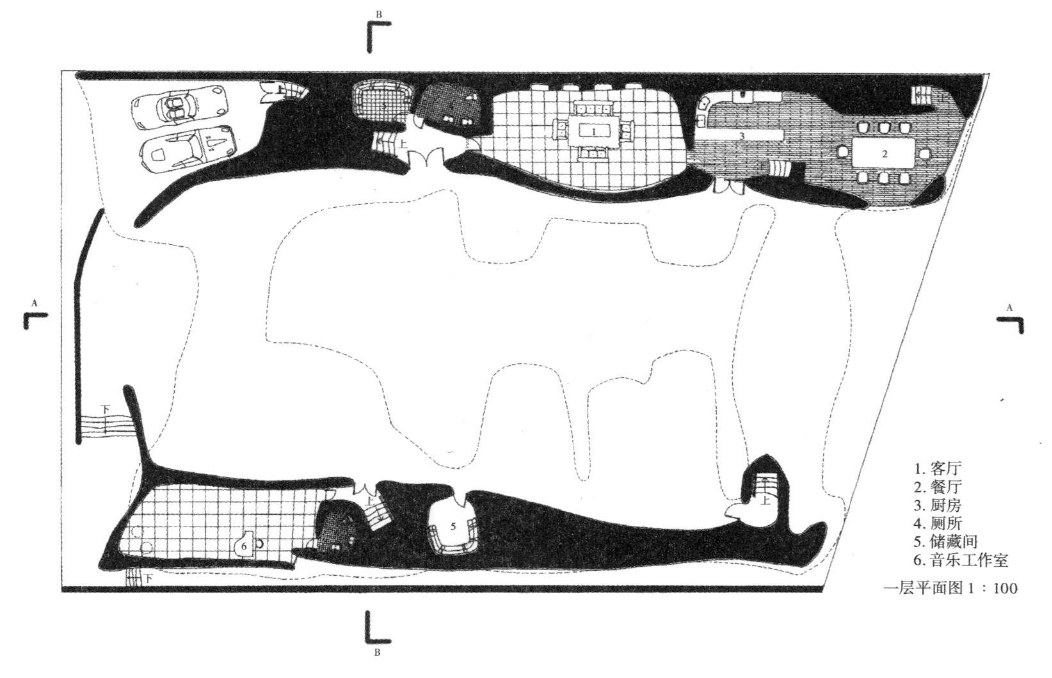


1. 客厅
2. 餐厅
3. 厨房
4. 厕所
5. 储藏间
6. 音乐工作室

一层平面图 1：100

A–A 剖面图 1：100

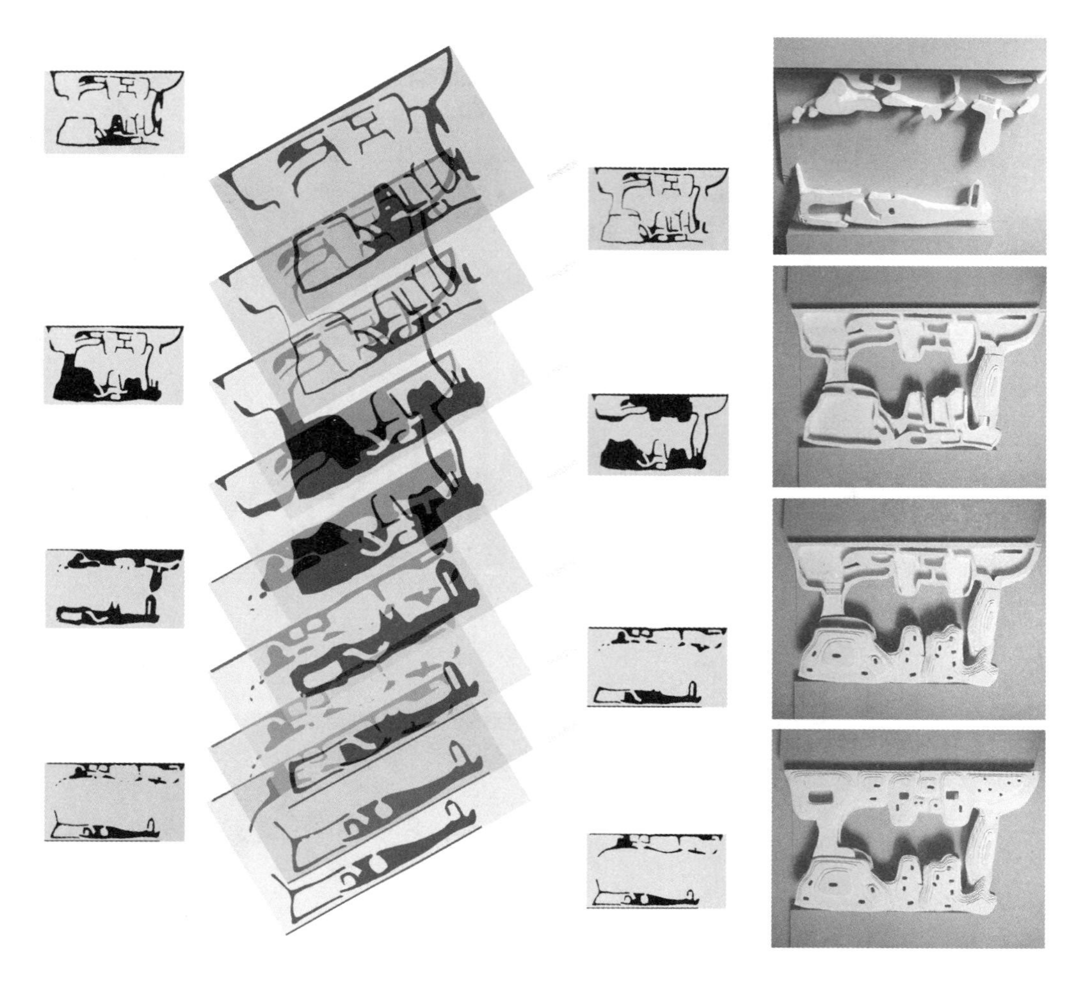

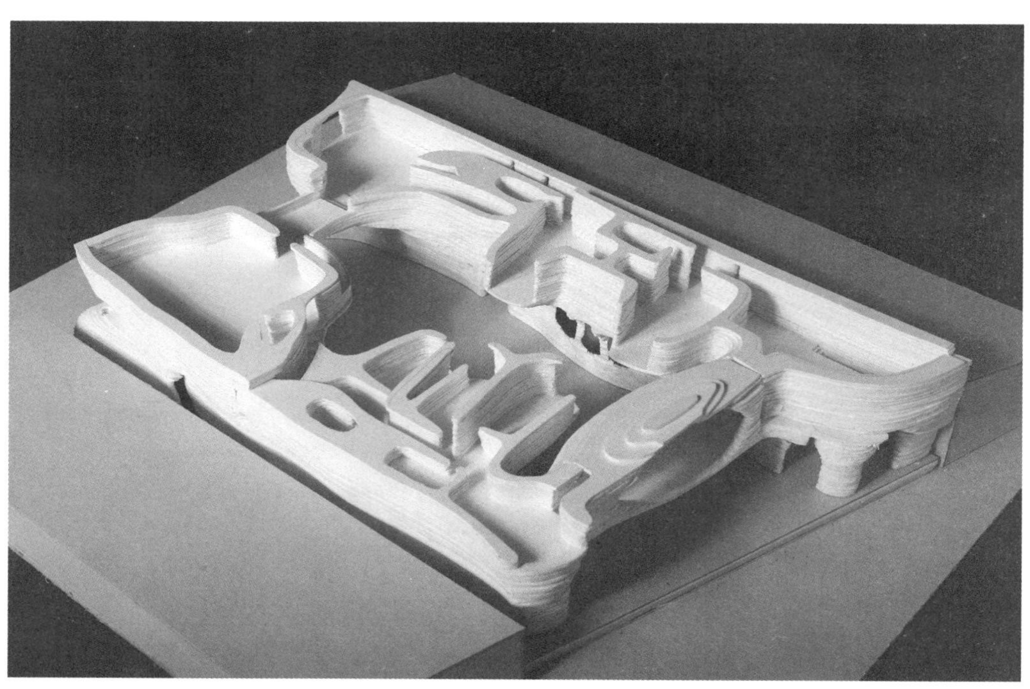

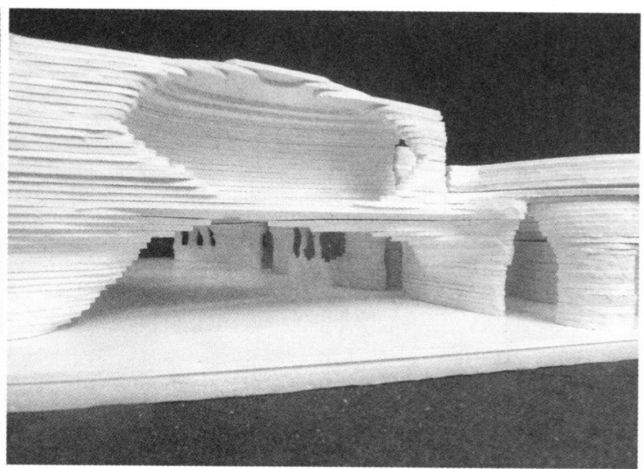

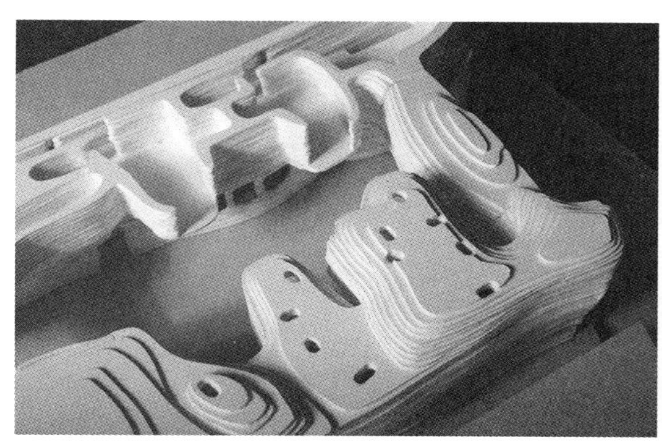

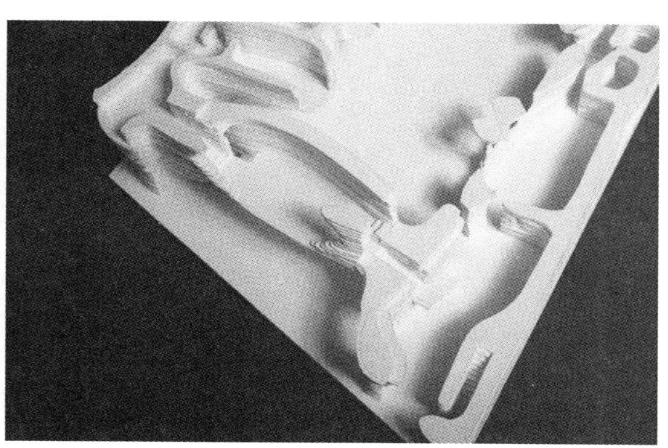

## 32．学生：冯睿（2008 级） 指导教师：吴若虎

当下，建筑设计常先于生态设计而被设计，往往使自然环境变成了建筑的附属物。在这次的别墅设计中，我立求讨论建筑对于人与自然环境间关系的作用，在设计中，我采用了先生态后建筑的设计手法，以建筑物依附于生态存在作为最终设计目的。

设计过程：

（1）还原自然，在基地内种植草地，并按照一定规律种树，最大程度还原自然生态。

（2）划分区域，以树为中心，边长为 3m 的正方形区域作为树木生长区，生长区的负空间为可使用区域，将使用空间安插于可用区域内。

（3）移动树木，为了使树木打破原来的规则并呈现均质性，对树进行移动，在十三棵树中选取任意五棵进行斜向 45° 移动，移动距离为 1m，此时使用空间也随树木移动而发生变化。在满足以上要求的结果中选取最优方案。

设计感想：

此次设计在过程中仍存在一些问题，如如何使树木种植方式更接近树林的均质性，树木的移动方式缺乏依据等，但最后的结果基本满足我最初的设计目的，这样的建筑会对人与生态的关系起到一定的协调作用。

冯睿

建筑被化解为单独的房间，以走廊串联，穿插于树木之中。建筑与树木紧密咬合，呈现一种共生的关系。由于建筑与树木的距离被尽可能地拉近，使得在建筑内部，人们可以最大限度地接触与感受自然。这种极端关系成为了该方案的最大特点。

现实情况中，树木会生长变动，倘若建筑也能做出改变和回应，会使得该方案在技术上更有说服力。可能的改进方向是，轻型可移动建筑以及特殊的基础避免与树根冲突。

教师评语

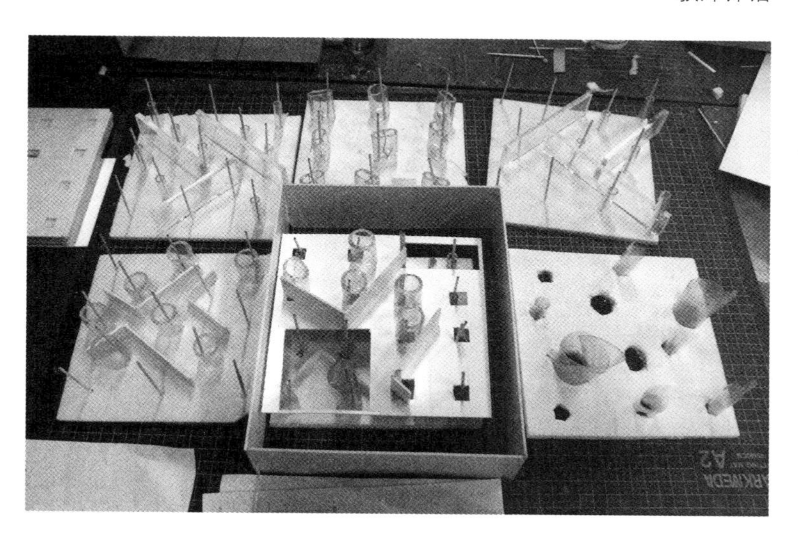

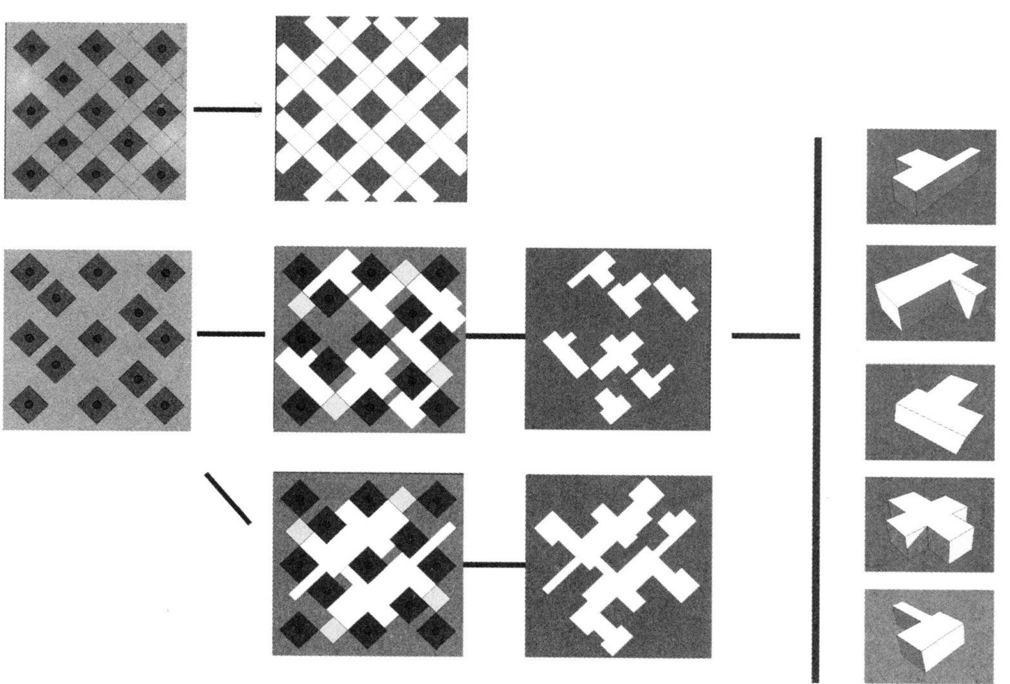

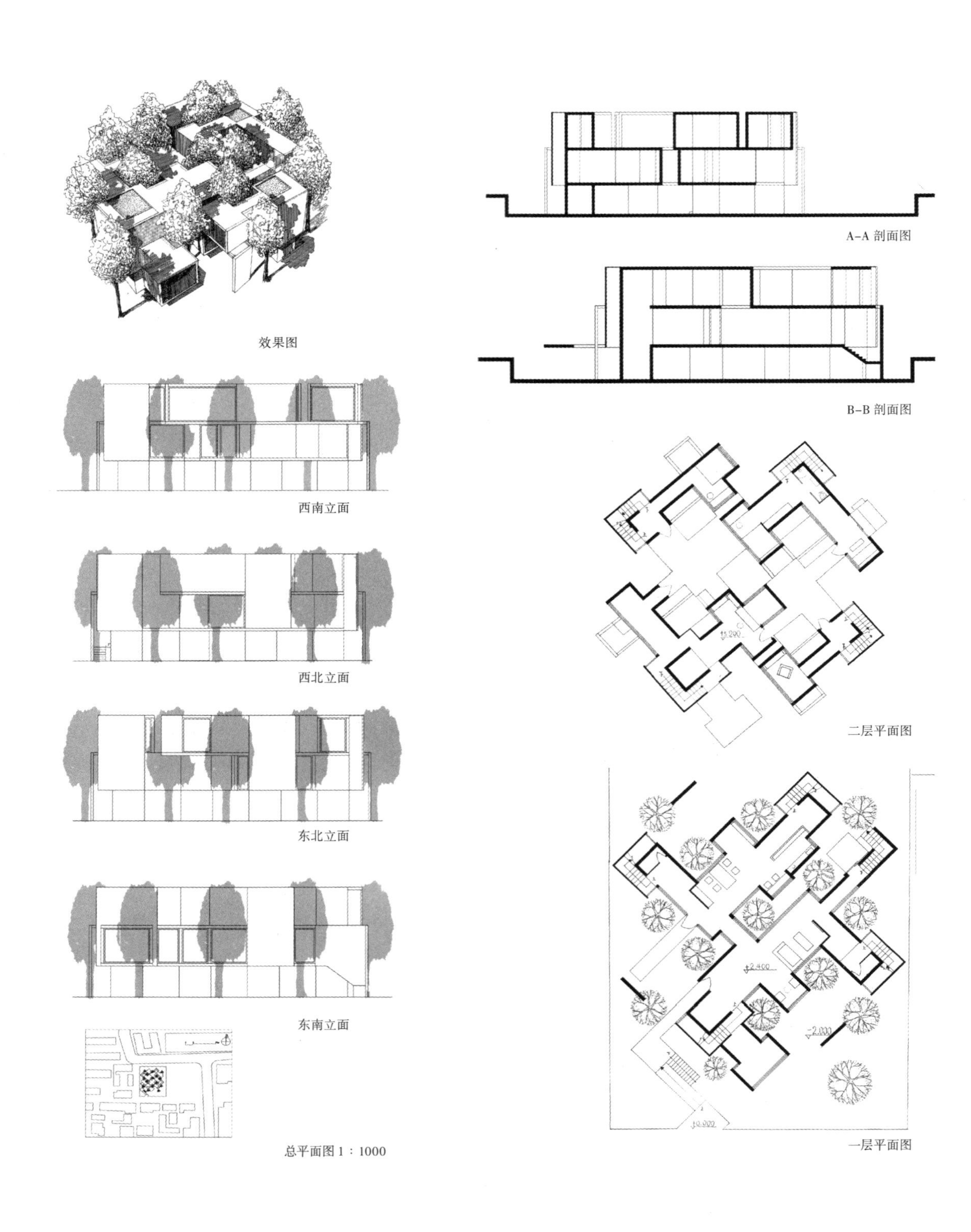

效果图

西南立面

西北立面

东北立面

东南立面

总平面图 1：1000

A-A 剖面图

B-B 剖面图

二层平面图

一层平面图

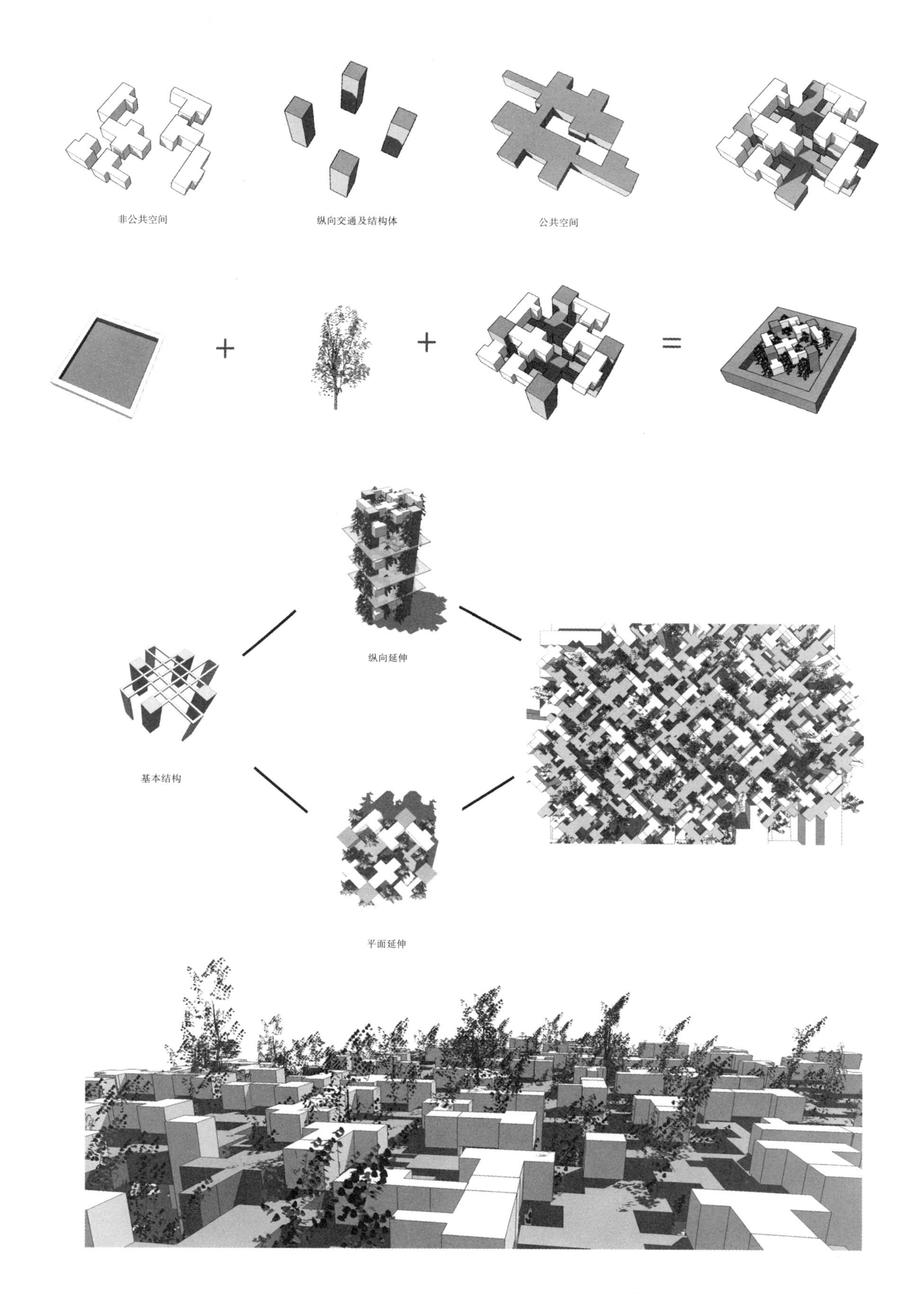
非公共空间
纵向交通及结构体
公共空间
+
+
=
纵向延伸
基本结构
平面延伸

## 33．学生：于超然（2008级）　指导教师：范凌

伪装在动物王国里是普遍现象，也是遗传学的结果。伪装（或幻影）的空间会强烈的问询我们的感受，我的兴趣在于将这一感受转化为建筑学。

在城市的繁华地段，伪装是一种存在的姿态。我首先想到了镜像，我想让建筑既是周围环境的镜像，同时也是自己本身的镜像。第一步，我生成一个简单的体量，它的镜面表皮满足第一个要求。接着，体量本身的"镜像"演化为更进一步的含义，它已经不单是对本体的复制。"像"再次镜像，原本的体量先以z轴为中心镜像，然后再以水平面为轴线镜像。于是，同一个体量经过操作，产生不同的空间，满足了住宅不同功能的需要。

当使用者在住宅中游览，他首先感受到的是这个建筑对周围环境奇妙的复制，随之会发现左右两边建筑好像在互相模仿，使用者的兴趣不再放在建筑的体量上而是这种多层次的空间感悟。

于超然

这个设计更像是一个空间体验器，通过镜像增加奇特的视觉体验。作为二年级的初学者，尝试去发展一个设计概念难能可贵。

教师评语

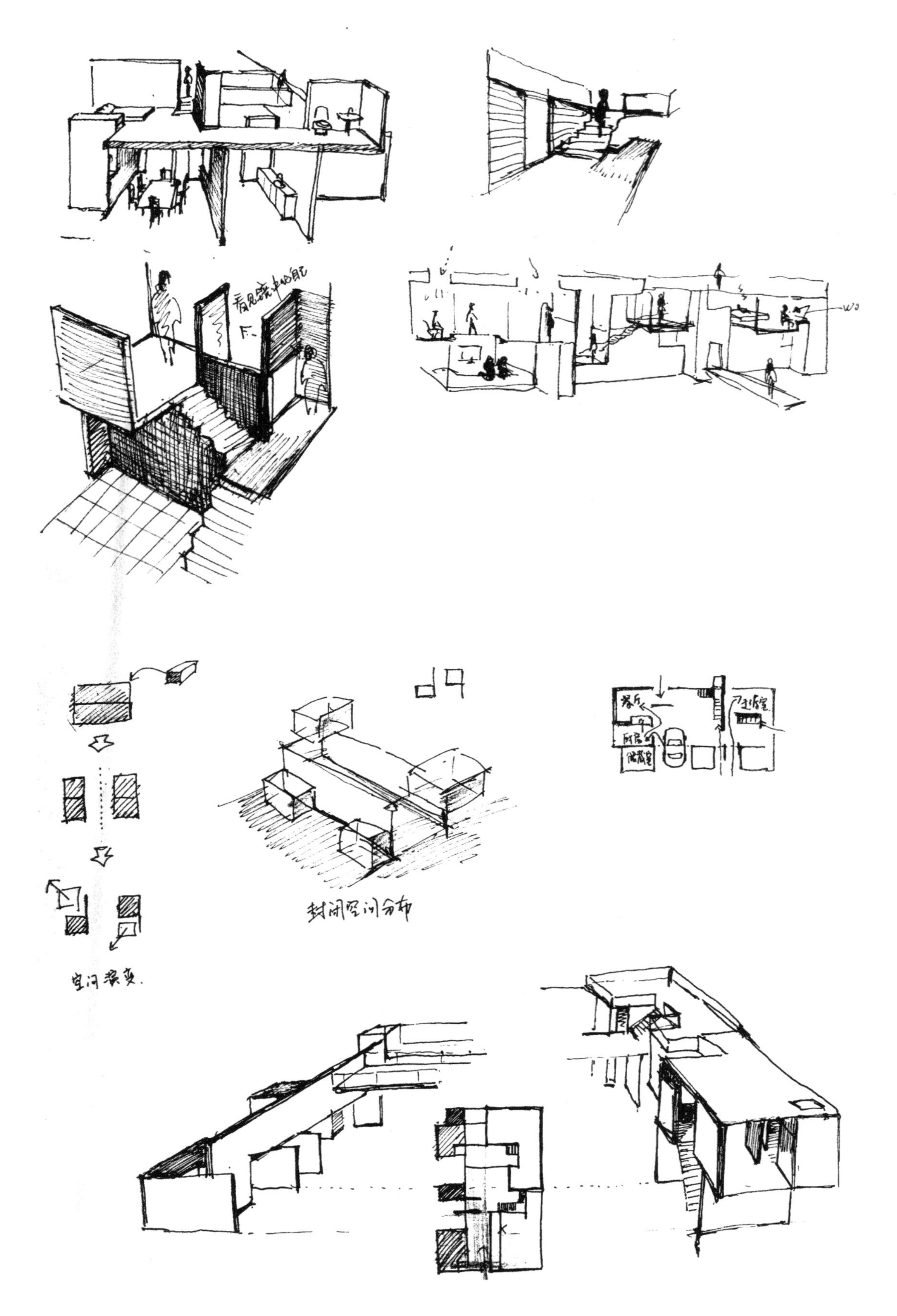
封闭空间分布
餐厅
厨房
储藏室
主卧室

深色大理石
透明玻璃
混凝土墙

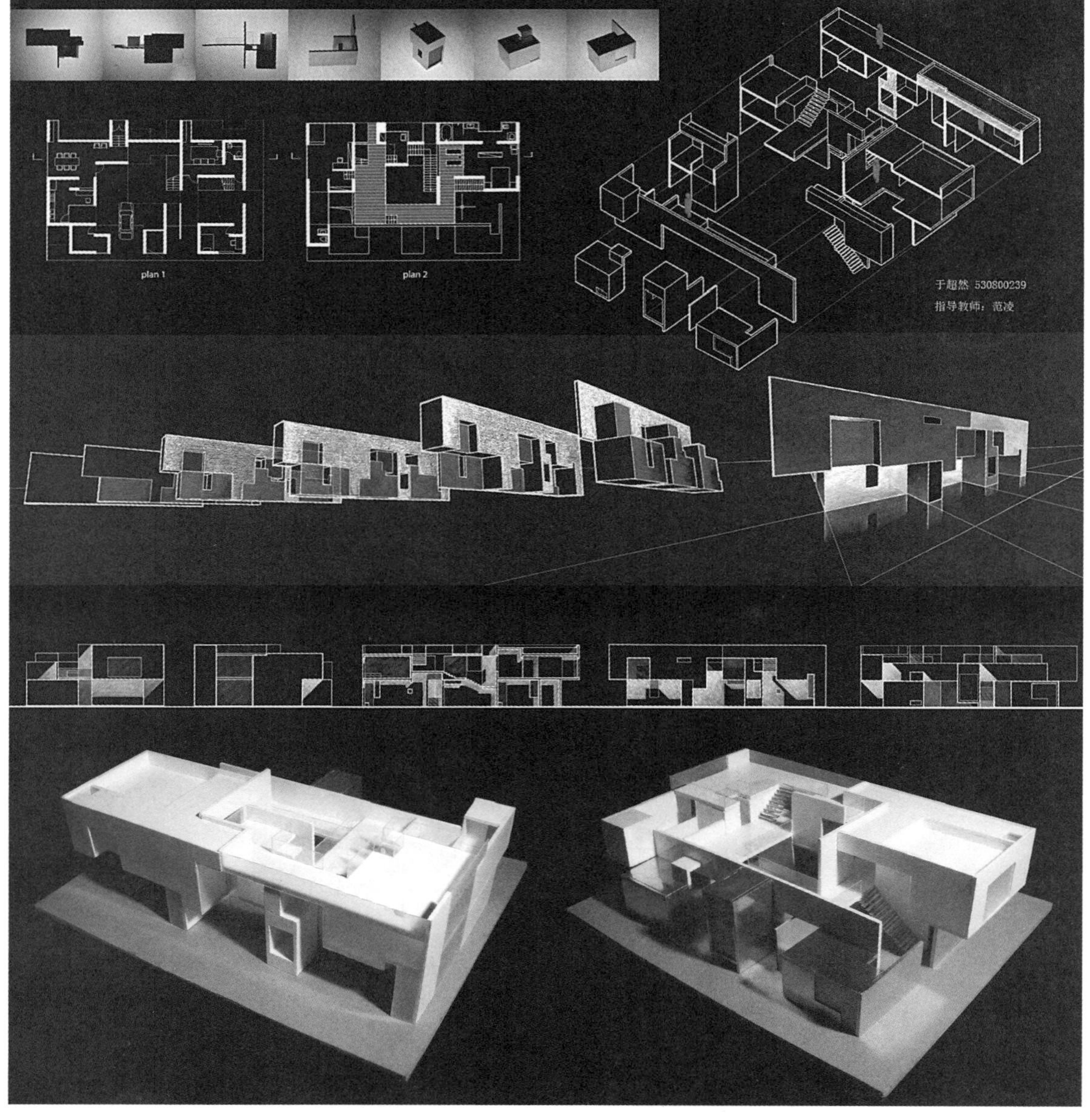
plan 1
plan 2
于超然 530800239
指导教师：范凌

# 第七章　课程总结——存在的一些问题

建筑内部拥有三种关系，分别是建筑与地球的关系，建筑与人的关系，建筑和自己的关系。

建筑与地球的关系可以表达为：建筑对应地球引力的表达——稳定或者失衡；建筑对自然因素的反映——风霜雪雨，四季与早晚，阳光与阴影；建筑的可持续发展与效能的问题。

建筑与人的关系可以表达为：人的生理反应与建筑的关系；人的心理感受与建筑的关系。

建筑与自己的关系也就是建筑的整体性原则。

# 过程管理

设计的过程并不是一个直线性的过程，建筑设计也不可能在把所有问题与限制都想清楚以后再开始。设计的现实与既定的程序没有关系，它需要的是设计师在各个问题和问题的各个方面，以任何次序、任何时间来回地跳跃思考，或同时考虑几个问题，循环往复地研究，直到得到明确的解决方案。设计的行为一方面包含逻辑性的分析，另一方面又包含创造性的思维。所有出色的建筑都源于建筑师在设计方案阶段的明确和富有想象力的决策，以此为基础才可能有一个相应的建筑立体结果的创造性飞跃。

同学们开始时在头脑中会有一个不具体和不清晰的建筑形象，借助草图与模型才能将其表达清楚并检验其正确性。通常当一个平面出来的时候，一个剖面关系，一个细部构造或局部的家具布置已经生成。再过一段时间，平面又被搁置到一边，我们又去追求那些零散的想法，设计的进展像踩着碎步的舞蹈，三步向前，两步旁行，一步倒退。每个课程设计的案例都像婴儿学步，站起来，摇摇晃晃，走几步跌倒，又起来。设计是个反复推敲与抉择的过程，我们痛并快乐着。立面应该是设计最后发展的部分，立面图使建筑的影像过于清楚，以至于终结了设计的过程。但立面绝对不是平面功能安排妥当之后，顺势把平面拉高就好了，应该是从头开始，平面、立面一起考虑，而且在做模型的过程中还可以发现很多问题，便于更好地完善方案。

设计强调过程，在过程的每个阶段所要解决的问题是不同的，于是，课程强调时间的管理，我们希望学生跟随教学节奏，这对初学设计的学生很重要，可以帮助他们最终完成一件设计作品，并完整地表达出来。要制止一些同学总是停留在方案的开始阶段，无节制地反复，引导和培养学生形成自己的判断，本来问题的解决方案就不是唯一的，关键是在不同阶段的选择与取舍，不能盲目地与其他同学的方案作比较，以自己之短比别人之长，只是设计的特点不同而已。在中期成果出来之后，由于形式的创造而激发了想象力的跃进，建筑的雏形出现之后的观念的变化，才是设计中的最关键与最困难和令人生畏的部分。学生在这个时候的抉择与坚持是很关键的，往往需要教师的鼓励与提醒。

追求原创和与众不同的设计，学生有这样的志气是特别需要鼓励的，一些天才的学生也表现出了这样的能力。但对于大多数的初学者来说，在之前的教育与生活中，对于建筑的鉴赏训练严重不足，我们的眼球没有得到滋养，脑袋里是空空的，所以我们不能排斥大师作品，关键是如何学习与运用图书资料。初学设计的人会碰到这样的问题 一些是追逐各种建筑潮流，不问所以，盲目抄袭，在形式上将各种自己喜欢的东西拼凑到一起，建筑形象琐碎零乱；另有一些学生，想法和手法都很欠缺，缺少判断，过于拘谨，作品形象呆板。面对大师的作品，我们要整体全面地阅读，不能只看照片，那样获得的都是些零散的建筑印象，我们应该坐下来读一读建筑的背景资料，了解一下建筑师一贯的手法与理念，读平面图、剖面图、立面图，再比照照片，想象和体验一下大师作品的空间感觉，获得对这一建筑的整体印象。

除此之外，开始的时候还应查阅《建筑设计资料集》类的书籍，帮助快速了解有关的经验结论与数据。但最关键的还是要开始，设计开始于你对基地的分析，你与业主沟通的结果，你想要表达的主题。我们所设计的，不论什么，必须是有用的，但同时要超越使用性，只有这样，一个好的作品其精神层面才能浮现。

## 表达问题

在我们的课程中，手工模型是推进方案设计的主要工具，应对直线形的建筑形态，卡纸、PVC板或密度板是首选的材料，但对于有机形态的方案，要拓展模型材料，可以考虑采用雕塑泥、铁丝网和纸浆等材料，完成手工模型。有能力和有兴趣的同学，则可以学习软件手段，尝试借助电子模型帮助设计思考，利用三维电子输出设备，完成成果。对模型材料和加工手段的拓展，以此获得不同阶段模型效果的自主性，这也是美术学院建筑教学应该鼓励的特色。借助相机镜头，通过模型拍摄，则可以获得方案结果的时空感受以及细部深入的设计表达。当模型成为推进设计的主要手段，手绘建筑透视效果图就失去了其表达三维设计效果的功能，而具有独立视觉价值的表现手段，除了传统的容易上手、快速有效的像钢笔画、铅笔淡彩等建筑表现图的技法之外，有必要鼓励拓展富有个性的表现技巧。

图 7-1　英国 AA 建筑联盟学院学生作品模型（引自 http://aaschool.net）

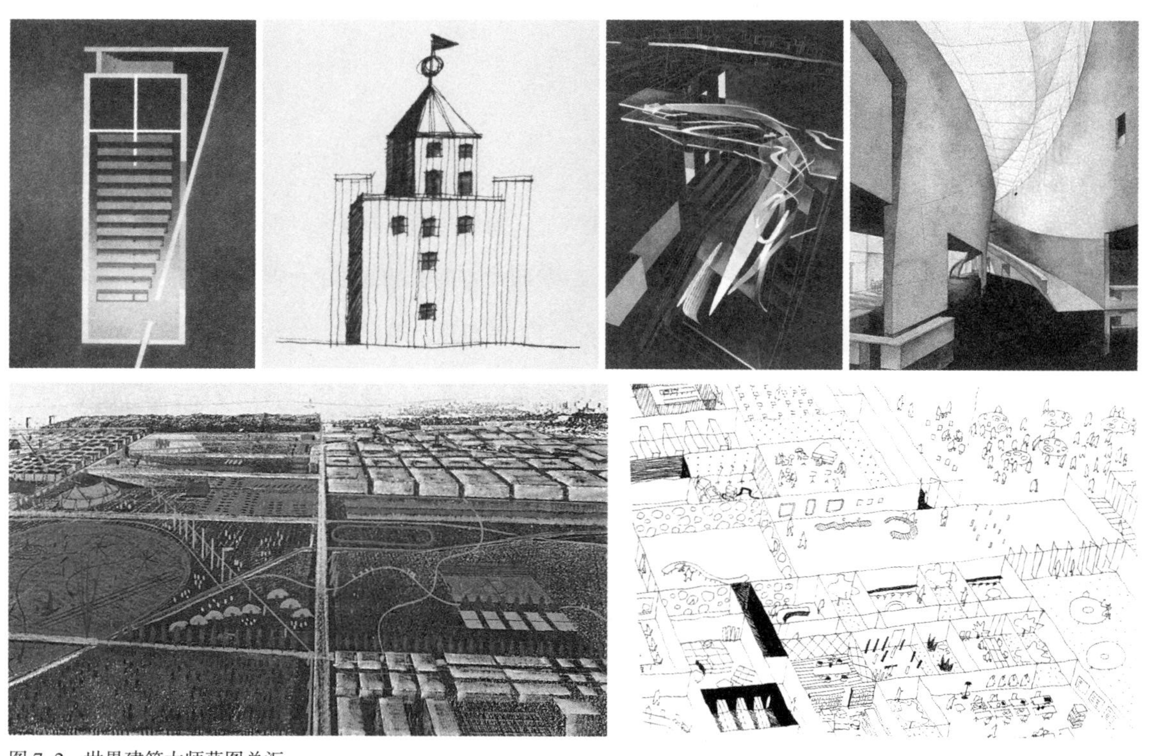

图 7-2　世界建筑大师草图总汇
（引自 http://www.shouhui119.com）

版面构图的目的是为了充分表现设计内容，不要只是反映设计的结果，也应包含条件分析、概念生成、设计过程的信息。要以易于辨认和美观悦目为原则，照顾从上到下、从左到右的看图习惯，好的构图必须带来预期的统一和秩序。构图布局要考虑图底关系，画面构图考虑各图形的位置均衡，疏密得当。一般的构图布局可以分别以顶部、底部、一侧为布局重点，强调水平、垂直、斜向或集中于一点的构图。利用格网、有数学关系的控制线，可以获得版面的秩序感，不失为一种便捷的方式。图中字号、字体统一，画面考虑整体效果，不要滥用PS，为排版而排版，过分花哨的背景会影响对设计的阅读。三视图尽量保持作业要求的比例，如果需要缩放，应该保持一致，并画上比例尺。不能因排版需要，随意地拉伸、缩短、颠倒三视图纸。

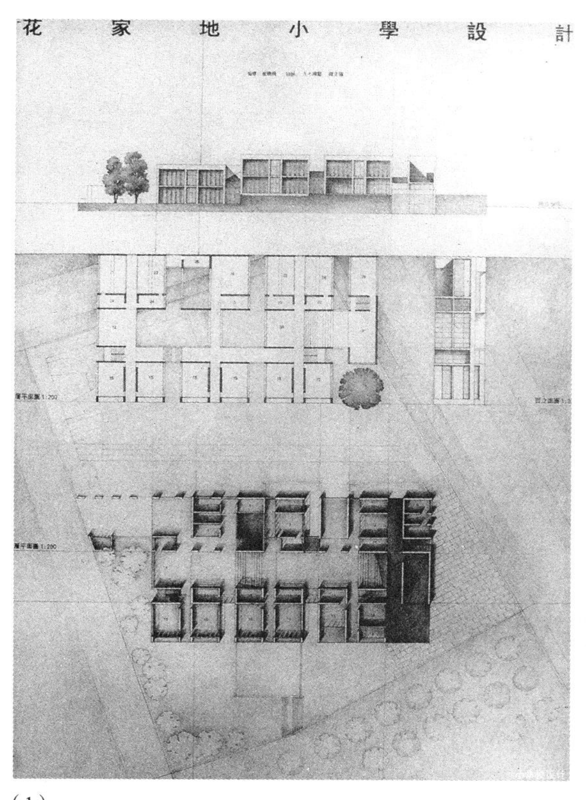

(1)

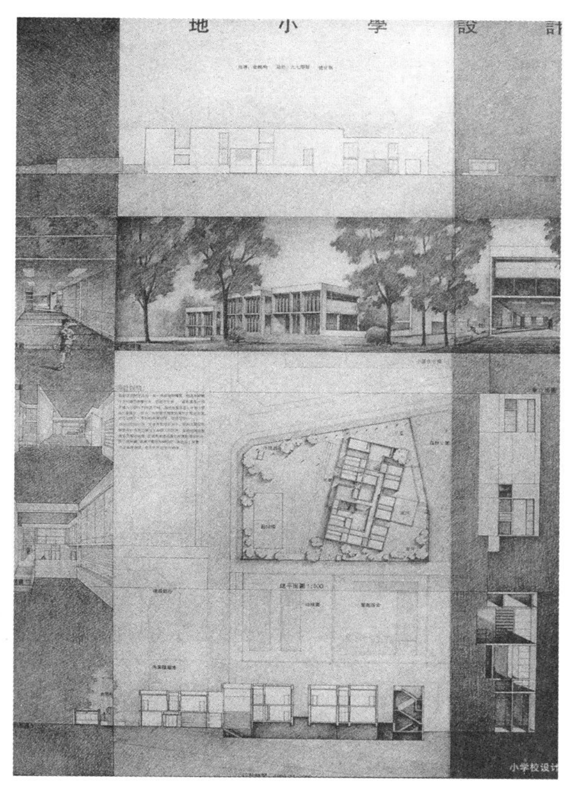

(2)

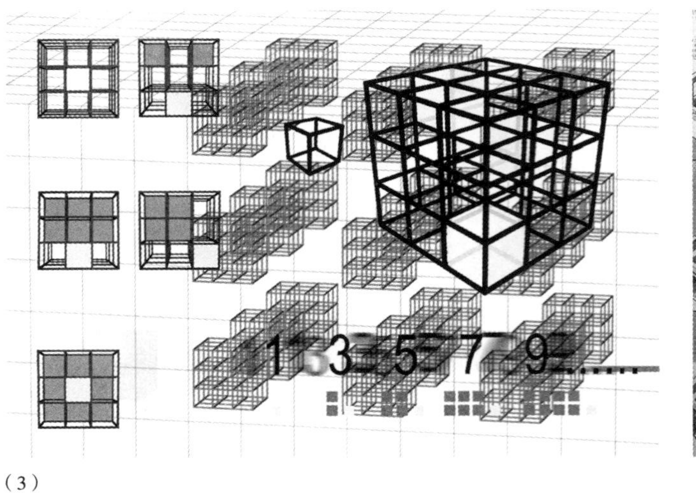



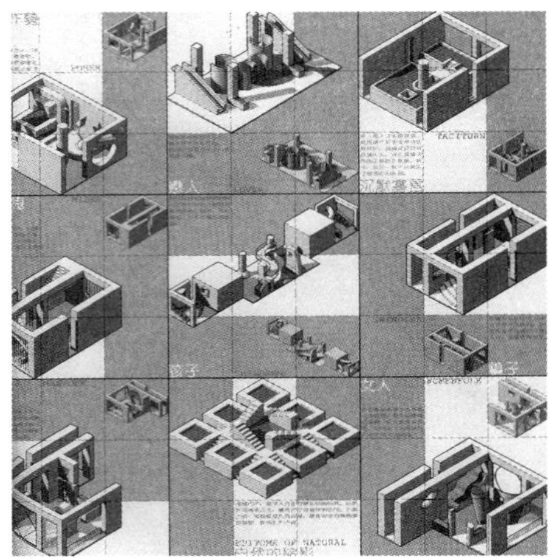

（3）

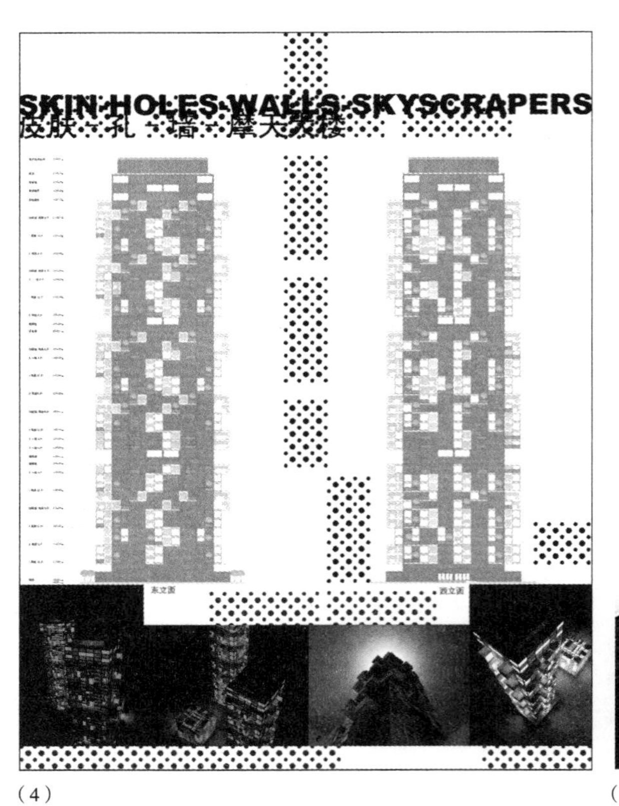



（4）

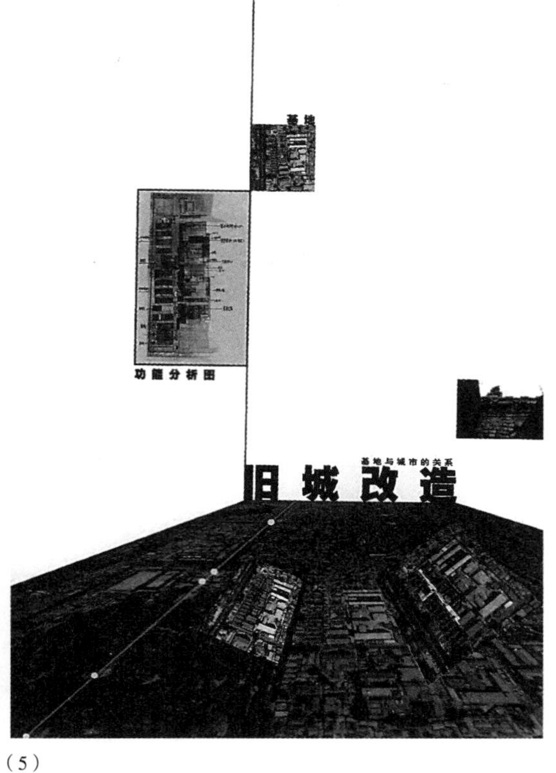



（5）

图 7–3　均为中央美院建筑学院各级学生作业，以此作为图面排版举例

借助电脑软件进行设计，会使画面过于清晰，使一些本该在稍后时间出现的问题提前来到；对于计算机屏幕的过分专注会使我们感到太过局限与偏颇，以至于无法洞见整体；计算机出图太过干净，没有了那些涂抹擦拭的痕迹，而那些痕迹所暗示的是一个设计概念在发展过程中的历史。要创造一个严谨完整的整体，必须由了解设计概念的发展而来。所以，一般来说，我们不主张同学们在开始的时候用电脑做设计，草图和草模的训练能够同时协调人的手、眼、脑，在设计早期摸索阶段还是最容易上手和最有效的方法。对于大部分同学，这个课程设计的表达工具，仅限于手绘的三视图和效果图、手工模型的制作和拍摄、利用 Photoshop 软件进行图像处理和排版。

当今的国际建筑设计界，由于计算机运算速度的提高，电脑造型软件的开发普及，在计算机辅助设计和辅助制造下，使得建筑师创造各种复杂体形，如曲面、扭转、不规则形以及体块的复杂穿插等比较随意的建筑造型的难度大为降低，计算机可以帮助建筑师将想象中的形象模型化、实体化，甚而帮助建造和制作，同时将各种构造和各种材料之间连接的细节做出准确的图解。在电脑技术的辅助之下，建筑师的想象力可以得到淋漓尽致的发挥，建筑设计造型达到了前所未有的丰富与复杂。

国际上，有众多的这样的建成和未建成的建筑，影响到了同学们对于有机形态和复杂空间的追求，会从基础上改变软铅笔和草图纸、卡纸或密度板实物模型的设计传统。对于那些异常复杂的建筑形体，在软件支持方面能够做到三维向二维的准确切换，数字三维打印设备也能生成准确的实体模型，但由于对软件掌握的程度不够，所学知识和表现技巧有限，应付设计、软件、表达技巧等诸多问题，显得手忙脚乱。针对个别对软件学习和应用有强烈兴趣和能力的学生，教师要引导其更好地利用学院数字建筑实验室的资源，在课外给学生的方案设计以技术手段的支持。

数字技术使“图解”成为了当代建筑学话语中的重要内容，迅速成为了建筑师们得心应手的工具。各种形式风格的“图解”所携带的专业信息也变得容易为大众理解。埃森曼认为，“图解”有两类，一是事后的分析性"图解"，二是指导设计过程中的生成性"图解"。广义地讲，所有人、所有的工匠、所有的设计师都画过示意图。建筑图解是建筑在图纸上的建构，是一种对建筑所包含的各种元素之间潜在关系的描述，也是建筑师思考形式的过程"轨迹"。

图 7-4 2008 级学生邓博仁的作品，以清晰明了的图解语言表达了设计的概念和功能布局，以游走的摄影镜头表述方案具有现场感的空间特点

## 艺术家和朋友们的别墅

学生姓名 邓博仁
学　　号 530800212
指导教师 傅祎
日　　期 2009 11

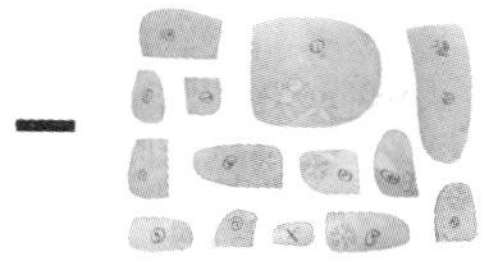

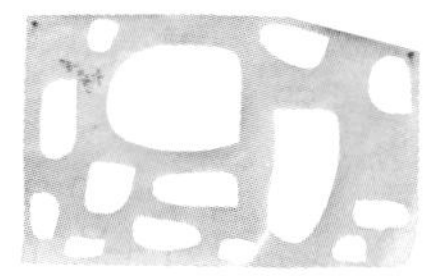

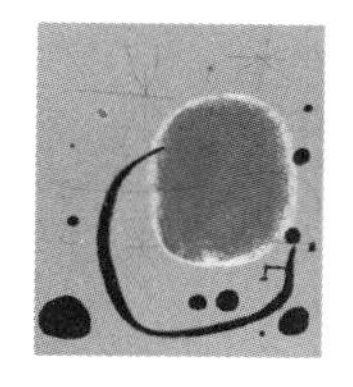

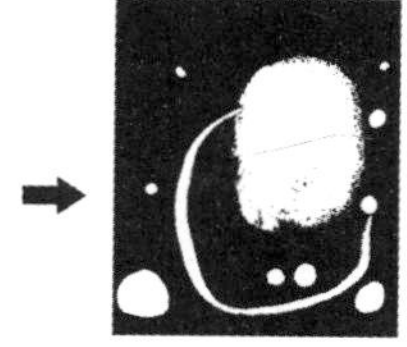

先院子，后房子

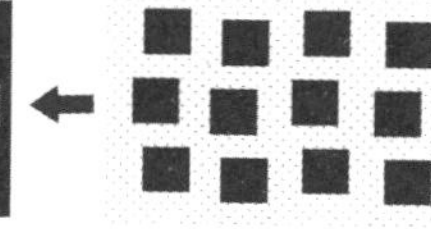

先房子，后院子

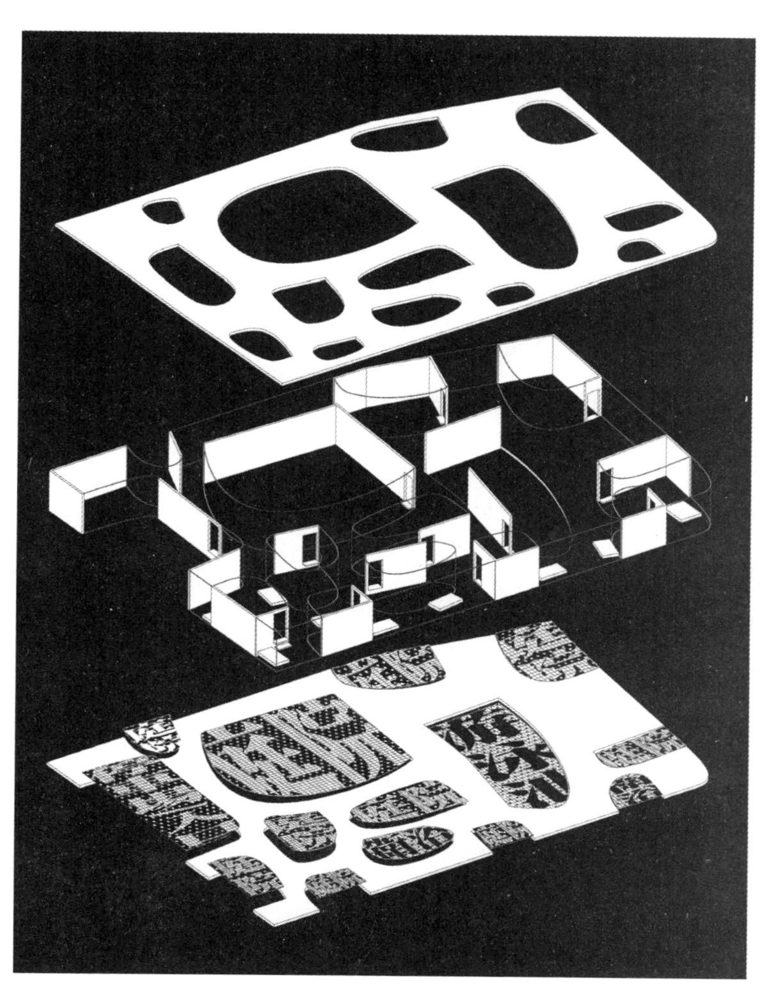

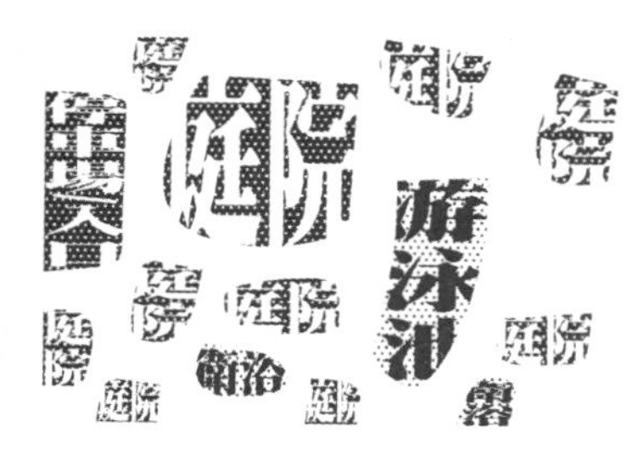

## 制图问题

建筑制图本身不是目的，不是艺术品，图纸是建筑师的语言，画不出来的，才需要建筑师用嘴补充，但大部分时间来说，图纸是一套指令，是对建筑工人的指导。建筑师要发出大量完全客观的设计图及说明文件，这些东西必须十分清晰明了，准确而严谨，在结构上不容置疑。

总图设计的重点是新建筑与环境中现存建筑及地形的关系以及通向主入口的人行道路、机动车道路和绿化布置。在方案阶段，总图中应画出新建建筑、现存周边建筑或构筑物、挡土墙、台阶、机动车道、人行道、停车位、室外植物配置等。如果是在自然地形中，还应画出地形等高线、山区道路、河流等地理信息。总平面图不只是把建筑的屋顶平面放到图里就算完了。

一些同学的平面图中经常会出现标高不"交圈"，楼梯因为步数不够上不到楼上，因上部空间高度不够而碰头，楼梯踏步的级数随便画，楼梯平台宽度随便画，门扇尺寸大小随意，线形的混乱造成建筑室内空间不闭合，建筑室内外没有高差，或者有高差处的大门外没有平台等情况。

剖面图除应画出剖切面切到部分的图形外，还应画出沿投射方向看到的部分，被剖切面切到部分的轮廓线用粗实线绘制，剖切面没有切到但沿投射方向可以看到的部分，用中实线绘制。一些同学的剖面图中该有梁的地方没有画，楼梯部位没把楼板断开（楼梯是插入平面中上下贯通的垂直空间）。

屋顶的问题也是剖面图中常出现的问题：屋顶是平的还是斜的？是凸出于墙面之外以提供自然气候下的保护，还是退到女儿墙的后面？是在结构上和视觉上把屋顶看作一把与主体结构分开的轻质的伞？或仅是从防水的实用性出发来考虑屋顶的构造？在制图与设计的时候要考虑三视图的对应关系，立面设计中各立面要有呼应关系，避免各自为政。

那些利用电脑三维软件推进设计的同学，往往直接从软件生成的电子模型中获得剖面和平面图，但由于这些同学对软件的使用更多是为了生成外形，而在壁面结构逻辑上不作深入的考虑，于是直接由三维软件生成的二维图纸在表达上缺少精确的再加工和调整转换的步骤，形成的三视图存在这样或那样的问题，这一部分需要指导老师加以特别的辅导。

## 结构问题

适当的结构知识对于设计而言是必要的，学生需要初步了解不同种类的空间以何种结构形式完成。为了开辟空间，需要把各种材料以合理的形式组织成完整的结构，抵抗自然界对于建筑的作用力。对于结构的设计通常涉及如下几个层面：①结构力学；②材料力学；③结构体系选型。可以理解为，材料力学是微观层面，结构力学是中观层面，结构体系选型是宏观层面。

通常讲的"构造和结构"都可以认为是材料的形式，两者是材料在不同尺度和空间范围里的两种结合方式。前者是小范围的局部材料的结合，后者是跨越一定跨度、开辟一定空间时，材料的结合方式。当材料以各种方式组成"结构"这种形式时，势必与空间发生密切关系。初学者随着学习的深入，还应该了解不同的材料用什么加工和建造方式可以产生所需要的形态。

学生由于结构知识和经验的不足，常常对于梁与楼板的形式和尺寸问题感到困难，我们可以利用简便、易懂、易查的结构图表[1]完成各类材料和结构形式的构件截面估算，这些图表基于大量的计算和工程实践总结，建筑学学生可以不经过繁琐的计算，直接查得所需的构件截面大小，为结构设计提供方便可靠的依据。学生在理解图表的基础上，还应灵活应用那些结构形式。

1 推荐的结构设计图表选自《结构系统概论》的附录部分（Fuller Moore. 赵梦琳译. 辽宁科学技术出版社，2001.8）。需要注意的是，由于翻译和校对方面的问题，这部分图表有较多的单位标注错误，使用时需要辨析，该书的翻译和校对也存在较多的错误，提请读者注意。

## 评图方式

对于教师来说，在课题限制的设定上以及在课程辅导的时候，给学生指出"能与不能"的界线，是比较困难的地方，这需要教师的智慧与学识。由于辅导的学生人数的关系，或者是自己的才疏学浅，错过了一些同学最需要帮助的时机，会让教师觉得遗憾。安排更多机会的全班评图与交流，让学生们听到更多老师的声音，甚至是校外的专业人士的意见，固然是最好的，但以目前的教学规模来说，操作起来还是有难度的。

我们这个教学组目前由 8 个老师构成，每个老师负责辅导 10 ~ 12 个学生。经过多年实验，目前教学组采取的教学交流的方式是：中期评图同一时间举行，每 2 个小组合到一起点评，指导教师参加本组评图。最终评图也是同一时间举行，还是每 2 个小组合到一起点评，但指导教师不参加本组评图；之后各指导教师推出本小组优秀作业 2 份，教师组统一汇看，进行投票表决，并根据评分标准，确定优秀作业排名和分数，其余作业由各指导老师依据标准自行打分。

成绩有时并不很重要，那是别人能看到的，而在过程中的专业成长就只有同学们自己明白。所以，作为老师，对于学生的第一个设计，不强调开始时的精彩想法。虽然，开始时的精彩想法，通过努力得到个完美结果，是最令人兴奋的，不论对老师还是学生。但是一个起跑稍慢的学生，最终比赛得到好的名次，对于这个学生来说更有意义。很多专业学习开始的时候颇有才华的学生，在毕业时未必是班里的尖子学生，毕竟建筑设计的学习光凭借一点灵气是不够的。

对于学生来说，学习与沟通的能力，严谨和负责的态度，坚持与坚韧的品格，守时与对完美的追求都是需要培养的。建筑师的工作更多是要花别人的钱来盖房子，别人交给你几百万、几千万甚至上亿的钱，你得给别人一个可信的感觉，无论是设计水平还是为人操守。

谨记成为伟大建筑师的首要十条：

(1) 不忽视实践。

(2) 注重具体情况和股东要求。

(3) 寻求经济的方式。

(4) 运用数学科技推动设计。

(5) 培养对构造和工程学的热情。

(6) 与客户、同事和公众有效地沟通。

(7) 熟悉时间管理的优先级别，以绝对优先权通知时间管理部门。

(8) 一生勤学不辍。

(9) 提高伦理姿态。

(10) 提高标准。

((美)帕特 · 格思理．建筑师设计便携手册．中国建筑工业出版社)

PEFERENCES

# 参考书目


[1]（德）托马斯·史密特. 建筑形式的逻辑概念. 肖毅强译. 中国建筑工业出版社.

[2]（英）A·彼得·福系特. 建筑设计笔记. 林源译. 中国建筑工业出版社.

[3] 邹颖，卞洪滨. 别墅建筑设计. 中国建筑工业出版社.

[4]（美）爱德华·爱伦. 建筑初步. 刘晓光等译. 中国水利水电出版社.

[5]（英）丹尼斯·夏普. 20世纪世界建筑——精彩的视觉建筑史. 胡正凡，林玉莲译. 中国建筑工业出版社.

[6] 赫曼·赫兹伯格. 建筑学教程——设计原理. 天津大学出版社.

[7] 彭一刚. 建筑空间组合论. 中国建筑工业出版社.

[8] 爱德华·怀特. 序列系统——建筑设计概论. 王淳隆译. 尚林出版社.

[9] 保罗·拉索. 建筑表现手册. 周文正译. 中国建筑工业出版社.

[10] 伯纳德·卢本等. 设计与分析. 天津大学出版社.

[11]（美）M·萨利赫·乌丁. 美国建筑画——复合式建筑画技法. 中国建筑工业出版社.

[12] 罗玲玲. 建筑设计创造能力开发教程. 中国建筑工业出版社.

[13]（美）金伯利·伊拉姆. 设计几何学——关于比例与构成的研究. 李乐山译. 中国水利水电出版社，知识产权出版社.

[14] STANLEY ABERCROMBIE. 建筑的艺术观. 吴玉成译. 天津大学出版社.

[15] 梁振学. 建筑入口形态与设计. 天津大学出版社.

[16]（英）戴维·皮尔逊. 新有机建筑. 董卫等译. 江苏科学出版社.

[17]（英）詹姆斯·斯迪尔. 当代建筑与计算机——数字设计革命中的互动. 徐怡涛，唐春燕译. 中国水利水电出版社，知识产权出版社.

[18]（英）尼古拉斯·波普. 实验性住宅. 中国轻工业出版社.

[19] 刘丛红等译. 当代世界建筑. 机械工业出版社.

[20] 林玉莲，胡正凡. 环境心理学. 中国建筑工业出版社.

[21] 彼得·埃森曼. 彼得·埃森曼. 图解日志. 陈欣欣，何捷译. 中国建筑工业出版社.

POSTSCRIPT

# 后　记

本书初版的多次印刷反映了中央美术学院建筑学院的教学成果和学生作品被读者的认可，本书的修订版确定为高等教育“十一五”国家规划教材，同样也是基于课程教学所取得的成绩。这些年，这门课程多次被评为中央美术学院优秀课程；共有三人次的作业获得全国高等院校建筑教育大会作业评选优秀奖；2010年，课程结合中国建筑学会组织的全国大学生建筑设计竞赛，共有八人次的作业获奖，其中2个银奖、2个铜奖和4个优秀奖。

教学的成果凝聚了教学集体的智慧和辛劳，是各位老师通力合作与共同努力的结果，教师个体研究方向的差异，表现在对教学大纲的发挥，对课题限定条件的拓展以及激发学生创作冲动的方式上，这促成了更多元和更丰富的教学效果。更要感谢的是参与课程的学生们，他们表现出来的创作激情与才华，他们方案的原创性，设计和表达的技巧，设计的深度和完成度，往往超过老师们预期的目标，他们的杰出表现是课程不断进步的动力。

课程坚持美术院校建筑教学的特点，依托建筑学院材料加工实验室和数字化建造实验室全方位的技术支持，以模型推进设计。课程的知识点集中在对建筑场地、功能和形式的研究上，对建筑的结构构造等技术性问题，与建筑的历史文化传承和公共性问题没有太多谈及，在课程辅导中也较少提及建构的内容，因为在开始第一个核心专业设计课程里谈论这些为时尚早，在学生们还没有建立一个概念系统的时候，塞进单一的知识点与细节意义不大。

因为有关的详细论著都已很丰富，书中内容往往都是点到为止，不作全面深入的阐释，主要以具体的案例来解释主题。由于个人能力与学识的问题，书中定是存在许多缺点和不足，甚至是差错，希望得到专家、学者和广大读者的批评指正。

笔者作为课程的组织和策划者记录下了课程的全过程，将多年实验教学的成果与得失加以整理，集结成册。感谢教学组的全体同仁，感谢参与课程的历届学生，感谢张宝玮先生和韩光煦先生两位前辈，感谢出版社的大力支持，本书的面世离不开你们，在此一并表示深深的谢意。

2004 年度课程教学组成员有：

傅祎、张宝玮、韩光煦、王铁、黄源

2005 年度课程教学组成员有：

傅祎、张宝玮、韩光煦、黄源、步睿飞（法籍）

2006 年度课程教学组成员有：

傅祎、张宝玮、韩光煦、王铁、黄源、吴若虎、董颢、蓝冰可（德籍）

2007 年度课程教学组成员有：

黄源、张宝玮、韩光煦、傅祎、吴若虎、范凌、刘斯雍、步睿飞（法籍）

2008 年度课程教学组成员有：

黄源、傅祎、吴若虎、范凌、刘斯雍、王环宇、刘文豹、韩涛

2009 度课程教学组成员有：

黄源、傅祎、吴若虎、范凌、刘斯雍、王环宇、刘文豹、周宇舫、姜东城